普通高等教育“十三五”规划教材

混凝土工艺学实验

侯伟 主编　李坦平 吴锦杨 副主编　谭洪波 主审

化学工业出版社

·北京·

《混凝土工艺学实验》结合高等学校“卓越工程师教育培养计划”“工程教育专业认证”要求，着重介绍了混凝土原材料的选择与检验、配合比设计以及混凝土性能检测的实验方法。内容共分为7章，主要包括实验通用守则及数据处理、胶凝材料试验、外加剂试验、骨料试验、砂浆试验、混凝土拌合物试验和硬化混凝土性能试验。

本书配套理论教材为《混凝土工艺学》，两本书在理论和实验部分侧重点有所不同，建议读者结合使用，从而更全面地了解相关知识。

本书可供高等学校无机非金属材料工程专业、土木工程专业的师生作为教材使用，也可供从事相关研究的专业人员阅读参考；对于建筑材料方向师生和混凝土行业的工作人员也有较高的参考价值。

图书在版编目（CIP）数据

混凝土工艺学实验/侯伟主编. —北京：化学工业出版社，2018.8（2023.6重印）
普通高等教育“十三五”规划教材
ISBN 978-7-122-32650-8

Ⅰ.①混… Ⅱ.①侯… Ⅲ.①混凝土-生产工艺-实验-高等学校-教材 Ⅳ.①TU528.06-33

中国版本图书馆CIP数据核字（2018）第153711号

责任编辑：朱 理 闫 敏 杨 菁　　文字编辑：陈 雨
责任校对：杜杏然　　装帧设计：张 辉

出版发行：化学工业出版社（北京市东城区青年湖南街13号 邮政编码100011）
印　　装：天津盛通数码科技有限公司
787mm×1092mm 1/16 印张12 字数302千字 2023年6月北京第1版第2次印刷

购书咨询：010-64518888　　售后服务：010-64518899
网　　址：http://www.cip.com.cn
凡购买本书，如有缺损质量问题，本社销售中心负责调换。

定　　价：36.00元

前言

混凝土是世界上使用量最大、使用范围最广的建筑材料。随着技术的进步，人们对混凝土的性能提出了更高的要求。而混凝土是由水泥、砂、石、水、外加剂以及掺合料等多组分材料组成的一种复合材料，其原材料选择、配合比设计及性能检测是整个混凝土工程中至关重要的环节。客观、准确的实验数据是各种工程实践的真实记录，是指导、控制和评定工程质量的科学依据。

近几年，混凝土行业内标准更新较多，但相关实验配套教材更新较慢。目前，主流的实验教材侧重内容为整个土木工程材料，由于涉及范围过大，每种材料仅选取了个别经典实验，导致介绍水泥、混凝土的相关实验较少，既不能满足师生教学要求，也不能满足对从业人员进行技术指导的要求。鉴于此，笔者联合武汉理工大学、湖南工学院、安徽建筑大学城市建设学院、洛阳理工学院同行教师，共同编写了本书。本书主要特点如下。

(1) 本书将普通混凝土实验（试验）全面系统汇编到一起，内容丰富翔实。

(2) 由于近几年混凝土相关的国家标准和行业标准更新较多，本书及时将知识点更新至目前最新标准。本书中每个实验都列出了实验参考标准及实验室环境要求，便于读者能够知晓实验依据来源，并且在今后的使用过程中及时根据标准名称和代号更新自己的知识库。

(3) 为了满足教与学的要求，本书在每个实验后面都增设了思考题，便于巩固和提高学生的实验技能。

(4) 本书配套理论教材为《混凝土工艺学》，理论教材侧重理论知识讲解，实验教材侧重实验操作，能够让学生做到学-做结合，提高学生动手能力。建议读者两本书结合使用，从而更全面地了解相关知识。

本书由侯伟担任主编，李坦平、吴锦杨担任副主编。第 1 章～第 3 章由侯伟编写；第 4 章和附录由吴锦杨编写；第 5 章由李坦平编写；第 6 章由石明明编写；第 7 章由茹晓红编写。在本书的编写过程中，王文革、周学忠、曾利群、朱莉云、赵洪、王宇东、袁龙华、吴智、张婵娟对教材初稿的修订提出了宝贵的意见，在此一并表示感谢。全书由侯伟统稿。

本书由武汉理工大学博士生导师谭洪波主审。编者对主审人的精心审阅表示衷心的感谢。

本书在编写过程中，得到了教育部卓越工程师教育培养计划、湖南工学院教材建设立项的资助，在此表示衷心的感谢。

由于建筑材料种类繁多，近几年混凝土理论和技术发展较快，且行业内各标准并不完全统一，加之编者水平有限，书中如有不妥或遗漏之处，敬请广大读者和同仁批评指正，以便再版时修订和更正。（E-mail：2007houwei@163. com）

编者

目录

第1章 实验通用守则及数据处理

1.1 学生实验通用守则

① 学生必须按教学计划规定的时间到实验室上实验课，不得迟到、早退或旷课。

② 实验前必须做好预习（或按要求写好预习报告）及其他准备工作，在实验课进行中要认真回答教师提出的问题，回答问题的情况作为实验课考核成绩的一部分。

③ 在实验室内，必须严格遵守实验室的一切规章制度，注意保持安静，不准高声谈笑或打闹；不准随地吐痰和乱丢纸屑；不准动用与本次实验无关的仪器、设备和室内其他设备。

④ 实验开始前须认真听取教师讲解有关实验问题，看清教师的示范。

⑤ 实验开始须首先检查实验设备及用品是否齐全，并如实填写仪器使用登记本，如发现仪器设备短缺或损坏，应及时向指导教师报告。

⑥ 实验过程中，应严格遵循实验步骤，要规范操作，仔细分析实验现象，实事求是做好实验记录，不准修改原始记录。更不允许抄袭他人数据，不得擅自离开操作岗位或干扰他人。

⑦ 进行实验时，要注意安全，使用仪器、设备必须严格遵守操作规程。实验过程中，如发生事故，要保持冷静，迅速采取措施，切断电源，防止事故扩大，并注意保持现场，及时向指导教师报告。

⑧ 要爱护实验室里的一切设施和用品，注意节约水、电、药品和实验材料，没有用完的药品、材料，要放到指定的容器或指定的地方存放。严禁将实验器材和药品带出实验室，一经发现，严肃处理。

⑨ 实验产生的废液，须倒入废液桶（缸）里，严禁倒入水槽，其他废物装入污物桶，集中倒入垃圾箱。

⑩ 实验结束后，每组学生对所用的仪器设备及桌面、地面应进行清理，并由各实验小组轮流做整个实验室的卫生整理工作，经教师检查允许后，方可离开实验室。

⑪ 对于违反操作规程或擅自动用其他仪器设备造成的损失或造成事故者应做书面检查，并视其认识态度和情节轻重，予以部分或全部赔偿，直至纪律处分。

⑫ 要认真填写、整理实验报告，不得潦草，不得缺项、漏项，报告中的计算部分必须完整，同时要保持实验报告的整洁，并及时交送指导教师，不允许相互抄袭实验报告，对于抄袭实验报告者成绩以不及格处理。

1.2 实验误差及数据处理

1.2.1 误差的概念与种类

(1) 误差的概念

测量的目的是为了得到被测值物理量的客观真实数（简称真值）。但由于受测量方法、测量仪器、测量条件以及试验者水平等多种因素的限制，只能获得该物理量的近似值，也就是说，一个被测量的测量值 N 与真值 N_0 之间一般都会存在一个差值。这种差值称为测量误差，又称绝对误差，用 δ 表示。

$$\delta = N - N_0 \tag{1-1}$$

绝对误差不同于误差的绝对值，它可正、可负。当 δ 为正时，称为正误差，反之则为负误差。因此，公式(1-1) 定义的误差，不仅反映了测量值偏离真值的大小，也反映了偏离的方向。绝对误差与真值之比称为相对误差，相对误差一般用百分数表示。

$$E = \frac{\delta}{N} \times 100\% \tag{1-2}$$

显然，相对误差是没有单位的，而绝对误差与测量值有相同的单位。被测量的真值 N_0 是一个理想的值，一般来说是无法知道的，因此，一般也不能准确得到。对可以多次测量的物理量，常用已修正过的算术平均值来代替被测量的真值。

(2) 误差的种类

为了便于对误差作出估算并研究减小误差的方法，有必要对误差进行分类。根据误差的性质，测量误差分为系统误差和随机误差。

① 系统误差　在相同条件下对同一物理量进行多次测量，误差的大小和符号始终保持恒定或按可预知的方式变化，这种误差称为系统误差。

② 随机误差　在相同条件下对同一物理量进行多次测量，误差或大或小，或正或负，完全是随机的、不可预知的，这种误差称为随机误差。

1.2.2 系统误差

(1) 系统误差的来源

① 理论或方法的原因　系统误差指由试验方法本身的原因所造成的误差。例如测水泥的细度有三种方法（干筛法、水筛法、负压筛法）因试验方法不同，试验结果也不同。

② 仪器原因　由于仪器本身的局限和缺陷而引起的误差或没有按规定条件使用仪器而引起的误差。如仪表失修，直尺的刻度不均匀，天平刀口磨损，天平的两臂长度不等或仪器零点没调好，仪器未按规定放水平等。应注意的是，建筑材料试验中的重要仪器必须定期进行校正和鉴定。

③ 环境原因　是指外界环境发生变化引起的误差，如温度、湿度等因素引起的误差。例如同样的混凝土配合比，在夏天测得的坍落度与冬天测得的坍落度便不一样。

④ 个人原因　是指试验操作人员本身的生理或心理特点而造成的误差。如有人习惯早按秒表，有人习惯晚按秒表；又如有人习惯偏向左边观测仪表刻度，有人习惯偏向右边观测仪表刻度等。

(2) 发现系统误差的方法

要发现系统误差，就要对实验依据的原理、实验方法、实验步骤、所用仪器等可能引起误差的因素逐一进行分析。因此，它要求试验者既要有坚实的理论基础，又要有丰富的实践经验，下面简要介绍几种发现系统误差的方法。

① 对比的方法

a. 试验方法的对比：用不同的试验方法测同一个量，看结果是否一致。

b. 仪器的对比：用不同的仪器测同一个量，看结果是否一致。

c. 改变测量方法：如用天平称物体的质量时，分别将物体放在天平的左盘和右盘，对比测量结果，可以发现天平是否存在两臂长度不等而带来的误差。

d. 改变观察者：两个人对比观察可以发现个人误差。

② 数据分析的方法　当测量数据明显不服从统计分布规律时，说明存在系统误差。即将测量数据依次排列，如偏差的大小有规律地向一个方向变化，则测量中存在线性系统误差；如偏差的符号有规律地交替变化，则测量中存在周期性系统误差。

(3) 系统误差的消除与修正

必须指出，任何“标准”仪器都不能尽善尽美，任何理论都只是实际情况的近似。因此，在实际测量中，要完全消除系统误差是不可能的。这里所说的“消除系统误差”，是将它的影响减小到随机误差以下。

① 消除仪器的零点误差　对游标卡尺、千分尺以及指针式仪表等，在使用前，应先记录零点误差（如果不能对零的话），以便对测量结果进行修正。

② 校准仪器　用更准确的仪器校准一般仪器，得到修正值或校准曲线。

③ 保证仪器的安装满足规定的要求。

④ 按操作规程进行试验。

1.2.3　随机误差

随机误差是不可避免的，也不能消除，但可以根据随机误差理论估计出它的大小，并可通过增加测量次数减小随机误差。

(1) 测量值的随机分布

① 直方图　如果各测量值为连续随机变量，它们相互独立，则它们有其特有的概率分布。为了弄清它的概率分布规律，先从直方图入手。

例如一批高强混凝土立方体试件抗压强度测量值见表 1-1。

表 1-1　混凝土的抗压强度测量值

混凝土抗压强度/MPa									
60.04	60.90	61.58	60.55	60.17	60.74	61.06	60.37	60.38	59.98
61.22	59.88	60.22	61.00	60.57	60.50	60.76	60.35	60.12	60.91
60.37	60.77	60.54	61.31	60.62	60.53	60.94	60.70	60.77	60.33
61.25	61.17	60.92	61.07	61.12	61.05	61.10	60.40	61.62	61.01
60.86	60.64	60.63	60.65	60.65	60.58	60.63	60.92	60.80	60.61
60.64	60.41	60.58	60.70	60.47	60.59	60.57	60.62	60.58	60.57
61.02	61.25	60.42	61.31	61.83	61.15	61.04	61.06	61.03	61.00
61.20	61.30	60.25	60.32	60.98	60.65	60.63	60.76	60.99	60.92
60.76	60.97	60.53	60.64	60.76	60.76	60.66	60.78	60.43	60.92
60.82	60.65	60.50	60.77	61.14	61.38	61.14	60.83	60.81	60.97
60.46	61.52	61.41	60.76	60.89	60.54	60.83	60.99	60.90	60.07

a. 找出最大值和最小值，求出极差。

本例中最大值和最小值分别为 61.83 和 59.88，则极差 R 为：

$$R=\max\{x_i\}-\min\{x_i\} \tag{1-3}$$

本次样本中 $R=\max\{x_i\}-\min\{x_i\}=61.83-59.88=1.95$

b. 根据样本大小分组。

通常大样本（$n>50$）分为 10～20 组，小样本（$n\leqslant 50$）分为 5～6 组，组距 D_x 为：

$$D_x=\frac{R}{k} \tag{1-4}$$

式中 R——样本极差；

k——样本组数。

本例样本较大，可分为 10 组，分组情况见表 1-2。根据组数 $k=10$ 及极差 $R=1.95$ 可得组距 $D_x=R/k=1.95/10\approx 0.20$。

c. 确定分点，数出各组的频数 n_i。

d. 计算各组的频率 n_i/n。

e. 计算各组的相对频率 $n_i/(n\cdot D_x)$。

表 1-2 分组情况

组序	强度范围	频数 n_i	频率 n_i/n	相对频率 $n_i/(n\cdot D_x)$
1	59.835～60.035	2	0.018	0.090
2	60.035～60.235	5	0.046	0.230
3	60.235～60.435	11	0.100	0.500
4	60.435～60.635	22	0.200	1.000
5	60.635～60.835	26	0.236	1.180
6	60.835～61.035	20	0.182	0.910
7	61.035～61.235	13	0.118	0.590
8	61.235～61.435	7	0.064	0.320
9	61.435～61.635	3	0.027	0.135
10	61.635～61.835	1	0.009	0.045
Σ		110	1.000	

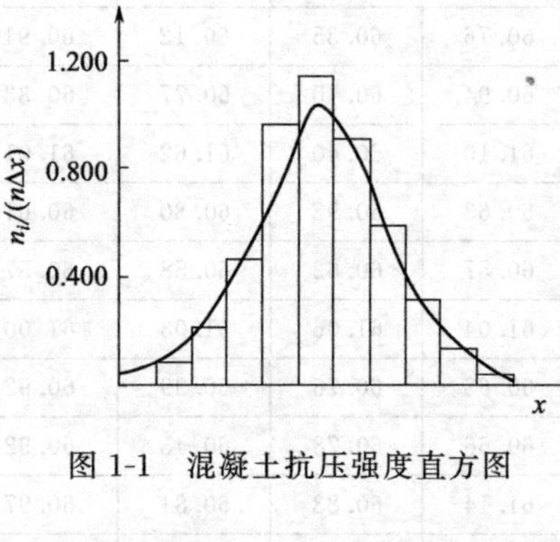

图 1-1 混凝土抗压强度直方图

f. 以分点为横坐标，相对频率为纵坐标，画出直方图，如图 1-1 所示。

直方图由一系列以组距为底、相对频率为高的矩形绘制而成，它们参差有序。所有矩形面积之和等于 1，如式(1-5)。

$$S_{总}=\sum S_i=\sum\frac{n_i}{n\Delta x}\Delta x=\frac{\sum n_i}{n}=1 \tag{1-5}$$

直方图在横坐标上的跨越范围就是测量值的范围，这个范围很大，说明测量值是分散的；另外，直方图中间高、两边低，说明趋于样本平均值的测量值出现的频率大，较大或较小的测量值出现的频率小。

② 正态分布　上述的抗压强度测量值，其概率密度函数符合正态函数分布。不仅混凝土抗压强度测量值如此，而且炮弹落点、产品质量、人的身高、体重等都符合正态分布。正态分布密度函数又称高斯分布。

$$f(x)=\frac{1}{\sigma\sqrt{2\pi}}e^{-(x-u)^2/(2\sigma^2)} \tag{1-6}$$

式中　x——测量值；

μ——总体平均值；

σ——总体标准偏差。

总体标准偏差公式如下：

$$\sigma=\sqrt{\frac{\sum(x_i-\mu)^2}{n}} \tag{1-7}$$

样本的标准偏差公式如下：

$$S=\sqrt{\frac{\sum(x_i-\overline{x})^2}{n-1}} \tag{1-8}$$

S 为有限多次测量值的标准偏差，即样本的标准偏差，σ 为无限多次测量值的标准偏差，即总体的标准偏差。通常用样本的标准偏差 S 来代替总体标准偏差 σ。

正态分布曲线以直线 $x=\mu$ 为对称轴，如图 1-2 所示。当 $x=\mu$ 时，$f(x)$ 值最大，说明测量值落在 μ 的邻域内的概率最大；测量值落在区间 $\mu\pm\sigma$ 内的概率为 68.3%；测量值落在区间 $\mu\pm2\sigma$ 内的概率为 95.5%；测量值落在区间 $\mu\pm3\sigma$ 内 σ 的概率为 99.7%。

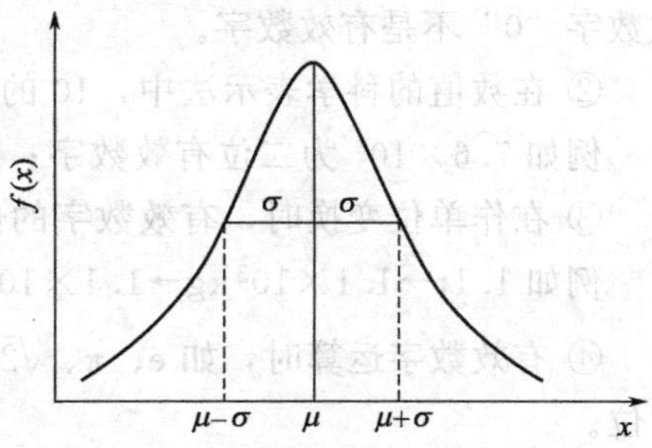

图 1-2　正态分布曲线

(2) 异常数据的舍弃准则

在对建筑材料试验的数据中，有时有少数的测量数据与其他的测量数据相差很大。这些相差很大的数据，如果是操作过失引起的，就应该舍弃。那么舍弃异常数据的准则是什么呢？下面介绍两个判别异常数据的准则。

① 拉依达准则　凡是偏差（残差）大于 3σ 的数据应作为异常数据予以舍弃。对于服从正态分布的随机误差来说，误差在 $\pm3\sigma$ 区间以外的数据，其概率仅为 0.3%，也就是说，在 1000 次测量中，超过 3σ 的可能性只有 3 次。而建筑材料试验通常只进行数次或几十次，所以这种可能性基本为零。这里强调指出，该准则只有在 n 大于 13 才有效。

② 肖维涅准则　设重复测量的次数为 n，在一组测量数据中，凡是未在区间 $N\pm C_nS$ 内的测量值可以认为是异常数据。其中 N 为平均值，C_n 为该准则的因数，S 为标准偏差，其值见表 1-3。

表 1-3　因数 C_n 取值表

n	5	6	7	8	9	10	11	12	13
C_n	1.65	1.73	1.80	1.86	1.92	1.96	2.00	2.03	2.07
n	14	15	16	17	18	19	20	25	30
C_n	2.10	2.13	2.15	2.18	2.20	2.22	2.24	2.33	2.39
n	40	50	60	70	80	90	100	110	150
C_n	2.50	2.58	2.64	2.69	2.73	2.77	2.81	2.84	2.93

1.2.4 有效数字及运算规则

(1) 有效数字

建筑材料试验中的测量值都是由数字表示的，例如：

水泥试样的质量 $m=38.00$g；

混凝土立方体边长 $a=153.0$mm，$b=150.2$mm，$c=147.8$mm；

实验室的温度 $T=22.0$℃。

这些数字不仅说明测量值数量的大小，同时也反映了测量的精确度，水泥试样的质量 m 精确到 0.01g；混凝土立方体边长 a、b、c 精确到 0.1mm；实验室的温度精确到 0.1℃。

与测量的精确度相符的数字称为有效数字，上述的有效数字中，温度 T 为三位，其余为四位。除了有效数字的最后一位为可疑数字外，其余的数字是可靠的。所以，根据用有效数字表示的试验记录，便可推知试验时所用的仪器的精度。用不同精度的测量仪器所得的试验记录，其有效数字的位数应该不同。在今后的建筑材料试验中，必须根据试验中所用仪器的精度来确定有效数字的位数，而不能笼统地要求有效数字一定要多少位。

在书写有效数字时，应注意以下几点。

① 数字“0”有时是有效数字，有时只起定位作用。

例如 20.50 为四位有效数字，末位数字“0”为有效数字；0.105 为三位有效数字，首位数字“0”不是有效数字。

② 在数值的科学表示法中，10 的幂次不是有效数字。

例如 7.6×10^{3} 为二位有效数字；12.40×10^{-7} 为四位有效数字。

③ 在作单位变换时，有效数字的位数不能变更。

例如 1.1t→1.1×10^{3}kg→1.1×10^{6}g 是正确的；而 1.1t→1100kg→1100000g 是错误的。

④ 有效数字运算时，如 e、π、$\sqrt{2}$ 等，可认为其有效数字为无限多位，待进行运算后再定位。

(2) 数值的修约（四舍六入五成双）

以往采用“四舍五入”法对数值进行修约，往往造成在大量数据运算中正误差无法抵消的后果，使试验的结果偏离真值。

在大量数据运算中，如果第 $n+1$ 位需要修约，因出现 1、2、3、4、5、6、7、8、9 这些数字的概率相等，1、2、3、4 和 6、7、8、9 进位的机会相等，可以抵消，唯独出现 5 时需要进位，故无法使正误差抵消。

为此，现提出“四舍六入五成双”的修约方法。对于位数很多的近似数，当有效位数确定后，其后面多余的数字应该舍去，只保留有效数字最末一位，这种修约（舍入）规则是“四舍六入五成双”，也即“4 舍 6 入 5 凑偶”这里“四”是指≤4 时舍去，“六”是指≥6 时进上，“五”指的是根据 5 后面的数字来定，当 5 后有数时，舍 5 入 1；当 5 后无有效数字时，需要分两种情况来对待：

① 5 前为奇数，舍 5 入 1；

② 5 前为偶数，舍 5 不进（0 是偶数）。

例如

9.8249→9.82，9.82671→9.83

9.8350→9.84，9.8351→9.84

9.8250→9.82，9.82501→9.83

从统计学的角度，“四舍六入五成双”比“四舍五入”要科学，在大量运算时，它使舍入后的结果误差的均值趋于零，而不是像四舍五入那样逢五就入，导致结果偏向大数，使得误差积累进而产生系统误差，“四舍六入五成双”使测量结果受到舍入误差的影响降到最低。

例如

1.15＋1.25＋1.35＋1.45＝5.2，若按四舍五入取一位小数计算：

1.2＋1.3＋1.4＋1.5＝5.4

按“四舍六入五成双”计算：

1.2＋1.2＋1.4＋1.4＝5.2，舍入后的结果更能反映实际结果。

尤其是在化学领域应用广泛，在计算“分析化学”“化学平衡”时经常需要使用“四舍六入五成双”这种较精确的修约方法。这样得到的结果较精确，而且运算量相对来说也不大，十分有用。

(3) 数字运算规则

① 加减法　由于有效数字的位数取决于测量仪器的精度，数据的最后一位是可疑数字，所以有效数字加减运算的结果应与仪器精度最低的相同。例如：0.0254＋20.12－3.25546＝?

其中第二个数字的精度最低为十分之一，所以它们的结果也是十分之一，与每一数字的有效数字位数多少没有关系。它们修约后为0.0254→0.02；3.25546→3.26。所以，0.0254＋20.12－3.25546＝0.02＋20.12－3.26＝16.88。

② 乘除法　乘除法运算后的有效数字位数，与参加运算的数据中有效数字位数最少的相同。例如 39.5×4.08×0.0013÷868＝0.00024＝2.4×10^{-4}。

在参加运算的数据中，它们的相对误差如下所示，由以下相对误差计算结果可见，相对误差最大者，对运算的结果起决定性作用。

0.1÷39.5＝0.25%；

0.01÷4.08＝0.24%；

0.0001÷0.0013＝7.7%（最大）；

1÷868＝0.12%。

第2章 胶凝材料试验

2.1 水泥细度试验（负压筛析法）

2.1.1 试验目的

① 掌握水泥负压筛析仪使用方法。

② 熟悉水泥细度对水泥性能的影响。

2.1.2 试验依据

本试验参考标准为《水泥细度检验方法-筛析法》（GB/T 1345—2005）。实验室环境要求室温应控制在（20±2）℃，相对湿度不大于50%。

本方法是采用45μm方孔筛和80μm方孔筛对水泥试样进行筛析试验，用筛上筛余物的质量百分数来表示水泥样品的细度。为保持筛孔的标准度，试验筛使用前应用已知筛余的标准样品来标定修正，当修正系数超出0.80～1.20范围时，试验筛应予淘汰。水泥细度测定有负压筛析法、水筛析法和手工筛析法，当测定的结果发生争议时，以负压筛析法为准。负压筛析仪筛座如图2-1所示，负压筛析仪筛网如图2-2所示。

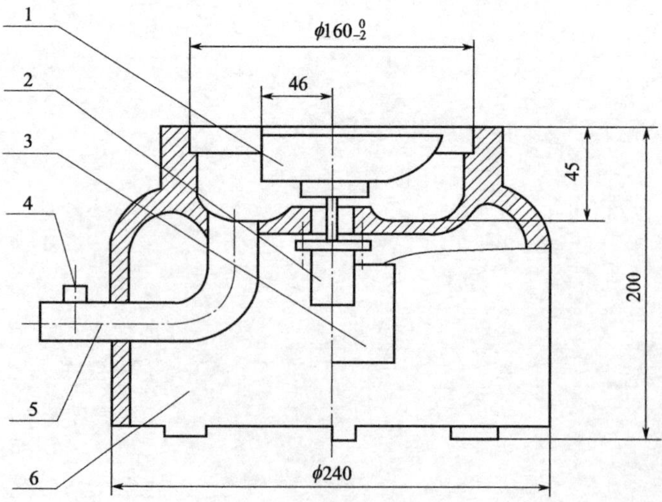

图2-1 负压筛析仪筛座示意图（单位：mm）

1—喷气嘴；2—微电机；3—控制板开口；4—负压表接口；5—负压源及收尘器接口；6—壳体

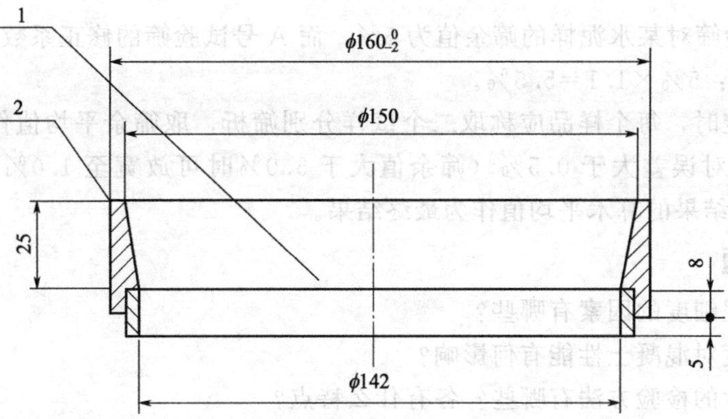

图 2-2　负压筛析仪筛网示意图（单位：mm）

1—筛网；2—筛框

2.1.3　试验设备及耗材

电子天平（最小分度值不大于 0.01g）、45μm 或 80μm 试验筛、负压筛析仪、毛刷、水泥样品。

2.1.4　试验步骤

① 在电子天平上称取试样，80μm 筛析试验称取试样 25g，45μm 筛析试验称取试样 10g。

② 筛析试验前，应把负压筛放在筛座上，盖上筛盖，接通电源，检查控制系统，调节负压至－4000～－6000Pa 范围内。

③ 称取试样，精度至 0.01g，置于洁净的负压筛中，放在筛座上，接通电源，开动筛析仪连续筛析 2min（粉煤灰细度测定连续筛析 3min），在此期间如有试样附着在筛盖上，可轻轻地敲击筛盖使试样落下。筛毕，用电子天平称量全部筛余物，如有试样吸附在筛网上，可用毛刷轻轻刷洗筛网。

④ 试验筛必须经常保持洁净干燥，筛孔通畅。使用 10 次后要进行清洗，金属框筛、铜丝网筛清洗时应用专门的清洗剂，不可用弱酸浸泡。

⑤ 仪器使用一段时间后，若橡胶密封圈老化或损坏，应及时调换以保证有效的密封状态。若发现收尘瓶内水泥细粉较多接近满时，应将收尘瓶从旋风筒上拔下来，倒净后再重新装上。

2.1.5　数据处理

① 水泥试样筛余百分数：

$$F=\frac{R_t}{m}\times 100 \tag{2-1}$$

式中　F——水泥试样的筛余百分率，%，结果精确至 0.1%；

R_t——水泥筛余物的质量，g；

m——水泥试样的质量，g。

② 筛余结果的修正：

试验筛的筛网在试验过程中会发生磨损，因此筛析结果应进行修正。修正的方法是将式（2-1）的计算结果乘以该试验筛标定后得到的有效修正系数，即为最终结果。

实例：

用 A 号试验筛对某水泥样的筛余值为5%，而 A 号试验筛的修正系数为1.1，则该水泥样的最终结果为：5%×1.1=5.5%。

③ 合格评定时，每个样品应称取二个试样分别筛析，取筛余平均值作为筛析结果。若两次筛余结果绝对误差大于 0.5%（筛余值大于 5.0%时可放宽至 1.0%），应再做一次试验，取两次相近结果的算术平均值作为最终结果。

2.1.6 思考题

① 影响水泥细度的因素有哪些？

② 水泥细度对混凝土性能有何影响？

③ 水泥细度的检验方法有哪些？各有什么特点？

2.2 水泥密度试验

2.2.1 试验目的

① 掌握水泥密度测定原理及方法。

② 掌握水泥密度测定的意义及该方法应用范围。

2.2.2 试验依据

本试验参考标准为《水泥密度测定方法》(GB/T 208—2014)，实验室环境要求室温应控制在 (20±1)℃。

将一定质量的水泥倒入装有足够量液体介质的李氏瓶内，液体的体积应可以充分浸润水泥颗粒，根据阿基米德定律，水泥颗粒的体积等于它所排开的液体体积，从而算出单位体积水泥的质量即为密度。液体介质采用无水煤油或不与水泥发生水化反应的其他液体。

2.2.3 试验设备及耗材

李氏瓶（李氏瓶由优质玻璃制成，透明无条纹，具有抗化学侵蚀性且热滞后性小，要有足够的厚度以确保良好的耐裂性。李氏瓶横截面形状为圆形，外形尺寸如图 2-3 所示。瓶颈刻度由 0～1mL 和 18～24mL 两段刻度组成，且 0～1mL 和 18～24mL 以 0.1mL 为分度值，任何标明的容量误差都不大于 0.05mL)、无水煤油、恒温水槽［使水温可以稳定控制在 (20±1)℃］、电子天平（量程不小于 100g，分度值不大于 0.01g)、温度计（量程 0～50℃，分度值不大于 0.1℃)、定性滤纸、漏斗、漏斗架、烧杯、玻璃棒、小匙、水泥样品。

2.2.4 试验步骤

① 水泥试样应预先通过 0.90mm 方孔筛，在 (110±5)℃温度下烘干 1h，并在干燥器内冷却至室温［(20±1)℃］。

② 称取水泥质量 m 为 60g，精确至 0.01g。在测试其他材料密度时，可按实际情况增减称量材料质量，以便读取刻度值。

③ 将无水煤油注入李氏瓶中至“0mL”到“1mL”之间刻度线后（选用磁力搅拌时，此时应加入磁力搅拌子)，盖上瓶塞放入恒温水槽内，使刻度部分浸入水中［水温应控制在 (20±1)℃］，恒温至少 30min，记下无水煤油的初始（第一次）读数 V_1。

④ 从恒温水槽中取出李氏瓶，用滤纸将李氏瓶细长颈内没有煤油的部分仔细擦干净。

⑤ 用小匙将水泥样品一点点地装入李氏瓶中，反复摇动（也可用超声波振动或磁力搅

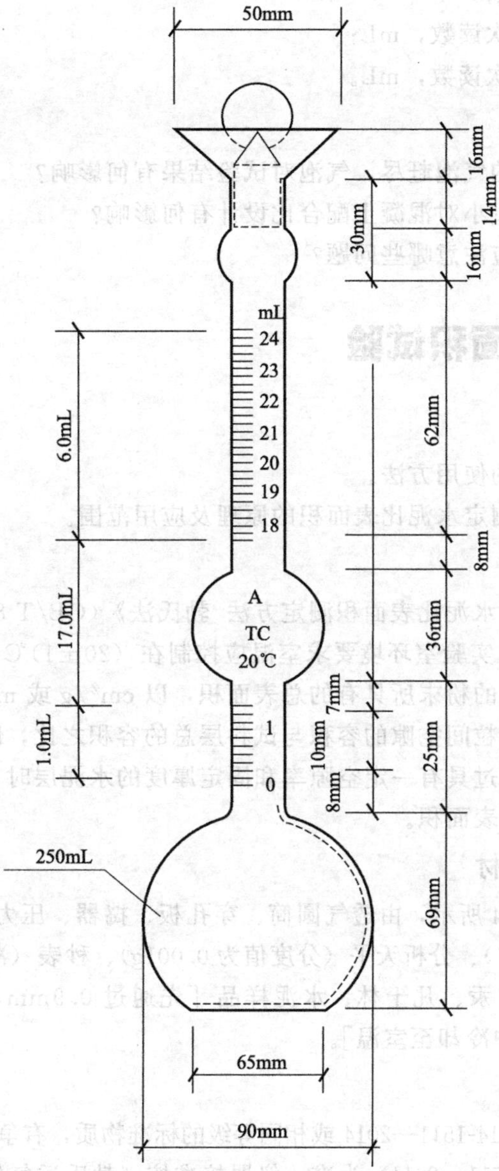

图 2-3　李氏瓶示意图

拌等），直至没有气泡排出，再次将李氏瓶静置于恒温水槽，使刻度部分浸入水中，恒温至少 30min，记下第二次读数 V_2。

注意：第一次读数和第二次读数时，恒温水槽的温度差不大于 0.2℃。

⑥ 将李氏瓶内的无水煤油倒入准备好的漏斗中进行过滤，回收过滤后的无水煤油。

2.2.5　数据处理

水泥密度 ρ 按式(2-2) 计算，结果精确至 0.01g/cm³，试验结果取两次测定结果的算术平均值，两次测定结果之差不大于 0.02g/cm³。

$$\rho=\frac{m}{V_2-V_1} \tag{2-2}$$

式中　ρ——水泥密度，g/cm³；

m——水泥质量，g；

V_1——李氏瓶第一次读数，mL；

V_2——李氏瓶第二次读数，mL。

2.2.6 思考题

① 如何将李氏瓶内的气泡赶尽，气泡对试验结果有何影响？

② 水泥密度过大或过小对混凝土配合比设计有何影响？

③ 测定水泥密度时应注意哪些问题？

2.3 水泥比表面积试验

2.3.1 试验目的

① 掌握勃氏透气仪的使用方法。

② 掌握勃氏透气仪测定水泥比表面积的原理及应用范围。

2.3.2 试验依据

本试验参考标准为《水泥比表面积测定方法 勃氏法》(GB/T 8074—2008)、《勃氏透气仪》(JC/T 956—2014)。实验室环境要求室温应控制在（20±1）℃，相对湿度不大于50%。

比表面积：单位质量的粉末所具有的总表面积，以 cm^2/g 或 m^2/kg 来表示。

空隙率：试料层中颗粒间空隙的容积与试料层总的容积之比，以 ε 来表示。

根据一定量的空气通过具有一定空隙率和固定厚度的水泥层时，所受阻力不同而引起流速的变化来测定水泥的比表面积。

2.3.3 试验设备及耗材

勃氏透气仪（如图2-4所示，由透气圆筒、穿孔板、捣器、压力计、抽气装置组成）、烘箱（控制温度灵敏度±1℃）、分析天平（分度值为0.001g）、秒表（准确至0.5s）、标准样品、蒸馏水、中速定量滤纸、汞、凡士林、水泥样品［先通过0.9mm方孔筛，在（110±5）℃下烘干1h，并在干燥器中冷却至室温］。

2.3.4 试验步骤

仪器的校准采用GSB 14-1511—2014或相同等级的标准物质，有争议时以《水泥细度和比表面积标准样品》(GSB 14-1511—2014）为准。仪器校准按《勃氏透气仪》(JC/T 956—2014）进行，每年一次，使用频繁半年一次，维修后重新标定。

(1) 测定水泥密度

应按本书中“2.2水泥密度试验”方法进行。

(2) 漏气检查

U形压力计内装水至第一条刻度线，橡皮塞外部涂上凡士林后插入U形压力计锥形磨口，在阀门处也涂些凡士林（注意不要堵塞通气孔），打开抽气装置抽水超过第三条刻度线，关闭阀门，微调阀门使液面至第三条刻度线位置并关闭阀门，观察压力计内液面，在3min内不下降，表明仪器的密封性良好。

(3) 空隙率 ε 的测定

P·Ⅰ、P·Ⅱ型水泥的空隙率采用0.500±0.005，其他水泥或粉料的空隙率选用0.530±0.005。当按上述空隙率不能将试样压至步骤（5）所述的位置时，则允许改变空隙率。

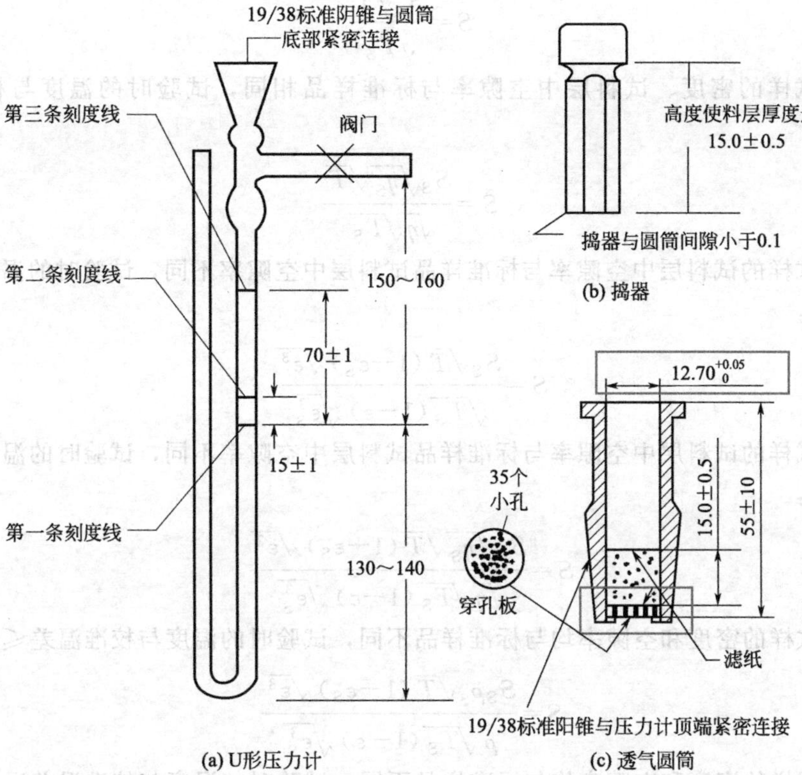

图 2-4　U 形压力计、捣器和透气圆筒的结构及部分尺寸示意图（单位：mm）

（4）确定试样质量

$$m=\rho V(1-\varepsilon) \tag{2-3}$$

式中　m——试样的质量，g，准确称取至 0.001g；

ρ——试样的密度，g/cm^3；

V——透气圆筒的试料层体积，cm^3；

ε——试料层空隙率。

（5）试料层制备

将穿孔板放入透气圆筒的突缘上，用一根直径比圆筒略小的细棒把一片滤纸送到穿孔板上，边缘压紧。称取按公式(2-3）计算出的试样量，倒入圆筒。轻敲圆筒的边缘，使水泥层表面平坦。再放入一片滤纸，用捣器均匀捣实试料直至捣器的支持环紧紧接触圆筒顶边，并旋转 1～2 圈，慢慢取出捣器。每次测定需用新的滤纸片。

（6）透气试验

把装有试料层的透气筒下锥面涂一薄层凡士林或活塞油脂，然后插入压力计顶端锥形磨口处，旋转 1～2 圈，保证紧密连接不漏气。打开微型电磁泵慢慢从压力计一臂中抽出空气，直到压力计内液面上升到扩大部下端时关闭阀门。当压力计内液面的凹液面下降到第三条刻线时开始计时（见图 2-4），当液面的凹液面下降到第二条刻线时停止计时，记录液面从第三条刻度线到第二条刻度线所需的时间。以秒记录，并记录试验时的温度（℃），每次透气试验，应重新制备试料层。

2.3.5　数据处理

当被测试样的密度、试料层中空隙率与标准样品相同，试验时的温度与校准温差≤±3℃时：

$$S=\frac{S_S\sqrt{T}}{\sqrt{T_S}} \tag{2-4}$$

当被测试样的密度、试料层中空隙率与标准样品相同，试验时的温度与校准温差＞±3℃时：

$$S=\frac{S_S\sqrt{\eta_S}\sqrt{T}}{\sqrt{\eta}\sqrt{T_S}} \tag{2-5}$$

当被测试样的试料层中空隙率与标准样品试料层中空隙率不同，试验时的温度与校准温差≤±3℃时：

$$S=\frac{S_S\sqrt{T}(1-\varepsilon_S)\sqrt{\varepsilon^3}}{\sqrt{T_S}(1-\varepsilon)\sqrt{\varepsilon_S^3}} \tag{2-6}$$

当被测试样的试料层中空隙率与标准样品试料层中空隙率不同，试验时的温度与校准温差＞±3℃时：

$$S=\frac{S_S\sqrt{\eta_S}\sqrt{T}(1-\varepsilon_S)\sqrt{\varepsilon^3}}{\sqrt{\eta}\sqrt{T_S}(1-\varepsilon)\sqrt{\varepsilon_S^3}} \tag{2-7}$$

当被测试样的密度和空隙率均与标准样品不同，试验时的温度与校准温差≤±3℃时：

$$S=\frac{S_S\rho_S\sqrt{T}(1-\varepsilon_S)\sqrt{\varepsilon^3}}{\rho\sqrt{T_S}(1-\varepsilon)\sqrt{\varepsilon_S^3}} \tag{2-8}$$

当被测试样的密度和空隙率均与标准样品不同，试验时的温度与校准温差＞±3℃时：

$$S=\frac{S_S\rho_S\sqrt{\eta_S}\sqrt{T}(1-\varepsilon_S)\sqrt{\varepsilon^3}}{\rho\sqrt{\eta}\sqrt{T_S}(1-\varepsilon)\sqrt{\varepsilon_S^3}} \tag{2-9}$$

式中 S——被测试样的比表面积，cm^2/g；

S_S——标准样品的比表面积，cm^2/g；

T——被测试样试验时，压力计中液面降落测得的时间，s；

T_S——标准样品试验时，压力计中液面降落测得的时间，s；

η——被测试样试验温度下的空气黏度，$\mu Pa \cdot s$；

η_S——标准样品试验温度下的空气黏度，$\mu Pa \cdot s$；

ε——被测试样试料层中的空隙率；

ε_S——标准试样试料层中的空隙率；

ρ——被测试样的密度，g/cm^3；

ρ_S——标准试样的密度，g/cm^3。

水泥比表面积应由两次透气试验结果的平均值确定，如两次试验结果相差2%以上，应重新试验。计算结果保留至$10cm^2/g$。当同一水泥用手动勃氏透气仪测定的结果与自动勃氏透气仪测定的结果有争议时，以手动勃氏透气仪测定结果为准。

2.3.6 思考题

① 水泥比表面积检测在实际生产中有何指导意义？

② 测试前为什么要进行漏气检查？如有漏气应如何处理？

③ 怎样才能在试验过程中减小测量误差？

2.4 水泥标准稠度用水量、凝结时间试验

2.4.1 试验目的

① 掌握水泥标准稠度用水量及凝结时间测定的基本原理和方法。

② 熟练使用维卡仪和净浆搅拌机等仪器设备。

2.4.2 试验依据

本试验参考标准为《水泥标准稠度用水量、凝结时间、安定性检验方法》(GB/T 1346—2011)。实验室环境要求室温应控制在(20±2)℃，相对湿度不低于50%。湿气养护箱温度为(20±1)℃，相对湿度不低于90%。

水泥净浆对标准试杆（试锥）的沉入具有一定阻力，通过试验不同含水量水泥净浆的穿透性，以确定水泥标准稠度净浆中所需加入的水量。随着水泥水化时间的变化，试针沉入水泥净浆深度所受阻力加大，试针沉至一定深度所需的时间即为水泥凝结时间。

2.4.3 试验设备及耗材

水泥净浆搅拌机（如图2-5所示）、维卡仪［如图2-6所示，标准稠度杆由有效长度为(50±1)mm、直径为(10±0.05)mm的圆柱形耐腐蚀金属制成。初凝用试针由钢制成，其有效长度为(50±1)mm、直径为(1.13±0.05)mm；终凝用试针有效长度为(30±1)mm。滑动部分的总质量为(300±1)g。与试杆、试针连接的滑动杆表面应光滑，能靠重力自由下落，不得有紧涩和旷动现象］、试模［盛装水泥净浆的试模由耐腐蚀的、有足够硬度的金属制成。试模为深(40±0.2)mm、顶内径(65±0.5)mm、底内径(75±0.5)mm的截顶圆锥体。每个试模应配备一个边长或直径约100mm、厚4～5mm的平板玻璃底板或金属底板］、量筒或滴定管（精确度±0.5mL）、电子天平（最大称量不小于1000g，分度值不大于1g）、水泥、自来水。

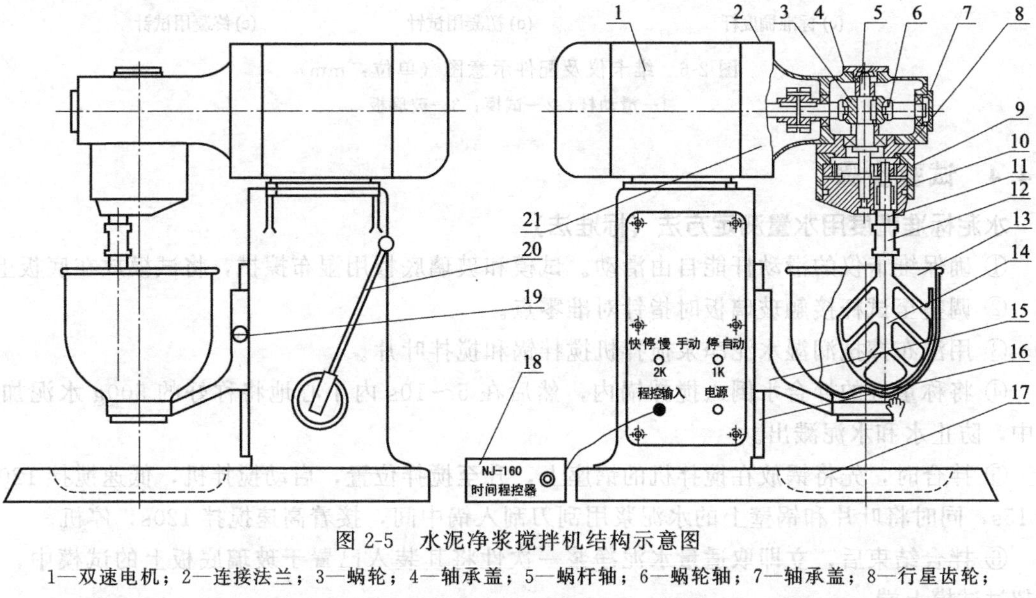

图2-5 水泥净浆搅拌机结构示意图

1—双速电机；2—连接法兰；3—蜗轮；4—轴承盖；5—蜗杆轴；6—蜗轮轴；7—轴承盖；8—行星齿轮；9—内齿圈；10—行星定位套；11—叶片轴；12—调节螺母；13—搅拌锅；14—搅拌叶片；15—滑板；16—立柱；17—底座；18—时间控制器；19—定位螺钉；20—升降手柄；21—减速器

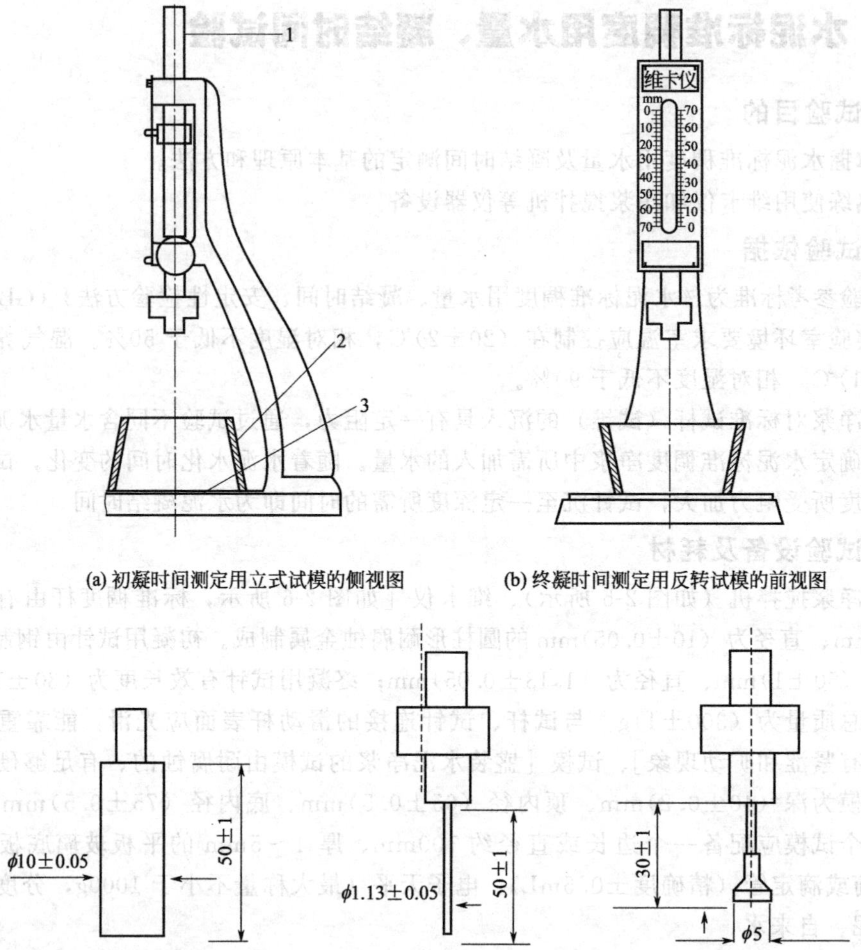

(a) 初凝时间测定用立式试模的侧视图　(b) 终凝时间测定用反转试模的前视图

(c) 标准稠度杆　(d) 初凝用试针　(e) 终凝用试针

图 2-6　维卡仪及配件示意图（单位：mm）

1—滑动杆；2—试模；3—玻璃板

2.4.4　试验步骤

水泥标准稠度用水量测定方法（标准法）

① 确保维卡仪的滑动杆能自由滑动。试模和玻璃底板用湿布擦拭，将试模放在底板上。

② 调整至试杆接触玻璃板时指针对准零点。

③ 用湿布擦拭润湿水泥净浆搅拌机搅拌锅和搅拌叶片。

④ 将称量好的拌合水倒入搅拌锅内，然后在 5～10s 内小心地将称好的 500g 水泥加入水中，防止水和水泥溅出。

⑤ 拌合时，先将锅放在搅拌机的锅座上，升至搅拌位置，启动搅拌机，低速搅拌 120s，停 15s，同时将叶片和锅壁上的水泥浆用刮刀刮入锅中间，接着高速搅拌 120s，停机。

⑥ 拌合结束后，立即取适量水泥净浆一次性将其装入已置于玻璃底板上的试模中，浆体超过试模上端。

⑦ 用宽约 25mm 的直边刀轻轻拍打超出试模部分的浆体 5 次以排除浆体中的孔隙，然

后在试模表面约 1/3 处，略倾斜于试模分别向外轻轻锯掉多余净浆，再从试模边沿轻抹顶部一次，使净浆表面光滑。在锯掉多余净浆和抹平的操作过程中，注意不要压实净浆。

⑧ 抹平后迅速将试模和底板移到维卡仪上，并将其中心定在试杆上，降低试杆直至与水泥净浆表面接触，拧紧螺钉 1～2s 后，突然放松，使试杆垂直自由地沉入水泥净浆中。

⑨ 试杆停止沉入或释放试杆 30s 时，记录试杆距底板之间的距离，升起试杆后，立即擦净。

⑩ 整个操作应在搅拌后 1.5min 内完成。以试杆沉入净浆并距底板 (6±1)mm 时的水泥净浆为标准稠度净浆。

凝结时间的测定方法

① 调整凝结时间测定仪的试针接触玻璃板时指针对准零点。

② 按本书中“2.4 水泥标准稠度用水量、凝结时间试验”以标准稠度用水量制成标准稠度净浆，装模和刮平后，立即放入湿气养护箱中。以水泥全部加入水中的时间作为凝结时间的起始时间。

③ 试件在湿气养护箱中养护至加水后 30min 时进行第一次测定。测定时，从湿气养护箱中取出试模放到试针下，降低试针使其与水泥净浆表面接触。

④ 拧紧螺钉 1～2s 后，突然放松，试针垂直自由地沉入水泥净浆。观察试针停止下沉或释放试针 30s 时指针的读数。

⑤ 临近初凝时间时，每隔 5min（或更短时间）测定一次，当试针沉至距底板 (4±1)mm 时，即为水泥达到初凝状态。

⑥ 由水泥全部加入水中至初凝状态的时间称为水泥的初凝时间，用 min 表示。

⑦ 在完成初凝时间测定后，取下初凝试针，换成终凝试针。

⑧ 立即将试模连同浆体以平移的方式从玻璃板取下，翻转 180°，直径大端向上，小端向下放在玻璃板上，再放入湿气养护箱中继续养护。

⑨ 临近终凝时间时，每隔 15min（或更短时间）测定一次，当试针沉入试体 0.5mm 时，即环形附件［见图 2-6(e) 试针］开始不能在试体上留下痕迹时，即为水泥达到终凝状态。

注意：在最初测定的操作时应轻轻扶持金属柱，使其徐徐下降，以防试针撞弯，但结果以自由下落为准；在整个测试过程中试针沉入的位置至少要距试模内壁 10mm。到达初凝或终凝时应立即重复测一次，当两次结论相同时才能认定为到达初凝，到达终凝时，需要在试体另外两个不同点测试，确认结论相同才能认定到达终凝状态。每次测定不能让试针落入原针孔，每次测试完毕须将试针擦净并将试模放回湿气养护箱内，整个测试过程要防止试模受振。

2.4.5 数据处理

水泥标准稠度用水量测定方法（标准法）

水泥标准稠度用水量试验中，其拌合水量为该水泥的标准稠度用水量，按水泥质量的百分比计。

$$P=\frac{w_2}{w_1} \tag{2-10}$$

式中 w_1——水泥质量，g；

w_2——拌合用水量，g。

凝结时间的测定方法

由水泥全部加入水中至初凝、终凝状态的时间称为水泥的初凝时间、终凝时间，用 min 表示。

$$T_{初}=T_2-T_1 \tag{2-11}$$
$$T_{终}=T_3-T_1 \tag{2-12}$$

式中 T_1——水泥加入水中的时间，min；

T_2——当初凝试针沉至距底板 (4±1)mm 的时间，min；

T_3——当试针沉入试体 0.5mm 时，即环形附件开始不能在试体上留下痕迹时的时间，min。

2.4.6 思考题

① 测定水泥标准稠度用水量有何工程指导意义？

② 水泥初凝时间过短、水泥终凝时间过长对混凝土有何影响？

③ 简述水泥细度与凝结时间之间的关系。

2.5 水泥安定性试验

2.5.1 试验目的

① 掌握水泥安定性测定的基本原理和方法。

② 熟练使用沸煮箱和净浆搅拌机等仪器设备。

2.5.2 试验依据

本试验参考标准为《水泥标准稠度用水量、凝结时间、安定性检验方法》(GB/T 1346—2011)。实验室环境要求室温应控制在 (20±2)℃，相对湿度不低于 50%。湿气养护箱温度为 (20±1)℃，相对湿度不低于 90%。

雷氏夹法是通过测定水泥标准稠度净浆在雷氏夹中煮沸后，试针的相对位移情况来表征其体积膨胀的程度；试饼法是通过观测水泥标准稠度净浆试饼煮沸后的外形变化情况表征其体积安定性。当雷氏夹法测定结果和试饼法测定结果冲突时，以雷氏夹法为准。

2.5.3 试验设备及耗材

水泥净浆搅拌机、雷氏夹［由铜质材料制成，其结构如图 2-7 所示。当一根指针的根部先悬挂在一根金属丝或尼龙丝上，另一根指针的根部再挂上 300g 质量砝码时，两根指针尖

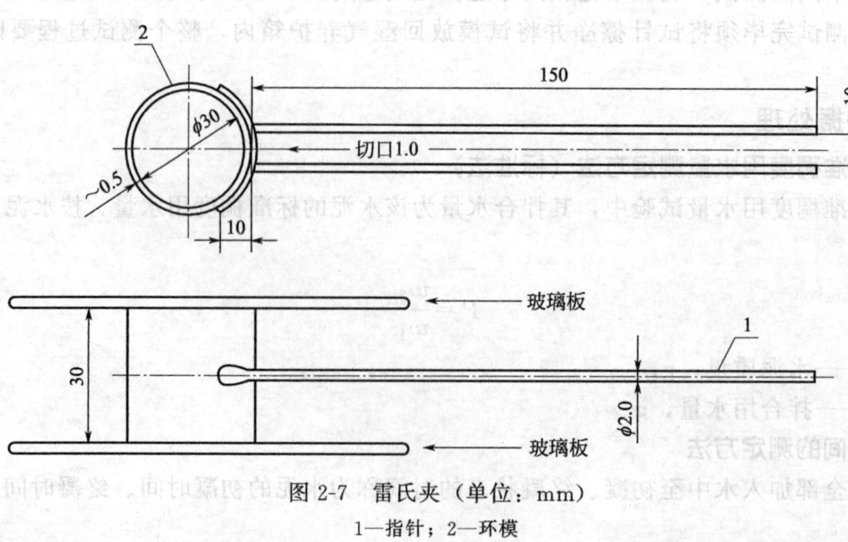

图 2-7 雷氏夹（单位：mm）

1—指针；2—环模

端的距离增加应在（17.5±2.5）mm 范围内，即 $2x=(17.5\pm2.5)$mm，如图 2-8 所示，当去掉砝码后针尖的距离能恢复至挂砝码前的状态]、沸煮箱、雷氏夹膨胀测定仪（标尺最小刻度为 0.5mm，如图 2-9 所示）、量筒或滴定管（精确度±0.5mL）、电子天平（最大称量不小于 1000g，分度值不大于 1g）、刻度尺、水泥、自来水。

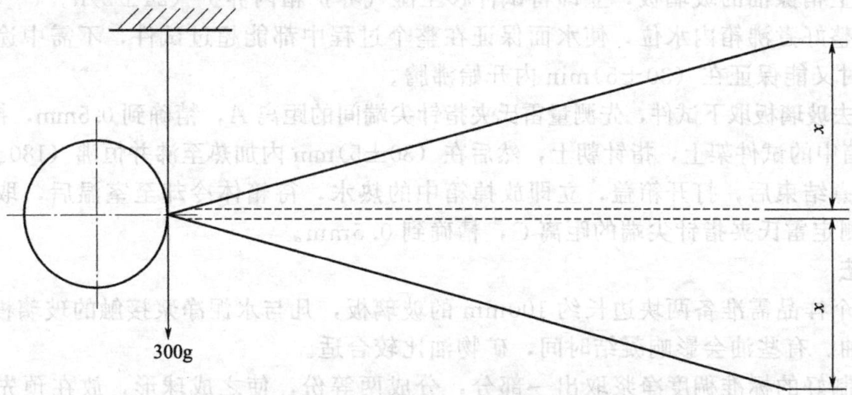

图 2-8　雷氏夹受力示意图

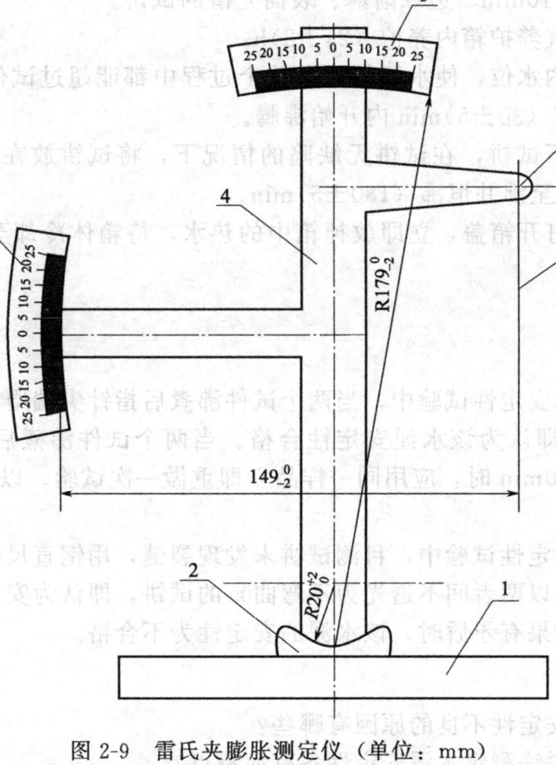

图 2-9　雷氏夹膨胀测定仪（单位：mm）

1—底座；2—模子座；3—测弹性标尺；4—立柱；5—测膨胀值标尺；6—悬臂；7—悬丝

2.5.4　试验步骤

雷氏夹法

① 每个试样需成型两个试件，每个雷氏夹需配备两个边长或直径约 80mm、厚度 4～5mm 的玻璃板，凡与水泥净浆接触的玻璃板和雷氏夹内都要稍微涂上一层油。有些油会影响凝结时间，矿物油比较合适。

② 将预先准备好的雷氏夹放在已稍擦油的玻璃板上，立即将按照本书中“2.4 水泥标准稠度用水量、凝结时间试验”已制好的标准稠度水泥净浆一次性装满雷氏夹，装浆时一只手轻轻扶持雷氏夹，另一只手用宽度约 25mm 的直边刀（直边刀应事先用湿布擦拭）在浆体表面轻轻插捣 3 次，然后抹平。

③ 盖上稍擦油的玻璃板，立即将试件移至湿气养护箱内养护 (24±2)h。

④ 调整好煮沸箱内水位，使水面保证在整个过程中都能超过试件，不需中途添补试验用水，同时又能保证在 (30±5)min 内开始沸腾。

⑤ 脱去玻璃板取下试件，先测量雷氏夹指针尖端间的距离 A，精确到 0.5mm，接着将试件放入沸煮箱中的试件架上，指针朝上，然后在 (30±5)min 内加热至沸并恒沸 (180±5)min。

⑥ 沸煮结束后，打开箱盖，立即放掉箱中的热水，待箱体冷却至室温后，取出试件进行判别。测定雷氏夹指针尖端的距离 C，精确到 0.5mm。

试饼法

① 每个样品需准备两块边长约 100mm 的玻璃板，凡与水泥净浆接触的玻璃板都要稍微涂上一层油。有些油会影响凝结时间，矿物油比较合适。

② 将制好的标准稠度净浆取出一部分，分成两等份，使之成球形，放在预先准备好的玻璃板上，轻轻振动玻璃板并用小刀（小刀应事先用湿布擦拭）由边缘向中央抹，做成直径 70～80mm、中心厚约 10mm、边缘渐薄、表面光滑的试饼。

③ 将试饼放入湿气养护箱内养护 (24±2)h。

④ 调整好煮沸箱内水位，使水面保证在整个过程中都能超过试件，不需中途添补试验用水，同时又能保证在 (30±5)min 内开始沸腾。

⑤ 脱去玻璃板取下试饼，在试饼无缺陷的情况下，将试饼放在沸煮箱水中的篦板上，在 (30±5)min 内加热至沸并恒沸 (180±5)min。

⑥ 沸煮结束后，打开箱盖，立即放掉箱中的热水，待箱体冷却至室温后，取出试件进行判别。

2.5.5 数据处理

雷氏夹法

雷氏夹法测定水泥安定性试验中，当两个试件沸煮后指针尖端增加的距离 $C-A$ 的平均值不大于 5.0mm 时，即认为该水泥安定性合格。当两个试件沸煮后指针尖端增加的距离 $C-A$ 的平均值大于5.0mm 时，应用同一样品立即重做一次试验。以复检结果为准。

试饼法

试饼法测定水泥安定性试验中，目测试饼未发现裂缝，用钢直尺检查也没有弯曲（使钢直尺和试饼底部紧靠，以两者间不透光为不弯曲）的试饼，即认为安定性合格，反之为不合格。当两个试饼判别结果有矛盾时，该水泥的安定性为不合格。

2.5.6 思考题

① 造成水泥体积安定性不良的原因有哪些？

② 雷氏夹法和试饼法测定水泥安定性各有何特点？

③ 水泥安定性为何要进行加水煮沸处理？

2.6 矿渣粉玻璃体含量试验

2.6.1 试验目的

① 掌握矿渣粉玻璃体含量的测定方法。

② 掌握矿渣粉玻璃体在混凝土中的作用。

2.6.2 试验依据

本试验参考标准为《用于水泥、砂浆和混凝土中的粒化高炉矿渣粉》(GB/T 18046—2017)。

粒化高炉矿渣中的玻璃体是其胶凝活性的主要来源，一般而言，矿渣的玻璃体含量越高，其活性也就越高。粒化高炉矿渣微粉X射线衍射图中玻璃体部分的面积与底线上面积之比为玻璃体含量。

2.6.3 试验设备及耗材

X射线衍射仪（铜靶，功率大于3kW，试验条件：管流≥40mA，管压≥37.5kV)、电子天平（量程不小于10g，最小分度值不大于0.001g)、电热干燥箱、玛瑙研钵、矿渣粉试样。

2.6.4 试验步骤

① 在(105±5)℃烘箱中烘干矿渣样品1h。

② 用玛瑙研钵研磨，使其全部通过80μm方孔筛。

③ 以每分钟不大于1°(2θ)的扫描速度，扫描试样0.237～0.404nm晶面区间($2\theta=22.0°\sim38.0°$)。

④ 衍射图谱曲线上1°(2θ)衍射角的线性距离不小于10mm。0.237～0.404nm晶面间的空间（d-空间）最强衍射峰的高度应大于100mm。

注意：扫描范围扩大到10°～60°时，可搜索到杂质存在，通过杂质的主要峰值可以辨析其主要成分，并和玻璃体含量一起报告。

2.6.5 数据处理

(1) 图谱处理

① 在0.237～0.404nm晶面间($2\theta=22.0°\sim38.0°$)的空间在峰底画一直线代表背底。计算中仅考虑线性底部上方空间区域的面积。

② 在0.237～0.404nm范围内，在衍射曲线强度的中点画一曲线，尖锐衍射峰代表晶体部分，其余为玻璃体部分。

③ 在纸上把衍射峰轮廓和玻璃体区域剪下并重新称重，精确至0.001g。允许通过计算机软件直接测量相应的面积。

(2) 计算

按式(2-13)测定玻璃体含量，取整数。

$$w_{glass}=\frac{m_{gp}}{m_{gp}+m_{cp}}\times100 \tag{2-13}$$

式中 w_{glass}——矿渣粉玻璃体含量（质量分数），%；

m_{gp}——代表样品中玻璃体的纸质量，g；

m_{cp}——代表样品中晶体部分的纸质量，g。

2.6.6 思考题

① 影响粒化高炉矿渣中玻璃体含量的因素有哪些?

② 矿渣粉玻璃体在混凝土中有何作用?

③ 如何根据矿渣玻璃体的微观结构来解释不同矿渣潜在水化活性的差别?

2.7 粉煤灰烧失量试验

2.7.1 试验目的

① 掌握粉煤灰烧失量测定方法及依据。

② 掌握粉煤灰烧失量对混凝土性能的影响规律。

2.7.2 试验依据

本试验参考标准为《用于水泥和混凝土中的粉煤灰》(GB/T 1596—2017)、《水泥化学分析方法》(GB/T 176—2017)、《粉煤灰混凝土应用技术规范》(GB/T 50146—2014)。

粉煤灰按煤种和氧化钙含量分为 F 类和 C 类。F 类粉煤灰是由无烟煤或烟煤燃烧收集的粉煤灰。C 类粉煤灰氧化钙含量一般不小于 10%，由褐煤或次烟煤燃烧收集的粉煤灰。试样在 (950±25)℃的高温炉中灼烧，去除二氧化碳和水分，同时将存在的易氧化元素氧化。通常矿渣硅酸盐水泥、矿渣粉应对由硫化物氧化引起的烧失量的误差进行校正，其他元素的氧化引起的误差一般可以忽略不计。

用于混凝土中的粉煤灰可分为Ⅰ级、Ⅱ级、Ⅲ级三个等级，各等级粉煤灰技术要求应符合表 2-1 的规定。

表 2-1 混凝土中用粉煤灰技术要求

项目		技术要求		
		Ⅰ级	Ⅱ级	Ⅲ级
细度(45μm 方孔筛筛余)/%	F类	≤12.0	≤30.0	≤45.0
	C类			
需水量比/%	F类	≤95	≤105	≤115
	C类			
烧失量/%	F类	≤5.0	≤8.0	≤10.0
	C类			
含水量/%	F类	≤1.0		
	C类			
三氧化硫含量/%	F类	≤3.0		
	C类			
游离氧化钙含量/%	F类	≤1.0		
	C类	≤4.0		
SiO_2、Al_2O_3、Fe_2O_3 总质量分数/%	F类	≥70.0		
	C类	≥50.0		
密度/(g/cm^3)	F类	≤2.6		
	C类			
强度活性指数/%	F类	≥70.0		
	C类			
雷氏夹沸煮后增加距离/mm	C类	≤5.0		

注：1. 安定性检验方法中，净浆试验样品由对比水泥样品和被检验粉煤灰按 7∶3 质量比混合而成。

2. 当实际工程中粉煤灰掺量大于 30%时，应按工程实际掺量进行试验论证。

3. 对比水泥样品应符合现行标准《〈通用硅酸盐水泥〉国家标准第 2 号修改单》(GB 175—2007/XG 2—2015) 规定的强度等级为 42.5 的硅酸盐水泥或工程实际应用的水泥。

2.7.3 试验设备及耗材

电子分析天平（分度值 0.0001g）、称量纸、干燥器、高温炉［可控温度（950±25)℃］、瓷坩埚、坩埚钳、水泥样品。

2.7.4 试验步骤

① 称取粉煤灰质量 m_1 约 1g，精确至 0.0001g，放入已灼烧至恒重的瓷坩埚中。

② 将盖斜置于坩埚上，放在高温炉内，从低温开始逐渐升高温度，在（950±25)℃下灼烧 15～20min。

③ 取出坩埚置于干燥器中，冷却至室温，称重。反复灼烧，直至恒重（连续对间隔 15min 两次试样称量，称量之差小于 0.0005g)。

2.7.5 数据处理

烧失量的质量分数按式(2-14) 计算：

$$\omega_{loss}=\frac{m_1-m_2}{m_1}\times 100 \tag{2-14}$$

式中 ω_{loss}——烧失量的质量分数，%；

m_1——试样的质量，g；

m_2——灼烧后试样的质量，g。

2.7.6 思考题

① 测定粉煤灰烧失量有何工程实际意义？

② 粉煤灰烧失量过大对混凝土有何影响，应如何处理？

③ 粉煤灰烧失量过大的原因有哪些？

2.8 水泥胶砂强度检验方法试验（ISO 法）

2.8.1 试验目的

① 掌握水泥胶砂试件制作方法。

② 掌握胶砂抗压强度数据分析及处理方法。

2.8.2 试验依据

本试验参考标准为《水泥胶砂强度检验方法（ISO 法）》(GB/T 17671—1999)。实验室环境要求试体成型实验室的温度应保持在（20±2)℃，相对湿度应不低于 50%。试体带模养护的养护箱或雾室温度保持在（20±1)℃，相对湿度不低于 90%。试体养护池水温度应在（20±1)℃范围内。

本方法适用于 40mm×40mm×160mm 棱柱试体的水泥抗压强度和抗折强度测定。试体是由按质量计的一份水泥、三份中国 ISO 标准砂，用 0.5 的水胶比拌制的一组塑性胶砂制成。胶砂用行星搅拌机搅拌（图 2-10)，在振实台（图 2-11）上成型。也可使用频率 2800～3000 次/min，振幅 0.75mm 振动台成型。试体连模一起在湿气中养护 24h，然后脱模在水中养护至强度试验。到试验龄期时将试体从水中取出，先进行抗折强度试验，折断后每截再进行抗压强度试验，抗压强度试验夹具如图 2-12 所示。

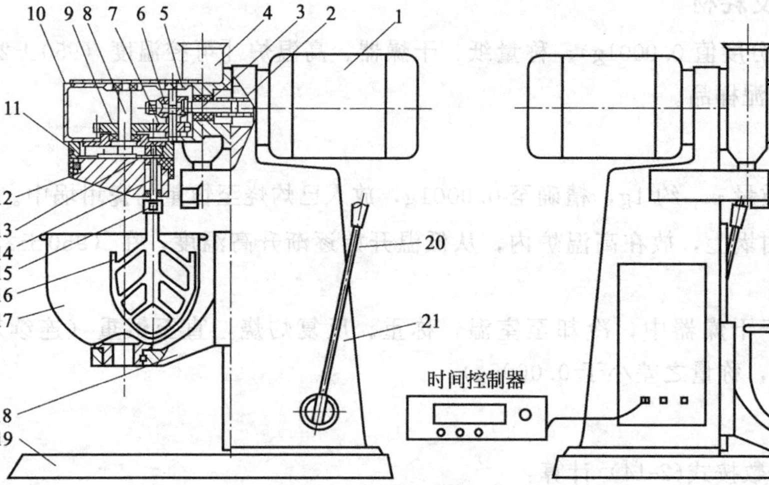

图 2-10　胶砂搅拌机结构示意图

1—电机；2—联轴套；3—蜗杆；4—砂罐；5—传动箱盖；6—蜗轮；7—齿轮Ⅰ；8—主轴；9—齿轮Ⅱ；10—传动箱；11—内齿轮；12—偏心座；13—行星齿轮；14—搅拌叶轴；15—调节螺母；16—搅拌叶；17—搅拌锅；18—支座；19—底座；20—升降手柄；21—立柱

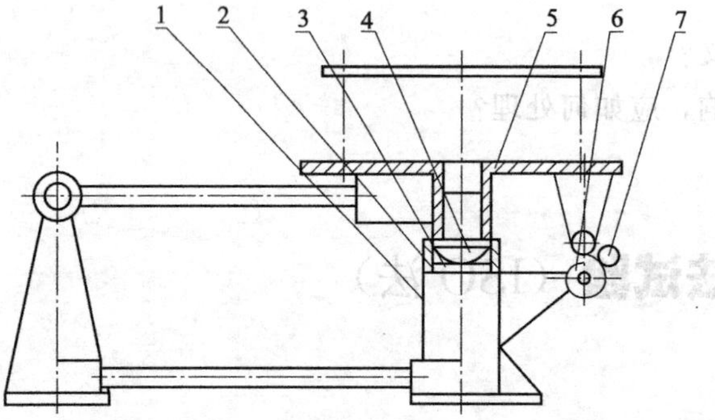

图 2-11　水泥胶砂振实台结构示意图

1—固定螺钉；2—定位套；3—止动器；4—凸面；5—台面；6—凸轮；7—红外开关计数装置

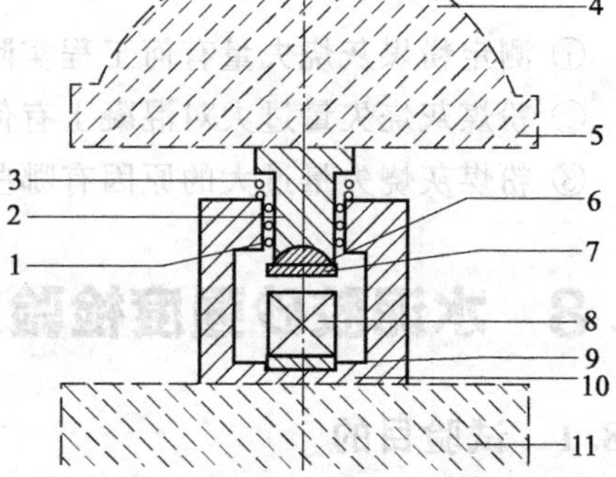

图 2-12　典型的抗压强度试验夹具

1—滚珠轴承；2—滑块；3—复位弹簧；4—压力机球座；5—压力机上压板；6—夹具球座；7—夹具上压板；8—试体；9—底板；10—夹具下垫板；11—压力机下压板

2.8.3　试验设备及耗材

行星式水泥胶砂搅拌机、水泥胶砂抗折抗压试验机、40mm×40mm×160mm 胶砂试模、水泥胶砂振实台、播料器、刮尺、天平（量程不小于 1000g，分度值不大于 1g）、混凝土标准养护箱、水泥胶砂养护箱、水泥、中国 ISO 标准砂［(1350±5)g/袋，规格 0.5～2.0mm］、自来水、量筒。

2.8.4　试验步骤

① 准确称量水泥（450±2)g、标准砂一袋（1350±5)g、自来水（225±1)g，当用量筒称量自来水时，量取精度应达到±1mL。

② 用湿布擦拭润湿水泥砂浆搅拌机搅拌锅、搅拌叶片、播料器、刮刀。

③ 将称量好的砂倒入搅拌机的加砂装置中。注意：有些搅拌机加砂装置在加砂过程中会漏出一小部分砂，此时应事先采取措施把漏出的砂接到容器并再次加入加砂装置。

④ 把水加入搅拌锅内，再加入水泥，立即把搅拌锅放在固定架上，上升至固定位置。

⑤ 开动机器低速搅拌 30s 后，在第二个 30s 开始时程序自动打开砂斗开关均匀将砂子加入，自动高速搅拌 30s。

⑥ 停拌 90s，在此 90s 内用一胶皮刮尺将叶片和锅壁上的胶砂，刮入锅中间。在高速下继续搅拌 60s，搅拌结束。

注意：各个搅拌阶段，时间误差应在±1s 以内。

⑦ 试件的制备

a. 检查 40mm×40mm×160mm 试模内部是否均匀涂刷一层油，如果未刷油，需先刷油。

b. 将空试模和模套固定在振实台上。

c. 用一个适当勺子直接从搅拌锅里将胶砂分两层装入试模，装第一层时，每个槽里约放 300g 胶砂，用大播料器垂直架在模套顶部沿每个模槽来回一次将料层播平，接着振实 60 次。

d. 再装入第二层胶砂，用小播料器播平，再振实 60 次。

e. 移走模套，从振实台上取下试模，用一金属直尺以近似 90 的角度架在试模模顶的一端，然后沿试模长度方向以横向锯割动作慢慢向另一端移动，将超过试模部分的胶砂刮去，并用同一直尺以近乎水平的情况下将试体表面抹平。

f. 去掉留在模子四周的胶砂，在试模上作标记或加字条标明试件编号和成型日期。

⑧ 试件的养护

a. 立即将做好标记的试模放入雾室或湿箱的水平架子上养护，湿空气应能与试模各边接触。养护时不应将试模放在其他试模上。一直养护到规定的脱模时间时，取出脱模。

b. 脱模前，用防水墨汁或颜料笔对试体进行编号和做其他标记。2 个龄期以上的试体，在编号时应将同一试模中的 3 条试体分在 2 个以上龄期内。

c. 对于 24h 龄期的，应在破型试验前 20min 内脱模。对于 24h 以上龄期的，应在成型后 20～24h 之间脱模。

注意：如经 24h 养护，会因脱模对强度造成损害时，可延迟 24h 脱模，但在实验报告中应予说明。

d. 已确定作为 24h 龄期试验（或其他不下水直接做试验）的已脱模试体，应用湿布覆盖至做试验时为止。

e. 将做好标记的试件立即水平或竖直放在（20±1)℃水中养护，水平放置时刮平面应朝上。

f. 试件放在不易腐烂的篦子上，并彼此间保持一定间距，以让水与试件的六个面接触。养护期间试件之间间隔或试体上表面的水深不得小于 5mm。

注意：每个养护池只养护同类型的水泥试件。最初用自来水装满养护池（或容器)，之后应随时加水保持适当的恒定水位，不允许在养护期间全部换水。除 24h 龄期或延迟至 48h 脱模的试体外，任何到龄期的试件应在试验（破型）前 15min 从水中取出。擦去试件表面沉积物，并用湿布覆盖至试验开始为止。试件龄期是从水泥加水搅拌到开始试验时算起。不同龄期强度试验时间允许波动范围见表 2-2。

表 2-2　不同龄期强度试验时间允许波动范围

龄期	24h	48h	72h	7d	>28d
波动范围	±15min	±30min	±45min	±2h	±8h

⑨ 强度试验

a. 将试件一个侧面（禁止成型面受压）放在试验机支撑圆柱上，试件长轴垂直于支撑圆柱，通过加荷圆柱以（50±10）N/s 的速度均匀地将荷载垂直地加在棱柱体相对侧面上，直至折断，记录下相应的抗折强度值或折断载荷，精确到 0.1MPa 或 1N。

b. 抗压强度试验通过规定的仪器，在半截棱柱体的侧面（禁止成型面受压）上进行。半截棱柱体中心与压力机压板受压中心盖应在±0.5mm 内，棱柱体露在压板外的部分约有 10mm。在整个加荷过程中以（2400±200）N/s 的速度均匀地加荷直至破坏，记录下相应的抗压强度值或破坏载荷，精确到 0.1MPa 或 1N。

2.8.5　数据处理

（1）抗折强度

抗折强度应按式(2-15）进行计算：

$$R_f=\frac{1.5F_fL}{b^3} \tag{2-15}$$

式中　R_f——试件的抗折强度，MPa；

F_f——折断时施加于棱柱体中部的荷载，N；

L——支撑圆柱之间的距离，mm；

b——棱柱体正方形截面的边长，mm。

各试体的抗折强度记录至 0.1MPa，以一组三个棱柱体抗折结果的平均值作为试验结果，计算精确至 0.1MPa。当三个强度值中有超出平均值±10%的值时，应剔除后再取平均值作为抗折强度试验结果。

（2）抗压强度

抗压强度应按式(2-16）进行计算：

$$R_c=\frac{F_c}{A} \tag{2-16}$$

式中　R_c——试件的抗压强度，MPa；

F_c——破坏时的最大荷载，N；

A——受压部分面积，mm^2。

各个半棱柱体得到的单个抗压强度结果计算精确至 0.1MPa，以一组三个棱柱体上得到的六个抗压强度测定值的算术平均值作为试验结果，计算精确至 0.1MPa。如六个测定值中有一个值超出六个平均值的±10%，就应剔除这个结果，而以剩下五个的平均数为结果。如果五个测定值中再有超过它们平均数±10%的值时，则此组结果作废。

2.8.6　思考题

① 水泥胶砂试件成型时为何要分两层装料？

② ISO 法水泥胶砂强度试验中的砂有何质量要求？

③ 水泥胶砂抗压强度试验数据处理有何要求？

2.9 水泥胶砂流动度试验

2.9.1 试验目的

① 掌握水泥胶砂流动度测定方法及原理。

② 熟悉胶砂流动度测定的意义及应用范围。

2.9.2 试验依据

本试验参考标准为《水泥胶砂流动度测定方法》(GB/T 2419—2005)。实验室环境要求室温应控制在(20±2)℃，相对湿度不低于50%。

跳桌主要由铸铁机架和跳动部分组成(图2-13)。跳动部分主要由圆盘桌面和推杆组成，圆盘桌面为布氏硬度不低于200HB的铸钢，直径为(300±1)mm，边缘厚约5mm。其上表面应光滑平整，并镀硬铬。表面粗糙度*Ra*在0.8～1.6μm之间。桌面中心有直径为125mm的刻圆，用以确定锥形试模的位置。跳桌落距为(10±0.2)mm，转动轴转速为60r/min，其转动机构能保证胶砂流动度测定仪在(25±1)s内完成25次跳动。

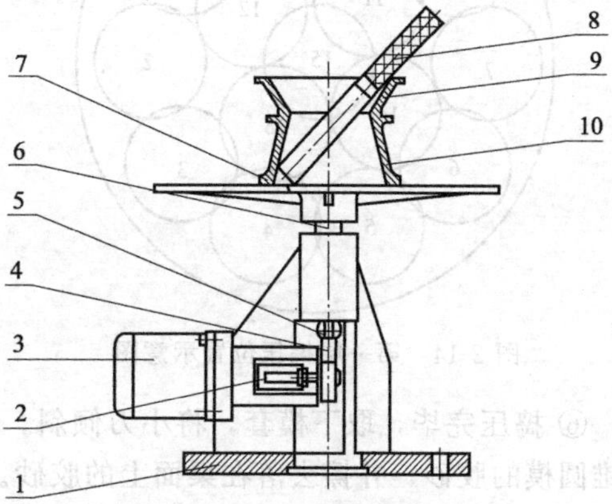

图2-13 跳桌结构示意图

1—机架；2—接近开关；3—电机；4—凸轮；5—滑轮；6—推杆；7—圆盘桌面；8—捣棒；9—模套；10—截锥圆模

2.9.3 试验设备及耗材

水泥胶砂流动度测定仪(简称跳桌)、行星式水泥胶砂搅拌机、试模[由截锥圆模和模套组成，金属材料制成，内表面加工光滑。圆模尺寸为：高度(60±0.5)mm；上口内径(70±0.5)mm；下口内径(100±0.5)mm；下口外径120mm；模壁厚大于5mm]、捣棒[金属材料制成，直径为(20±0.5)mm，长度约200mm，捣棒底面与侧面成直角，其下部光滑，上部手柄滚花]、卡尺(量程不小于300mm，分度值不大于0.5mm)、小刀(刀口平直，长度大于80mm)、天平(量程不小于1000g，分度值不大于1g)、水泥、中级标准砂(规格0.5～1.0mm)、自来水。

2.9.4 试验步骤

① 若跳桌在24h内未使用，应先空跳一个周期，即25次。

② 胶砂制备按本书中“2.8水泥胶砂强度检验方法(ISO法)试验”有关规定进行。其配比见表2-3。

表2-3 水泥胶砂流动度配比

水泥/g	中级标准砂/g	水/mL
250	750	125

③ 在制备胶砂的同时，用湿布擦拭跳桌台面、试模内壁、捣棒以及与胶砂接触的用具，将试模放在跳桌台面中央并用湿布覆盖。

④ 将拌好的胶砂分两层迅速装入试模，第一层装至截锥圆模高度约2/3处，用小刀在

相互垂直两个方向各划 5 次，用捣棒由边缘至中心均匀捣压 15 次（见图 2-14），第一层捣至胶砂高度的 1/2 位置。装胶砂和捣压时，用手扶稳试模，不得使其移动。

⑤ 随后，装第二层胶砂，装至高出截锥圆模约 20mm，用小刀在相互垂直两个方向各划 5 次，再用捣棒由边缘至中心均匀捣压 10 次（见图 2-15）。捣压后胶砂应略高于试模，第二层捣实不超过已捣实底层表面。

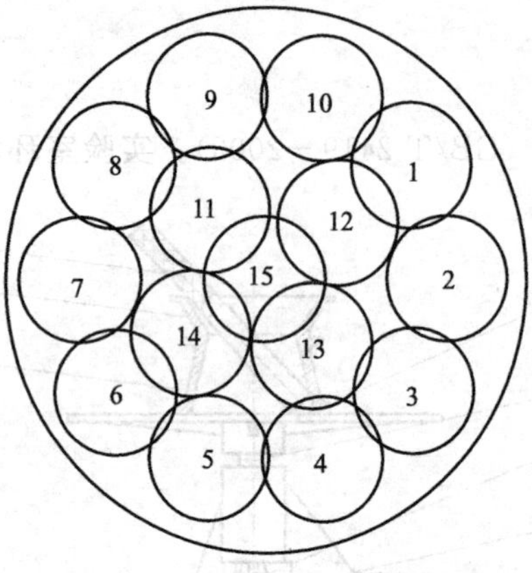

图 2-14　第一层捣压位置示意图

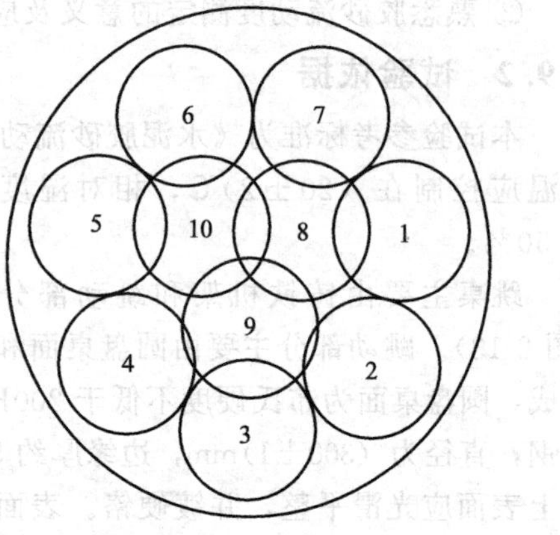

图 2-15　第二层捣压位置示意图

⑥ 捣压完毕，取下模套，将小刀倾斜，从中间向边缘分两次以近水平的角度抹去高出截锥圆模的胶砂，并擦去落在桌面上的胶砂。

⑦ 将截锥圆模垂直向上轻轻提起。立刻开动跳桌，以 1 次/s 的频率，在（25±1）s 内完成 25 次跳动。

⑧ 胶砂流动度试验，从胶砂加水开始到测量扩散直径结束，应在 6min 内完成。

2.9.5　数据处理

跳动完毕，用卡尺测量胶砂底面互相垂直的两个方向直径。按式(2-17) 计算平均值，该平均值即为该用水量条件下的水泥胶砂流动度。

$$L=\frac{L_1+L_2}{2} \tag{2-17}$$

式中　L——水泥胶砂流动度，mm；精确至 1mm；

L_1——第一次测量直径，mm；精确至 1mm；

L_2——第二次测量直径，mm；精确至 1mm。

2.9.6　思考题

① 水泥胶砂流动度检测应注意哪些事项？

② 水泥胶砂流动度测量有何工程指导意义？

③ 水泥胶砂流动度测定时为什么要用小刀在垂直方向各划 5 次？

2.10　掺合料活性指数、需水量比、流动度比、初凝时间比试验

2.10.1　试验目的

① 掌握掺合料活性指数、需水量比、流动度比、初凝时间比的试验方法及原理。

② 了解影响掺合料活性指数、需水量比、流动度比、初凝时间比的影响因素。

2.10.2 试验依据

本试验参考标准为《水泥胶砂流动度测定方法》(GB/T 2419—2005)、《用于水泥、砂浆和混凝土中的粒化高炉矿渣粉》(GB/T 18046—2017)、《用于水泥和混凝土中的粉煤灰》(GB/T 1596—2017)。实验室环境要求室温应控制在(20±2)℃,相对湿度不低于50%。湿气养护箱温度为(20±1)℃,相对湿度不低于90%。

测定试验样品和对比样品的抗压强度,采用两种样品同龄期的抗压强度之比评价掺合料活性指数。测定试验样品和对比样品的流动度,当用水量相同时,两者流动度之比称为流动度比;当流动度达到145~155mm时,两者的用水量之比称为需水量比。

2.10.3 试验设备及耗材

水泥胶砂流动度测定仪(简称跳桌)、行星式水泥胶砂搅拌机、计时器(精确值1min)、试模[由截锥圆模和模套组成,金属材料制成,内表面加工光滑。圆模尺寸为:高度(60±0.5)mm;上口内径(70±0.5)mm;下口内径(100±0.5)mm;下口外径120mm;模壁厚大于5mm]、捣棒[金属材料制成,直径为(20±0.5)mm,长度约200mm,捣棒底面与侧面成直角,其下部光滑,上部手柄滚花]、卡尺(量程不小于300mm,分度值不大于0.5mm)、小刀(刀口平直,长度大于80mm)、天平(量程不小于1000g,分度值不大于1g)、抗折抗压试验机、水泥、矿渣粉、粉煤灰、中国ISO标准砂[(1350±5)g/袋,规格0.5~2.0mm,活性指数用]、中级标准砂(规格0.5~1.0mm,流动度比和需水量比用)、自来水。

2.10.4 试验步骤

掺合料活性指数

① 对比胶砂和试验胶砂配比如表2-4所示。

表2-4 活性指数胶砂配比

砂浆种类	水泥/g	掺合料/g	标准砂/g	自来水/g
对比胶砂	450	—	1350	225
试验胶砂(矿渣粉活性指数)	225	225	1350	225
试验胶砂(粉煤灰活性指数)	315	135	1350	225
试验胶砂(石灰石粉活性指数)	315	135	1350	225

② 胶砂制备按本书中“2.8水泥胶砂强度检验方法(ISO法)试验”有关规定进行。

③ 按本书中“2.8水泥胶砂强度检验方法(ISO法)试验”分别测定对比胶砂和试验胶砂的7d、28d抗压强度值。

粉煤灰需水量比

① 按表2-5胶砂配比和本书中“2.9水泥胶砂流动度试验”进行试验。

表2-5 粉煤灰需水量比胶砂配比

胶砂种类	水泥/g	粉煤灰/g	中级标准砂/g	水/g
对比胶砂	250	0	750	125
试验胶砂	175	75	750	按流动度到145~155mm调整

② 当试验胶砂流动度达到对比胶砂流动度L_0±2mm时,记录此时的加水量m;当试验胶砂流动度超过对比胶砂流动度L_0±2mm时,重新调整用水量,直至试验胶砂流动度达

到对比胶砂流动度 $L_0 \pm 2$mm 为止。

矿渣粉流动度比

按表 2-5 胶砂配比和本书中“2.9 水泥胶砂流动度试验”进行试验，分别测定对比胶砂和试验胶砂的流动度。

矿渣粉初凝时间比

① 对比净浆和试验净浆配比如表 2-6 所示。

表 2-6 初凝时间比净浆配比

净浆种类	水泥/g	矿渣粉/g	自来水/g
对比净浆	500	—	标准稠度用水量
试验净浆	250	250	标准稠度用水量

② 按本书中“2.4 水泥标准稠度用水量、凝结时间试验”进行对比净浆和试验净浆初凝时间的测定。

2.10.5 数据处理

掺合料活性指数

① 掺合料 7d 活性指数按式(2-18) 计算，计算结果保留至 1%。

$$A_7=\frac{R_7}{R_{07}}\times 100 \tag{2-18}$$

式中 A_7——掺合料 7d 活性指数，%；

R_{07}——对比胶砂 7d 抗压强度，MPa；精确到 0.1MPa；

R_7——试验胶砂 7d 抗压强度，MPa；精确到 0.1MPa。

② 掺合料 28d 活性指数按式(2-19) 计算，计算结果保留至 1%。

$$A_{28}=\frac{R_{28}}{R_{028}}\times 100 \tag{2-19}$$

式中 A_{28}——掺合料 28d 活性指数，%；

R_{028}——对比胶砂 28d 抗压强度，MPa；精确到 0.1MPa；

R_{28}——试验胶砂 28d 抗压强度，MPa；精确到 0.1MPa。

粉煤灰需水量比

粉煤灰需水量比按式(2-20) 计算，计算结果保留至 1%。

$$X=\frac{m}{125}\times 100 \tag{2-20}$$

式中 X——需水量比 %；

m——试验胶砂流动度达到对比胶砂流动度 $L_0 \pm 2$mm 时的加水量，g；

125——对比胶砂的加水量，g。

矿渣粉流动度比

矿渣粉流动度比按式(2-21) 计算，计算结果保留至 1%。

$$F=\frac{L}{L_m}\times 100 \tag{2-21}$$

式中 F——矿渣粉流动度比，%；

L_m——对比胶砂流动度，mm；

L——试验胶砂流动度，mm。

矿渣粉初凝时间比

矿渣粉初凝时间比按式(2-22)计算，计算结果保留至整数。

$$T=\frac{I}{I_m}\times 100 \tag{2-22}$$

式中　T——矿渣粉初凝时间比，%；

I_m——对比净浆初凝时间，min；

I——试验净浆初凝时间，min。

2.10.6　思考题

① 混凝土中使用矿渣粉的目的是什么？

② 影响矿渣粉活性指数的主要因素有哪些？

③ 影响粉煤灰需水量比的因素有哪些？

第3章 外加剂试验

3.1 外加剂 pH 值试验

3.1.1 试验目的

① 掌握减水剂 pH 值测定方法及原理。

② 熟悉常用减水剂组成成分。

3.1.2 试验依据

本试验参考标准为《混凝土外加剂匀质性试验方法》(GB/T 8077—2012)。被测溶液的温度要求为 (20±3)℃，液体试样直接测试，粉体试样溶液的浓度为 10g/L。

根据奈斯特 (Nernst) 方程 $E=E_0+0.05915\times\lg[H^+]$，$E=E_0-0.05915\times pH$，利用一对电极在不同 pH 值溶液中产生不同电位差，这一对电极由测试电极（玻璃电极）和参比电极（饱和甘汞电极）组成，在一定温度下每相差一个单位 pH 值时产生一定的电位差(如 25℃时一个单位 pH 值可产生 59.15mV 电位差)，pH 值可在仪器的刻度表上直接读出。

3.1.3 试验设备及耗材

pH 酸度计、复合电极、温度计、电子分析天平（分度值 0.0001g)、外加剂、蒸馏水、滤纸、标准缓冲溶液。

3.1.4 试验步骤

① 电源线插入电源插座。

② 按下电源开关，电源接通后，预热 30min。

③ 仪器校准

a. 仪器使用前，先要标定。一般情况下，仪器在连续使用时，每天要标定一次。

b. 在测量电极插座处拔下短路插头，在测量电极插座处插上复合电极。

c. 把“选择”旋钮调到 pH 档。

d. 用温度计测量被测溶液的温度，读数，调节“温度”旋钮，使旋钮红线对准溶液温度值。

e. 调节“斜率”旋钮至最大值。

f. 打开电极套管，用蒸馏水洗涤电极头部，用吸水纸仔细将电极头部吸干，把清洗过的电极插入 pH=6.86 的标准缓冲溶液中，使溶液淹没电极头部的玻璃球，轻轻摇匀。

g. 待读数稳定后，调节“定位”调节旋钮，使仪器显示读数与该缓冲溶液的 pH 值

6.86 相一致。

h. 将电极取出，用蒸馏水清洗电极，吸干后，把清洗过的电极插入 pH＝4.00 的标准缓冲溶液中，使溶液淹没电极头部的玻璃球，轻轻摇匀。

i. 待读数稳定后，调节“斜率”调节旋钮，使仪器显示读数与该缓冲溶液的 pH 值 4.00 相一致。

j. 重复步骤 f～i，直至显示的数据重现时稳定在标准溶液 pH 值的数值上，允许 pH 变化范围为±0.01。

注意：经标定的仪器“定位”调节旋钮及“斜率”调节旋钮不应再有变动。标定的标准缓冲溶液第一次用 pH＝6.86 的溶液，第二次应接近被测溶液的值。如被测溶液为酸性时，缓冲溶液应选 pH＝4.00；如被测溶液为碱性时，则选 pH＝9.18 的缓冲溶液。

④ 测量待测外加剂溶液的 pH 值

a. 当仪器校正好后，先用蒸馏水清洗电极头部，再用滤纸吸干。

b. 把电极浸入被测溶液中，轻轻摇动烧杯，使溶液均匀，待显示屏上 pH 值读数稳定 1min 后读出溶液 pH 值。

c. 测量结束后，先用蒸馏水冲洗电极，然后将电极泡在 3mol/L 的 KCl 溶液中（或及时套上保护套，套内装少量 3mol/L 的 KCl 溶液）以保护电极球泡的湿润。

3.1.5 数据处理

连续取 3 组酸度计测出的结果求平均值，精确到 0.01，该平均值即为外加剂对应的 pH 值。

3.1.6 思考题

① 外加剂的 pH 值大小对混凝土有何影响？

② 如何调节外加剂的 pH 值在合理范围？

③ 测定外加剂 pH 值试验过程中的注意事项有哪些？

3.2 外加剂含固量试验

3.2.1 试验目的

① 掌握外加剂含固量测定方法及意义。

② 掌握减水剂含固量与减水率之间的关系。

3.2.2 试验依据

本试验参考标准为《混凝土外加剂》(GB 8076—2008)、《混凝土外加剂匀质性试验方法》(GB/T 8077—2012)。

在已恒重的称量瓶内放入待测液体试样，于一定温度下烘干至恒重，剩余物质质量与原始试样液体质量之比即为外加剂含固量。

3.2.3 试验设备及耗材

电子分析天平（分度值 0.0001g)、电热鼓风恒温干燥箱、带盖称量瓶（65mm×25mm)、干燥器（内盛变色硅胶)、待测外加剂。

3.2.4 试验步骤

① 将洁净带盖称量瓶放入烘箱内，于 100～105℃烘干 30min，取出置于干燥器内，冷

却30min后称量，重复上述步骤直至恒重，其质量为m_0。

② 将被测液体试样（3.0000～5.0000g）装入已经恒重的称量瓶内，盖上盖称出液体试样及称量瓶的总质量为m_1。

③ 将盛有液体试样的称量瓶放入烘箱内，开启瓶盖，升温至100～105℃烘干（特殊品种除外），盖上盖置于干燥器内冷却30min后称量，重复上述步骤直至恒重，其质量为m_2。

3.2.5 数据处理

含固量按式(3-1)计算。

$$X_{固}=\frac{m_2-m_0}{m_1-m_0}\times 100 \tag{3-1}$$

式中 $X_{固}$——含固量，%；

m_0——称量瓶的质量，g；

m_1——称量瓶和液体试样的质量，g；

m_2——称量瓶和液体试样烘干后的质量，g。

3.2.6 思考题

① 外加剂烘干温度为什么选择100～105℃？

② 减水剂含固量越大减水率越大吗，为什么？

③ 混凝土中掺加减水剂的目的是什么？

3.3 水泥与减水剂相容性试验

3.3.1 试验目的

① 掌握水泥与减水剂相容性的定义。

② 掌握水泥与减水剂相容性的检测方法及原理。

3.3.2 试验依据

本试验参考标准为《水泥与减水剂相容性试验方法》（JC/T 1083—2008）、《混凝土外加剂匀质性试验方法》（GB/T 8077—2012）、《水泥净浆搅拌机》（JC/T 729—2005）。实验室环境要求室温应控制在（20±2）℃，相对湿度不低于50%。

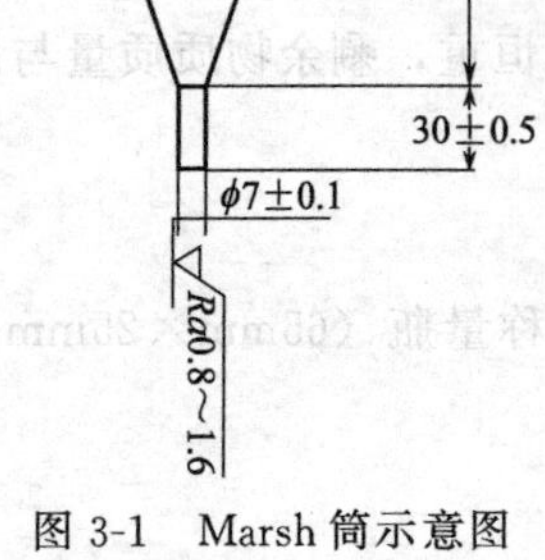

图3-1 Marsh筒示意图（单位：mm）

马歇尔法（简称Marsh筒法，标准法）

Marsh筒（图3-1）为下带圆管的锥形漏斗，最早用于测定钻井泥浆液的流动性，后由加拿大Sherbrooke大学提出用于测定加入减水剂后水泥浆体的流动性，以评价水泥与减水剂适应性。具体方法是让注入漏斗中的水泥浆体自由流下，记录注满200mL容量筒的时间，即Marsh时间，此时间的长短反映了水泥浆体的流动性。

净浆流动度法（代用法）

将制备好的水泥浆体装入一定容量的圆模后，稳定提起圆模，使浆体在重力作用下在玻璃板上自由流动扩展，稳定后的直径即流动度，流动度的大小反映了水泥浆体的流动性。

3.3.3 试验设备及耗材

水泥净浆搅拌机、圆模（圆模为上口径 36mm、下口径 60mm、高度 60mm、内壁光滑无暗缝的金属制品）、玻璃板（400mm×400mm×5mm）、刮刀、卡尺（量程 300mm，分度值 1mm）、秒表（分度值 0.1s）、电子天平（量程 100g，分度值 0.01g；量程 1000g，分度值 1g）、塑料烧杯（500mL）、Marsh 筒（直管部分由不锈钢材料制成，锥形漏斗部分由不锈钢或表面光滑的耐锈蚀材料制成，机械要求如图 3-1 所示）、量筒（250mL，分度值 1mL）、水泥（过 0.9mm 方孔筛并混合均匀）、保鲜膜、减水剂、自来水。

3.3.4 试验步骤

Marsh 筒法（标准法）

① 用湿布将 Marsh 筒、烧杯、搅拌锅、搅拌叶片全部润湿。将烧杯置于 Marsh 筒下料口下面中间位置，并用湿布覆盖。

② 按表 3-1 配比称量，将基准减水剂和约 1/2 的水同时加入锅中，然后用剩余的水反复冲洗盛装基准减水剂的容器直至干净并全部加入锅中，再小心将水泥加入锅中，防止水和水泥溅出。

③ 将锅放在搅拌机的锅座上，升至搅拌位置，启动搅拌机，低速搅拌 120s，停 15s，同时将叶片和锅壁上的水泥浆用刮刀刮入锅中间，接着高速搅拌 120s，停机。

表 3-1 水泥浆体的配合比

方法	水泥/g	水/mL	水胶比	基准减水剂(按水泥的质量百分比)/%
Marsh 筒法	500±2	175±1	0.35	0.4 0.6 0.8 1.0 1.2 1.4
流动度法	500±2	145±1	0.29	

注：1. 根据水泥和减水剂的实际情况，可以增加或减少基准减水剂的掺量点。

2. 减水剂掺量按固态粉剂计算。当使用液态减水剂时，应按减水剂含固量折算为固态粉剂含量，同时在加水量中减去液态减水剂的含水量。

④ 搅拌结束后将锅取下，用搅拌勺边搅拌边将浆体立即全部倒入 Marsh 筒内。打开阀门，让浆体自由流下并计时，当浆体注入烧杯达到 200mL 时停止计时，此时间即为初始 Marsh 时间。

⑤ 让 Marsh 筒内的浆体全部流下，无遗留地回收到塑料烧杯内，并采取覆盖保鲜膜的方法密封静置以防水分蒸发。

⑥ 清洁 Marsh 筒、烧杯。

⑦ 调整基准减水剂掺量，重复上述步骤①～⑥，依次测定基准减水剂各掺量下的初始 Marsh 时间。

⑧ 自加水泥起到 60min 时，将静置的水泥浆体按步骤③的搅拌程序重新搅拌，重复步骤④，依次测定基准减水剂各掺量下的 60min 的 Marsh 时间。

净浆流动度法（代用法）

① 将玻璃板置于工作台上，并保持其表面水平。

② 用湿布把玻璃板、圆模内壁、搅拌锅、搅拌叶片全部润湿。将圆模置于玻璃板的中间位置，并用湿布覆盖。

③ 按表 3-1 配比称量，将基准减水剂和约 1/2 的水同时加入锅中，然后用剩余的水反复冲洗盛装基准减水剂的容器直至干净并全部加入锅中，再小心将水泥加入锅中，防止水和水泥溅出。

④ 将锅放在搅拌机的锅座上，升至搅拌位置，启动搅拌机，低速搅拌 120s，停 15s，同时将叶片和锅壁上的水泥浆用刮刀刮入锅中间，接着高速搅拌 120s，停机。

⑤ 搅拌结束后将锅取下，用搅拌勺边搅拌边将浆体立即倒入置于玻璃板中间位置的圆模内。对于流动性差的浆体要用刮刀进行插捣，以使浆体充满内模。用刮刀将高出圆模的浆体刮除并抹平。

⑥ 立即按垂直方向稳定提起圆模，同时开启秒表计时。圆模提起后，应用刮刀将粘附于圆模内壁上的浆体尽量刮下，以保证每次试验的浆体量基本相同。提取圆模 30s 后，用卡尺测量最长直径及其垂直方向的直径，二者的平均值即为初始流动度值。

⑦ 快速将玻璃板上的浆体用刮刀无遗留地回收到塑料烧杯内，并采取覆盖保鲜膜的方法密封静置以防水分蒸发。

⑧ 清洁玻璃板、圆模。

⑨ 调整基准减水剂掺量，重复步骤②～⑧，依次测定基准减水剂各掺量下的初始流动度值。

⑩ 自加水泥起到 60min 时，将静置的水泥浆体按步骤④的搅拌程序重新搅拌，重复步骤⑤～⑥，依次测定基准减水剂各掺量下的 60min 的流动度值。

3.3.5 数据处理

（1）经时损失率的计算

经时损失率用初始流动度或 Marsh 时间与 60min 流动度或 Marsh 时间的相对差值表示，如式(3-2) 和式(3-3) 所示。

$$F_L=\frac{T_{60}-T_{in}}{T_{in}}\times 100 \tag{3-2}$$

或

$$F_L=\frac{F_{in}-F_{60}}{F_{in}}\times 100 \tag{3-3}$$

式中 F_L——经时损失率，%；精确到 0.1%；

T_{in}——初始 Marsh 时间，s；

T_{60}——60min 时 Marsh 时间，s；

F_{in}——初始流动度，mm；

F_{60}——60min 流动度，mm。

（2）饱和掺量点的确定

以减水剂掺量为横坐标、净浆流动度或 Marsh 时间为纵坐标做曲线图，然后做两直线段曲线的趋势线，两趋势线交点对应的横坐标即为饱和掺量点，处理方法见图 3-2。

（3）相容性

用下列参数表示：

① 饱和掺量点；

② 基准减水剂 0.8%掺量时的初始 Marsh 时间或流动度；

③ 基准减水剂 0.8%掺量时的经时损失率。

注意：当有争议时，以标准法为准。

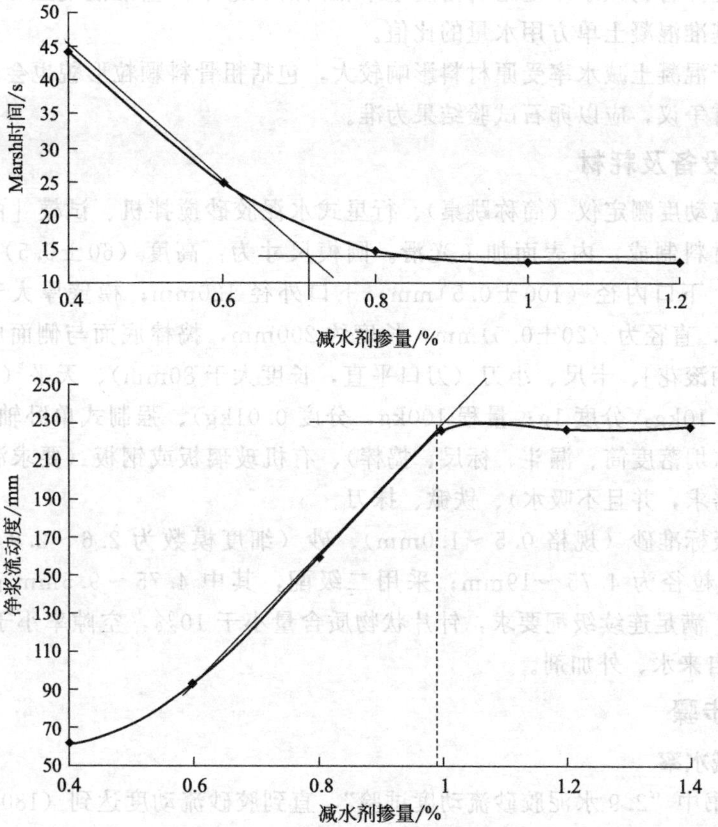

图 3-2 饱和掺量点确定示意图

3.3.6 思考题

① 如何衡量水泥与减水剂是否相容？

② 影响水泥与减水剂相容性的因素有哪些？

③ 水泥与减水剂的相容性差会对混凝土产生什么影响？

3.4 减水剂减水率试验

3.4.1 试验目的

① 掌握减水剂减水率测定方法。

② 掌握减水剂减水作用机理。

3.4.2 试验依据

本试验参考标准为《混凝土外加剂》(GB 8076—2008)、《混凝土外加剂匀质性试验方法》(GB/T 8077—2012)。实验室环境要求室温应控制在：胶砂减水率试验（20±2)℃，混凝土减水率试验（20±5)℃，相对湿度不低于50%。

减水率检验仅在减水剂和引气剂中进行检验，它是区别高效型与普通型减水剂的主要技术指标之一，减水剂的减水率包括水泥胶砂减水率和混凝土拌合物减水率。水泥胶砂减水率是指在胶砂流动度基本相同的状态下，基准胶砂和对比胶砂用水量的差值与基准胶砂用水量的比值；混凝土拌合物减水率是指坍落度基本相同的状态下，基准混凝土和受检混凝土单方用水量差值与基准混凝土单方用水量的比值。

注意：由于混凝土减水率受原材料影响较大，包括粗骨料颗粒形貌也会对混凝土减水率产生影响，如有争议，应以卵石试验结果为准。

3.4.3 试验设备及耗材

水泥胶砂流动度测定仪（简称跳桌）、行星式水泥胶砂搅拌机、试模［由截锥圆模和模套组成，金属材料制成，内表面加工光滑。圆模尺寸为：高度（60±0.5)mm；上口内径(70±0.5)mm；下口内径（100±0.5)mm；下口外径 120mm；模壁厚大于 5mm］、捣棒［金属材料制成，直径为（20±0.5)mm，长度约 200mm，捣棒底面与侧面成直角，其下部光滑，上部手柄滚花］、卡尺、小刀（刀口平直，长度大于 80mm)、天平（量程 1000g，分度 0.01g；量程 10kg，分度 1g；量程 100kg，分度 0.01kg)、强制式单卧轴混凝土搅拌机、坍落度测定仪（坍落度筒、漏斗、标尺、捣棒）、有机玻璃板或钢板（要求满足混凝土拌合物最大扩展度需求，并且不吸水）、铁锹、抹刀。

水泥、中级标准砂（规格 0.5～1.0mm)、砂（细度模数为 2.6～2.9 的中砂）、石子(卵石或碎石，粒径为 4.75～19mm；采用二级配，其中 4.75～9.5mm 占 40%，9.5～19mm 占 60%，满足连续级配要求，针片状物质含量小于 10%，空隙率小于 47%，含泥量小于 0.5%)、自来水、外加剂。

3.4.4 试验步骤

水泥胶砂减水率

① 按照本书中“2.9 水泥胶砂流动度试验”，直到胶砂流动度达到（180±5)mm，此时的用水量即为基准胶砂流动度的用水量 m_0。

② 按照减水剂推荐掺量称量各原材料，并扣除减水剂本身相应的含水量，按照本书中“2.9 水泥胶砂流动度试验”，测得掺外加剂胶砂流动度达到（180±5)mm 的用水量 m_1。

注意：各种胶砂原材料及实验室环境温度均应保持在（20±2)℃。

混凝土拌合物减水率

① 配合比设计

a. 基准混凝土配合比按本书中“6.1 普通混凝土配合比设计试验”进行设计。掺非引气型减水剂混凝土和基准混凝土的水泥、砂、石的比例不变。

b. 水泥用量：掺高性能减水剂或泵送剂的基准混凝土和受检混凝土的单位水泥用量为 $360kg/m^3$；掺其他外加剂的基准混凝土和受检混凝土单位水泥用量为 $330kg/m^3$。

c. 砂率：掺高性能减水剂或泵送剂的基准混凝土和受检混凝土的砂率均为 43%～47%；掺其他外加剂的基准混凝土和受检混凝土的砂率为 36%～40%；但掺引气型减水剂或引气剂的受检混凝土的砂率应比基准混凝土的砂率低 1%～3%。

d. 减水剂掺量：按科研单位或生产厂推荐的掺量。

e. 用水量：掺高性能减水剂或泵送剂的基准混凝土和受检混凝土的坍落度控制在（210±10)mm，用水量为坍落度在（210±10)mm 时的最小用水量；掺其他外加剂的基准混凝土和受检混凝土的坍落度控制在（80±10)mm。

注意：用水量包括液体外加剂、砂、石材料中所含的水量。

② 搅拌工艺

a. 外加剂为粉状时，将石、水泥、砂、外加剂依次投入搅拌机，干拌均匀，再加入拌合水，一起搅拌 2min。外加剂为液体时，将石、水泥、砂依次投入搅拌机，干拌均匀，再加入掺有外加剂的拌合水一起搅拌 2min。

b. 出料后，在铁板上人工翻拌至均匀，再进行试验。

注意：各种混凝土材料及实验室环境温度均应保持在（20±5)℃。

③ 测定步骤

a. 按基准混凝土配合比拌制基准混凝土。

b. 控制用水量，测定基准混凝土的坍落度。当基准混凝土的坍落度达到（210±10)mm［或（80±10)mm］，记录此时的单方用水量 m_0。

c. 按掺减水剂混凝土的配合比拌制掺减水剂的混凝土。

d. 控制用水量，测定掺减水剂混凝土的坍落度。当掺减水剂混凝土的坍落度达到（210±10)mm［或（80±10)mm］，记录此时的单方用水量 m_1。

④ 按上述试验步骤②、③再重复做两批次。

3.4.5 数据处理

水泥胶砂减水率

水泥胶砂减水率按式(3-4) 计算：

$$W_R=\frac{m_0-m_1}{m_0}\times 100 \tag{3-4}$$

式中 W_R——水泥胶砂减水率，%；

m_0——基准胶砂流动度为（180±5)mm 的用水量，g；

m_1——掺外加剂的胶砂流动度为（180±5)mm 的用水量，g。

混凝土拌合物减水率

混凝土拌合物减水率按式(3-5) 计算：

$$W_R=\frac{m_0-m_1}{m_0}\times 100 \tag{3-5}$$

式中 W_R——混凝土拌合物减水率，%；

m_0——基准混凝土单方用水量，kg/m^3；

m_1——掺外加剂混凝土单方用水量，kg/m^3。

以三批试验的算术平均值作为计算结果，精确到 1%。若三批试验的最大值或最小值中有一个与中间值之差超过中间值的 15%时，则取中间值作为该组试验的减水率。若有两个测量值与中间值之差均超过 15%时，则该批试验结果无效，应该重做。

3.4.6 思考题

① 减水剂作用机理是什么？

② 同一个减水剂，为什么水泥胶砂减水率和混凝土拌合物减水率会不同？

③ 何为表面活性剂？

3.5 泡沫剂发泡性能检测试验

3.5.1 试验目的

① 掌握泡沫剂发泡机理。

② 掌握发泡倍数测定方法。

3.5.2 试验依据

本试验参考标准为《泡沫混凝土用泡沫剂》(JC/T 2199—2013)。实验室环境要求室温应控制在 (20±3)℃，相对湿度 45%～70%。

发泡倍数：泡沫体积与发泡剂水溶液体积之比。

沉降距：泡沫柱在单位时间内沉降的距离。

泌水量：单位体积的泡沫完全消失后所分泌出的水量。

对于发泡后间歇一段时间再混泡的场合，需测定泡沫稳定性，即时混泡则无需此项目。一等品泡沫 1h 沉降距应不大于 50mm，1h 泌水率应不大于 70%；合格品泡沫 1h 沉降距应不大于 70mm，1h 泌水率应不大于 80%。

3.5.3 试验设备及耗材

小型空气压缩发泡机、泡沫剂沉降距和泌水率测定仪（该仪器由广口圆柱体容器、玻璃管和浮标组成。广口圆柱体容器容积为 5000mL，底部有孔，玻璃管与容器的孔相连接，底部有小龙头，容器壁上有刻度。浮标是一块直径为 190mm 和重 25g 的圆形铝板，如图 3-3 所示)、不锈钢容器、电子天平（量程 500g，分度值 0.01g)、泡沫剂、自来水。

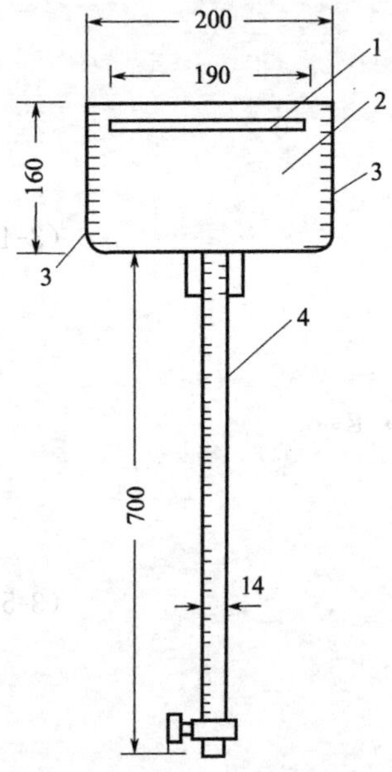

图 3-3　泡沫剂沉降距和泌水率测定仪（单位：mm）

1—浮标；2—广口圆柱体容器；3—刻度线；4—玻璃管

3.5.4 试验步骤

发泡倍数测定

① 在电子天平上称量不锈钢容器质量 m_0。

② 将泡沫剂按供应商推荐的最大稀释倍数进行溶解或稀释，搅拌均匀后，按照试验要求在发泡机内进行制泡。

③ 泡沫取样时应将发泡管出料口置于不锈钢容器内接近底部的位置，利用发泡管出料口泡沫流的自身压力在 30s 内盛满容器并略高于容器口。

④ 刮平泡沫，称量不锈钢容器和泡沫总质量 m_1。

泡沫剂 1h 沉降距和 1h 泌水率

① 将泡沫剂按供应商推荐的最大稀释倍数进行溶解或稀释，搅拌均匀后，按照试验要求在发泡机内进行制泡。

② 泡沫取样时应将发泡管出料口置于广口圆柱体容器内接近底部的位置，利用发泡管出料口泡沫流的自身压力在 30s 内盛满容器并略高于容器口。

③ 刮平泡沫，将浮标轻轻放置在泡沫上。

④ 1h 后打开玻璃管下龙头，称量流出的泡沫液体的质量 m_{1h}。

⑤ 对广口圆柱体容器上刻度进行读数，即泡沫的 1h 沉降距。

3.5.5 数据处理

发泡倍数

泡沫发泡倍数按式(3-6) 计算：

$$N=\frac{V}{(m_1-m_0)/\rho} \tag{3-6}$$

式中　N——发泡倍数；

V——不锈钢容器体积，mL；

m_0——不锈钢容器质量，g；

m_1——不锈钢容器和泡沫总质量，g；

ρ——泡沫液体密度，g/mL，取1.0。

泡沫剂泌水率

泡沫1h泌水率按式(3-8)计算：

$$\rho_1 = \frac{m_1 - m_0}{V} \tag{3-7}$$

$$\varepsilon = \frac{m_{1h}}{\rho_1 V_1} \times 100 \tag{3-8}$$

式中 ρ_1——泡沫密度，g/mL；

m_0——不锈钢容器质量，g；

m_1——不锈钢容器和泡沫总质量，g；

V——不锈钢容器体积，mL；

ε——泡沫1h泌水率，%；

m_{1h}——1h后由龙头流出的泡沫剂溶液的质量，g；

V_1——广口圆柱体容器容积，mL。

3.5.6 思考题

① 发泡剂的发泡机理是什么？

② 泡沫混凝土优缺点是什么？

③ 如何控制发泡剂消泡现象？

第4章 骨料试验

4.1 骨料取样与缩分试验

4.1.1 试验目的

① 掌握骨料取样与缩分的目的及原理。

② 掌握实验中常用取样与缩分方法。

4.1.2 试验依据

本试验参考标准为《建设用卵石、碎石》(GB/T 14685—2011)。

从大批样品中取样与缩分是为了保证所取的每一部分试样都能真正有代表性，能正确反映工程原材料及产品的质量，确保试验样品及数据的有效性。试验样品常用的缩分方法有“分料器（见图 4-1）缩分法”和“人工四分法”两种。

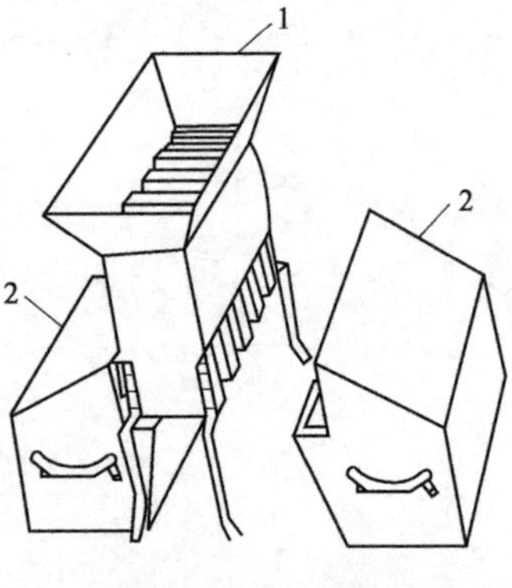

图 4-1　分料器

1—分料漏斗；2—接料斗

4.1.3 试验设备及耗材

铁锹、密封袋、电子秤、分料器、待测试样。

4.1.4 试验步骤

(1) 取样

① 每验收批取样方法应按照下列规定执行：

a. 从料堆上取样时，取样部位应均匀分布。取样前先将取样部位表层铲除，然后由各部位（料堆的顶部、中部和底部）抽取大致相等的砂 8 份、石 15 份，组成各自一组样品。

b. 从皮带运输机上取样时，应在皮带运输机的出料处用接料器定时抽取砂 4 份、石 8 份，组成各自一组样品。

c. 从火车、汽车、货船上取样时，应从不同部位和深度抽取大致相等的砂 8 份、石 16 份，组成各自一组样品。

② 除筛分析外，当其余检验项目存在不合格项时，应加倍取样进行复验。当复验仍有一项不满足标准要求时，应按不合格品处理。

注意：如经观察，认为各节车皮间（汽车、货船间）所载的砂、石质量相差甚为悬殊时，应对质量有怀疑的每节列车（汽车、货船）分别取样和验收。

③ 对于每一项检验项目，砂、石的每组样品取样数量应分别满足表 4-1 和表 4-2 的规定。当需要做多项检验时，可在确保样品经一项试验后不致影响其他试验结果的前提下，用同组样品进行多项不同的试验。

表 4-1　每一单项检验项目所需砂的最少取样数量

检验项目		最少取样数量/kg
颗粒级配		4.4
含泥量		4.4
泥块含量		20.0
石粉含量		6.0
云母含量		0.6
轻物质含量		3.2
有机质含量		2.0
硫化物及硫酸盐含量		0.6
氯离子含量		4.4
贝壳含量		9.6
坚固性	天然砂	8.0
	机制砂	20.0
表观密度		2.6
松散堆积密度与空隙率		5.0
碱-骨料反应		20.0
放射性		6.0
饱和面干吸水率		4.4

表 4-2　每一单项检验项目所需碎石或卵石的最少取样数量

试验项目	最大粒径/mm							
	9.5	16.0	19.0	26.5	31.5	37.5	63.0	75.0
	最少取样数量/kg							
颗粒级配	9.5	16.0	19.0	25.0	31.5	37.5	63.0	80.0
含泥量	8.0	8.0	24.0	24.0	40.0	40.0	80.0	80.0
泥块含量	8.0	8.0	24.0	24.0	40.0	40.0	80.0	80.0
针、片状颗粒含量	1.2	4.0	8.0	12.0	20.0	40.0	40.0	40.0
表观密度	8.0	8.0	8.0	8.0	12.0	16.0	24.0	24.0
堆积密度与空隙率	40.0	40.0	40.0	40.0	80.0	80.0	120.0	120.0
吸水率、含水率	2.0	4.0	8.0	12.0	20.0	40.0	40.0	40.0
碱-骨料反应	20.0	20.0	20.0	20.0	20.0	20.0	20.0	20.0
放射性	6.0	6.0	6.0	6.0	6.0	6.0	6.0	6.0

注：有机物含量、坚固性、压碎值指标及碱-骨料反应检验，应按试验要求的粒级及质量取样。

④ 每组样品应妥善包装，避免细料散失，防止污染，并附样品卡片，标明样品的编号、取样时间、代表数量、产地、样品量、要求检验项目及取样方式等。

（2）缩分

① 砂的样品缩分方法可选择下列两种方法之一。

a. 用分料器（图 4-1）缩分：将样品在潮湿状态下拌合均匀，然后将其通过分料器，留下两个接料斗中的一份，并将另一份再次通过分料器，重复上述过程，直至把样品缩分到试验所需量为止。

b. 人工四分法缩分：将样品置于平板上，在潮湿状态下拌合均匀，并堆成厚度约为 20mm 的“圆饼”。然后沿互相垂直的两条直径把“圆饼”分成大致相等的四份，取其对角的两份重新拌匀，再堆成“圆饼”状。重复上述过程，直至把样品缩分后的材料量略多于进行试验所需的量为止。

② 碎石或卵石缩分时，应将样品置于平板上，在自然状态下拌均匀，并堆成锥体，然后沿互相垂直的两条直径把锥体分成大致相等的四份，取其对角的两份重新拌匀，再堆成锥体，重复上述过程，直至把样品缩分至略多于试验所需的量为止。

③ 堆积密度、紧密密度、机制砂坚固性检验所用的试样，可不经缩分，拌匀后直接进行试验。

4.1.5 思考题

① 为什么要采用四分法对骨料进行缩分？

② 为什么取样前要将取样部位表层铲除？

③ 简述四分法取样的步骤。

4.2 石含水率及吸水率试验

4.2.1 试验目的

① 掌握石含水率及吸水率实验基本方法。

② 掌握石含水率及吸水率检测的意义。

4.2.2 试验依据

本试验参考标准为《建设用卵石、碎石》（GB/T 14685—2011）。实验室环境要求室温应控制在（20±5）℃。

石含水率和吸水率的大小对混凝土拌合物和易性及后期强度有很大影响，因此在混凝土生产过程中，石含水率和吸水率是企业必测指标之一，碎石或卵石吸水率必须满足表 4-3 要求。试验所需试样质量应满足表 4-4 中的要求。

表 4-3 石吸水率分类

类别	Ⅰ	Ⅱ	Ⅲ
吸水率/%	≤1.0	≤2.0	≤2.0

表 4-4 石含水率及吸水率试验所需试样质量

石子最大粒径/mm	9.50	16.0	19.0	26.5	31.5	37.5	63.0	75.0
最少试样质量/kg	2.0	2.0	4.0	4.0	4.0	6.0	6.0	8.0

4.2.3 试验设备及耗材

电子天平（称量 10kg，精确度 1g）、瓷托盘、鼓风干燥箱、4.75mm 方孔筛、毛巾、碎石或卵石。

4.2.4 试验步骤

石含水率试验

① 按本书中“4.1 骨料取样与缩分试验”方法取样，并将试样缩分至略大于表 4-4 规定的质量，分为大致相等的两份备用。

② 称取试样一份，精确至 1g，放在干燥箱中于 (105±5)℃下烘干至恒重，待冷却至室温后，称出其质量，精确至 1g。

石吸水率试验

① 按本书中“4.1 骨料取样与缩分试验”方法取样，并将试样缩分至略大于表 4-4 规定的质量。洗刷干净后分为大致相等的两份备用。

② 取试样一份置于盛水的容器中，水面应高出试样表面约 5mm，浸泡 24h 后，从水中取出。

③ 用湿毛巾将颗粒表面的水分擦干，即成为饱和面干试样，立即称出其质量，精确至 1g。

④ 将饱和面干试样放在干燥箱中于 (105±5)℃下烘干至恒重，待冷却至室温后，称出其质量，精确至 1g。

4.2.5 数据处理

石含水率

含水率按式(4-1) 计算，取两次试验结果的算术平均值，精确至 0.1%。

$$Z=\frac{m_1-m_2}{m_2}\times 100 \tag{4-1}$$

式中 Z——含水率，%；

m_1——烘干前试样的质量，g；

m_2——烘干后试样的质量，g。

石吸水率

吸水率按式(4-2) 计算，取两次试验结果的算术平均值，精确至 0.1%。

$$W=\frac{m_1-m_2}{m_2}\times 100 \tag{4-2}$$

式中 W——吸水率，%；

m_1——饱和面干试样的质量，g；

m_2——烘干后试样的质量，g。

4.2.6 思考题

① 简述石含水率与石吸水率对混凝土配合比设计有何影响。

② 为什么石吸水率较小，而砂吸水率较大？

③ 搅拌站如何控制石含水率？

4.3 石筛分析试验

4.3.1 试验目的

① 掌握石的颗粒级配对混凝土性能的影响规律。

② 掌握石筛分析的基本方法。

4.3.2 试验依据

本试验参考标准为《建设用卵石、碎石》(GB/T 14685—2011)。实验室环境要求室温应控制在（20±5)℃。

石筛分析应采用方孔筛，石的公称粒径、圆孔筛筛孔的公称直径与方孔筛筛孔边长应符合表 4-5 的规定。

表 4-5　石的公称粒径、圆孔筛筛孔的公称直径与方孔筛尺寸规格表

石的公称粒径/mm	圆孔筛筛孔的公称直径/mm	方孔筛筛孔边长/mm
2.5	2.5	2.36
5.0	5.0	4.75
10.0	10.0	9.5
16.0	16.0	16.0
20.0	20.0	19.0
25.0	25.0	26.5
31.5	31.5	31.5
40.0	40.0	37.5
50.0	50.0	53.0
63.0	63.0	63.0
80.0	80.0	75.0
100.0	100.0	90.0

碎石或卵石的颗粒级配，应符合表 4-6 的要求。混凝土用石应采用连续粒级。单粒级宜用于组合成满足级配要求的连续粒级，也可与连续粒级混合使用，以改善其级配或配成较大粒度的连续粒级。

当卵石的颗粒级配不符合表 4-6 要求时，应采取措施并经试验证实能确保工程质量后，方允许使用。

表 4-6　碎石或卵石的颗粒级配范围

公称粒径/mm		累计筛余百分率(按质量计)/%											
		方孔筛/mm											
		2.36	4.75	9.5	16.0	19.0	26.5	31.5	37.5	53.0	63.0	75.0	90.0
连续粒级	5～16	95～100	85～100	30～60	0～10	0							
	5～20	95～100	90～100	40～80	—	0～10	0						
	5～25	95～100	90～100	—	30～70	—	0～5	0					
	5～31.5	95～100	90～100	70～90	—	15～45	—	0～5	0				
	5～40		95～100	70～90	—	30～65	—	—	0～5	0			
单粒级	5～10	95～100	80～100	0～15	0								
	10～16		95～100	80～100	0～15	0							
	10～20		95～100	85～100	—	0～15	0						
	16～25			95～100	55～70	25～40	0～10	0					
	16～31.5		95～100	—	85～100	—	—	0～10	0				
	20～40			95～100	—	80～100	—	—	0～10	0			
	40～80					95～100	—	—	70～100	—	30～60	0～10	0

4.3.3 试验设备及耗材

方孔筛（2.36mm、4.75mm、9.50mm、16.0mm、19.0mm、26.5mm、31.5mm、37.5mm、53.0mm、63.0mm、75.0mm、90.0mm的筛各一只，筛盖和筛底各一只）、电子天平（称量10kg，精确度1g）、摇筛机、鼓风干燥箱［温度控制范围（105±5）℃］、瓷托盘、毛刷、碎石或卵石。

4.3.4 试验步骤

① 按本书中“4.1骨料取样与缩分试验”方法取样，并将试样缩分至略大于表4-7规定的数量，烘干或风干后备用。

表4-7 石颗粒级配试验所需最少试样质量

最大粒径/mm	9.5	16.0	19.0	26.5	31.5	37.5	63.0	75.0
最少试样质量/kg	1.9	3.2	3.8	5.0	6.3	7.5	12.6	16.0

② 根据试样的最大粒径，称取按表4-7的规定数量试样一份，精确到1g。

③ 将试样倒入按孔径由大到小从上到下组合的套筛（附筛底）上，盖上筛盖，然后进行筛分。

④ 将套筛置于摇筛机上，摇10min。

⑤ 取下套筛，按筛孔大小顺序再逐个用手筛，筛至每分钟通过量小于试样总量0.1%为止。通过的颗粒并入下一号筛中，并和下一号筛中的试样一起过筛，按此顺序进行，直至各号筛全部筛完为止。

注意：当筛余颗粒的粒径大于19.0mm时，在筛分过程中，允许用手指拨动颗粒。

⑥ 称出各号筛的筛余量，精确至1g。

4.3.5 数据处理

① 计算分计筛余百分率（各筛上的筛余量与试样总质量之比），精确至0.1%。

② 计算累计筛余百分率（该筛的分计筛余与筛孔大于该筛的各筛的分计筛余之和），精确至1%。

注意：筛分后，如每号筛的筛余量与筛底的筛余量之和同原试样质量之差超过1%时，应重新试验。

③ 根据各号筛累计筛余百分率，查表4-6，判断试样属于何种粒径范围及是否为连续级配。

4.3.6 思考题

① 什么是石子的最大粒径？为什么要限制最大粒径？

② 何为连续级配，何为单粒径级配？

③ 采用非连续级配碎石配制的混凝土有何特点？

4.4 石表观密度试验

4.4.1 试验目的

① 掌握石表观密度的测量意义。

② 掌握测定石表观密度的基本方法。

4.4.2 试验依据

本试验参考标准为《建设用卵石、碎石》（GB/T 14685—2011）。实验室环境要求室温应控制在（20±5)℃。

表观密度为材料在自然状态下单位表观体积（包括真实体积、闭口孔隙体积及开口孔体积）的质量。测定石的表观密度，用于混凝土配合比设计。对于形状规则的材料，直接测量体积；对于形状不规则的材料，可用蜡封法封闭孔隙，然后再用排液法测量体积；对于混凝土用的砂石骨料，直接用排液法测量体积，此时的体积是实体积与闭口孔隙体积之和，即不包括与外界连通的开口孔隙体积。由于砂石比较密实，孔隙很少，开口孔隙体积更少，所以用排液法测得的密度也称为表观密度。材料的含水状态变化时，其质量和体积均发生变化。通常所说的表观密度是指材料在干燥的状态下的表观密度，其他表观密度测定时应注明含水情况。

4.4.3 试验设备及耗材

电子天平（称量2kg，感量1g；称量5kg，感量5g，其型号及尺寸应能允许在臂上悬挂试样的吊篮，并能将吊篮放在水中称量)、吊篮（直径和高度均为150mm，由孔径为1～2mm的筛网或钻有2～3mm孔洞的耐锈蚀金属板制成)、广口瓶（1000mL，磨口)、玻璃片（尺寸约100mm×100mm)、鼓风干燥箱［温度控制范围为（105±5)℃］、浅盘、4.75mm方孔筛、温度计、毛巾、盛水容器、碎石或卵石、自来水。

4.4.4 试验步骤

标准法（液体比重天平法）

① 按本书中“4.1骨料取样与缩分试验”方法取样，并缩分至略大于表4-8规定的质量，风干后筛除小于4.75mm的颗粒，然后洗刷干净，分为大致相等的两份备用。

表4-8 石表观密度试验所需试样质量

最大粒径/mm	<26.5	31.5	37.5	63.0	75.0
最少试样质量/kg	2.0	3.0	4.0	6.0	6.0

② 取试样一份装入吊篮，并浸入盛水的容器中，水面至少高出试样50mm。

③ 浸泡24h后，移放到称量用的盛水容器中，并用上下升降吊篮的方法排除气泡（试样不得露出水面)。吊篮每升降一次约1s，升降高度为30～50mm。

④ 用温度计测定水温后（此时吊篮应全浸在水中)，准确称出吊篮及试样在水中的质量，精确至5g。称量时盛水容器中水面的高度由容器的溢流孔控制。

⑤ 提起吊篮，将试样倒入浅盘，放在干燥箱中于（105±5)℃下烘干至恒重，待冷却至室温后，称出其质量，精确至5g。

⑥ 称出吊篮在同样温度水中的质量，精确至5g。称量时盛水容器的水面高度仍由溢流孔控制。

广口瓶法

注意：本方法不宜用于测定最大粒径大于37.5mm的碎石或卵石的表观密度。

① 按本书中“4.1骨料取样与缩分试验”方法取样，并缩分至略大于表4-8规定的质量，风干后筛除小于4.75mm的颗粒，然后洗刷干净，分为大致相等的两份备用。

② 将试样浸水饱和，然后装入广口瓶中。装试样时，广口瓶应倾斜放置，注入自来水，用玻璃片覆盖瓶口。

③ 采用上下左右摇晃的方法排除气泡，气泡排尽后，向瓶中添加自来水，直至水面凸出瓶口边缘。

④ 用玻璃片沿瓶口迅速滑行，使其紧贴瓶口水面。擦干瓶外水分后，称出试样、水、

瓶和玻璃片总质量，精确至1g。

⑤ 将瓶中试样倒入瓷托盘，放在干燥箱中于（105±5）℃下烘干至恒重，待冷却至室温后，称出其质量，精确至1g。

⑥ 将瓶洗净并重新注入自来水，用玻璃片紧贴瓶口水面，擦干瓶外水分后，称出水、瓶和玻璃片总质量，精确至1g。

4.4.5 数据处理

标准法（液体比重天平法）

表观密度按式(4-3) 计算，精确至10kg/m³。

$$\rho_0=\left(\frac{m_0}{m_0+m_2-m_1}-\alpha_t\right)\rho_{水} \tag{4-3}$$

式中 ρ_0——表观密度，kg/m³；

m_0——烘干后试样的质量，g；

m_1——吊篮及试样在水中的质量，g；

m_2——吊篮在水中的质量，g；

$\rho_{水}$——水的表观密度，kg/m³，取1000；

α_t——水温对表观密度影响的修正系数，见表4-9。

表4-9 不同水温对碎石和卵石的表观密度影响的修正系数

水温/℃	15	16	17	18	19	20	21	22	23	24	25
α_t	0.002	0.003	0.003	0.004	0.004	0.005	0.005	0.006	0.006	0.007	0.008

广口瓶法

表观密度按式(4-4) 计算，精确至10kg/m³。

$$\rho_0=\left[\frac{m_0}{(m_0+m_2-m_1)}-\alpha_t\right]\times 1000 \tag{4-4}$$

式中 ρ_0——表观密度，kg/m³；

m_0——试样的烘干质量，g；

m_1——试样、水、瓶和玻璃片总质量，g；

m_2——水、瓶和玻璃片总质量，g；

α_t——水温对砂的表观密度影响的修正系数，见表4-9。

表观密度取两次试验结果的算术平均值，两次试验结果之差大于20kg/m³，应重新试验。对颗粒材质不均匀的试样，如两次试验结果之差超过20kg/m³，可取4次试验结果的算术平均值。

4.4.6 思考题

① 表观密度和真实密度之间有何区别？

② 为什么石表观密度测定不需要封蜡操作？

③ 测定表观密度的意义是什么？

4.5 石堆积密度和空隙率试验

4.5.1 试验目的

① 掌握测量石堆积密度和空隙率的方法及意义。

② 掌握石堆积密度和空隙率对混凝土性能的影响规律。

4.5.2 试验依据

本试验参考标准为《建设用卵石、碎石》(GB/T 14685—2011)。实验室环境要求室温应控制在 (20±5)℃。

堆积密度是指散粒材料(如水泥、砂、卵石、碎石等)在堆积状态下(包含颗粒内部的孔隙及颗粒之间的空隙)单位体积的质量，分为松散堆积密度和紧密堆积密度。

4.5.3 试验设备及耗材

电子天平(称量 10kg，感量 1g；称量 50kg 或 100kg，感量 10g；各一台)、容量筒(具体规格见表 4-10)、钢尺、玻璃板、小铲、垫棒(直径 16mm，长 600mm 的圆钢)、碎石或卵石。

表 4-10 容量筒的规格要求

最大粒径/mm	容量筒容积/L	容量筒规格		
		内径/mm	净高/mm	壁厚/mm
9.5,16.0,19.0,26.5	10	208	294	2
31.5,37.5	20	294	294	3
53.0,63.0,75.0	30	360	294	4

4.5.4 试验步骤

(1) 容量筒容积校正

① 将一块能够完全盖住容量筒口大小的玻璃板盖在容量筒上方，称量其总质量 m'_1。

② 用温度为 (20±2)℃的自来水装满容量筒，用玻璃板沿筒口滑移，使其紧贴水面，擦干筒外壁水分，称量其质量 m'_2。

(2) 松散堆积密度

① 称量容量筒的质量，精确至 10g。

② 取试样一份，用小铲将试样从容量筒口中心上方 50mm 处徐徐倒入，让试样以自由落体落下，当容量筒上部试样呈锥体，且容量筒四周溢满时，即停止加料。

③ 除去凸出容量口表面的颗粒，并以合适的颗粒填入凹陷部分，使表面稍凸起部分和凹陷部分的体积大致相等(试验过程应防止触动容量筒)，称出试样和容量筒总质量。

(3) 紧密堆积密度

① 称量容量筒的质量，精确至 10g。

② 取试样一份，分三次装入容量筒，第一层装至筒高 1/3 位置。

③ 装完第一层后，在筒底垫放一根直径为 16mm 的圆钢，将筒按住，左右交替颠击地面各 25 次。

④ 再装入第二层，第二层装至筒高 2/3 位置，第二层装满后用同样方法颠实(把垫着的钢筋转 90°，使筒底所垫钢筋的方向与第一层时的方向垂直)。

⑤ 然后装入第三层，第三层装满后用同样方法颠实(把垫着的钢筋再次转 90°，使筒底所垫钢筋的方向与第一层时的方向平行)。

⑥ 试样装填完毕，再加试样直至超过筒口，用钢尺沿筒口边缘刮去高出的试样，并用适合的颗粒填平凹陷部分，使表面稍凸起部分与凹陷部分的体积大致相等。

⑦ 称取试样和容量筒的总质量，精确至 10g。

4.5.5 数据处理

（1）容量筒容积校正

$$V=m'_2-m'_1 \tag{4-5}$$

式中 V——容量筒容积，L；

m'_1——容量筒和玻璃板的总质量，kg，精确至0.01kg；

m'_2——容量筒、玻璃板和水的总质量，kg，精确至0.01kg。

（2）堆积密度

按式(4-6)及式(4-7)计算，以两次试验结果的算术平均值作为测量值，精确至$10kg/m^3$。

$$\rho_L=\frac{m_2-m_1}{V} \tag{4-6}$$

$$\rho_c=\frac{m_2-m_1}{V} \tag{4-7}$$

式中 ρ_L——松散堆积密度，kg/m^3，精确至$10kg/m^3$；

ρ_c——紧密堆积密度，kg/m^3，精确至$10kg/m^3$；

m_1——容量筒的质量，g，精确至10g；

m_2——容量筒和试样的总质量，g，精确至10g；

V——容量筒容积，L。

（3）空隙率

按式(4-8)及式(4-9)计算，以两次试验结果的算术平均值作为测量值，精确至1%。

$$V_L=\left(1-\frac{\rho_L}{\rho}\right)\times 100 \tag{4-8}$$

$$V_c=\left(1-\frac{\rho_c}{\rho}\right)\times 100 \tag{4-9}$$

式中 V_L——松散堆积密度的空隙率，%；

V_c——紧密堆积密度的空隙率，%；

ρ_L——松散堆积密度，kg/m^3；

ρ_c——紧密堆积密度，kg/m^3；

ρ——石的表观密度，kg/m^3。

4.5.6 思考题

① 松散堆积密度和紧密堆积密度有何区别？

② 测定石堆积密度有何工程指导意义？

③ 堆积密度和孔隙率对混凝土性能有何影响？

4.6 石针片状颗粒含量试验

4.6.1 试验目的

① 掌握石针片状颗粒含量的测定方法。

② 熟悉石针片状颗粒对混凝土性能的影响情况。

4.6.2 试验依据

本试验参考标准为《建设用卵石、碎石》(GB/T 14685—2011)。实验室环境要求室温应控制在(20±5)℃。

卵石、碎石颗粒的长度大于该颗粒所属相应粒级的平均粒径的 2.4 倍者为针状颗粒；厚度小于平均粒径的 0.4 倍者为片状颗粒。碎石或卵石中针、片状颗粒含量应符合表 4-11 的规定。

表 4-11　石针、片状颗粒含量

类别	Ⅰ	Ⅱ	Ⅲ
针、片状颗粒含量(按质量计)/%	≤5	≤10	≤15

4.6.3　试验设备及耗材

针状规准仪、片状规准仪（见图 4-2 和图 4-3）、电子天平（称量 10kg，感量 1g）、方孔筛（孔径为 4.75mm、9.50mm、16.0mm、19.0mm、26.5mm、31.5mm、37.5mm 的筛各一个，筛盖和筛底各一个）、碎石或卵石。

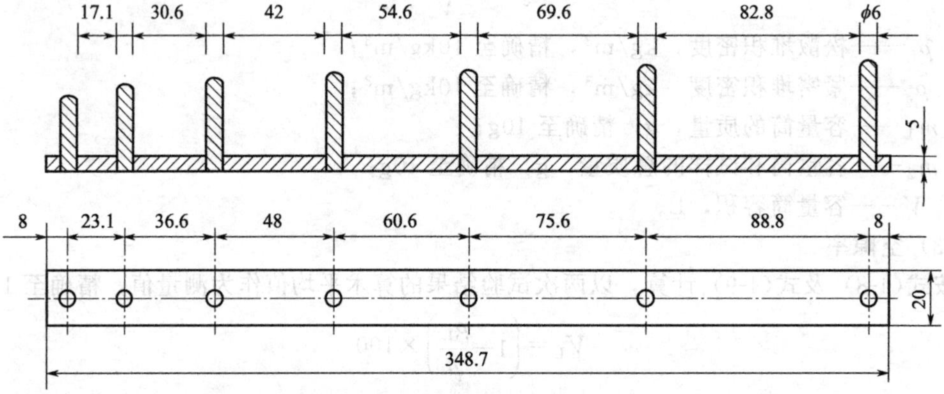

图 4-2　针状规准仪（单位：mm）

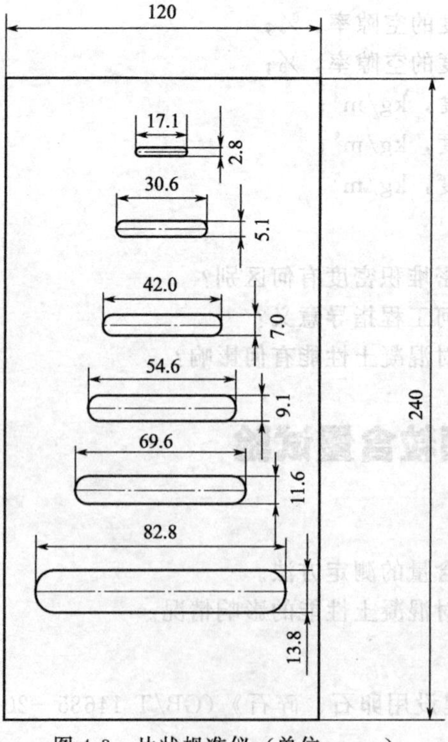

图 4-3　片状规准仪（单位：mm）

4.6.4 试验步骤

① 按本书中"4.1 骨料取样与缩分试验"方法取样，并将试样缩分至略大于表 4-12 规定的数量，烘干或风干后备用。

表 4-12 石针、片状颗粒含量试验所需试样质量

最大粒径/mm	9.5	16.0	19.0	26.5	31.5	37.5	63.0	75.0
最少试样质量/kg	0.3	1.0	2.0	3.0	5.0	10.0	10.0	10.0

② 根据试样的最大粒径，按表 4-12 的规定数量称取试样一份，精确到 1g。然后按表 4-13 规定的粒级参照本书中"4.3 石筛分析试验"的规定进行筛分。

表 4-13 石针、片状颗粒含量试验的粒级划分及其相应的规准仪孔宽或间距

石子粒径/mm	4.75～9.50	9.50～16.0	16.0～19.0	19.0～26.5	26.5～31.5	31.5～37.5
片状规准仪相对应孔宽/mm	2.8	5.1	7.0	9.1	11.6	13.8
针状规准仪相对应间距/mm	17.1	30.6	42.0	54.6	69.6	82.8

③ 按表 4-13 规定的粒级分别用规准仪逐粒检验，凡颗粒长度大于针状规准仪上相应间距者，为针状颗粒；颗粒厚度小于片状规准仪上相应孔宽者，为片状颗粒。称出其总质量，精确至 1g。

④ 石子粒径大于 37.5mm 的碎石或卵石可用卡尺检验针、片状颗粒，卡尺卡口的设定宽度应符合表 4-14 的规定。

表 4-14 大于 37.5mm 针状颗粒、片状颗粒含量试验的粒级划分及其相应的卡尺卡口设定宽度

石子粒级/mm	37.5～53.0	53.0～63.0	63.0～75.0	75.0～90.0
检验片状颗粒的卡尺卡口设定宽度/mm	18.1	23.2	27.6	33.0
检验针状颗粒的卡尺卡口设定宽度/mm	108.6	139.2	165.6	198.0

4.6.5 数据处理

针、片状颗粒含量按式(4-10) 计算，精确至 1%。

$$Q_c = \frac{m_2}{m_1} \times 100 \tag{4-10}$$

式中 Q_c——针、片状颗粒含量，%；

m_1——试样的质量，g；

m_2——试样中所含针、片状颗粒的总质量，g。

4.6.6 思考题

① 石针片状颗粒对混凝土性能有何影响？

② 如何界定石的针片状？

③ 石生产制备过程中为何会产生针片状颗粒？

4.7 石含泥量及泥块含量试验

4.7.1 试验目的

① 掌握石含泥量及泥块含量对混凝土性能的影响。

② 掌握石含泥量及泥块含量测定方法及原理。

4.7.2 试验依据

本试验参考标准为《建设用卵石、碎石》(GB/T 14685—2011)。实验室环境要求室温应控制在 (20±5)℃。

石的含泥量是指石中粒径小于 75μm 的颗粒含量。含泥量会降低混凝土拌合物的流动性，增加用水量，同时由于它们对骨料的包裹，大大降低了骨料与水泥石之间的界面粘结强度，从而使混凝土的强度和耐久性降低，收缩变形增大。故对于含泥量高的石子在使用前应用水冲洗或淋洗。

泥块含量是指石中粒径大于 4.75mm，经水洗、手捏后小于 2.36mm 的颗粒含量。当石中夹有泥块时，会形成混凝土中的薄弱部分，对混凝土质量影响更大，应严格控制其含量。

碎石或卵石中的含泥量和泥块含量应符合表 4-15 的规定。

表 4-15 碎石或卵石中的含泥量及泥块含量

类别	Ⅰ	Ⅱ	Ⅲ
含泥量(按质量计)/%	≤0.5	≤1.0	≤1.5
泥块含量(按质量计)/%	≤0	≤0.2	≤0.5

4.7.3 试验设备及耗材

电子天平 (称量 10kg，感量 1g)、电热鼓风干燥箱 [控制温度 (105±5)℃]、方孔筛 (75μm、1.18mm、2.36mm、4.75mm 方孔筛各一个)、洗石用容器、浅盘、毛刷、碎石或卵石、自来水。

4.7.4 试验步骤

石含泥量

① 按本书中“4.1 骨料取样与缩分试验”方法取样，并将试样缩分至略大于表 4-16 规定的 2 倍数量，放在干燥箱中于 (105±5)℃下烘干至恒重，待冷却至室温后，分为大致相等的两份备用。

表 4-16 石含泥量试验所需试样质量

最大粒径/mm	9.5	16.0	19.0	26.5	31.5	37.5	63.0	75.0
最少试样质量/kg	2.0	2.0	6.0	6.0	10.0	10.0	20.0	20.0

注意：恒重系指试样在烘干 3h 以上，其前后质量之差不大于该项试验所要求的称量精度 (下同)。

② 根据试样的最大粒径，按表 4-16 的规定数量称取试样一份，精确至 1g。

③ 将试样放入淘洗容器中，注入自来水，使水面高于试样上表面 150mm，充分搅拌均匀后，浸泡 2h。

④ 然后用手在水中淘洗试样，使尘屑、淤泥和黏土与石子颗粒分离。

⑤ 将筛子用水湿润，把浑水缓缓倒入 1.18mm 及 75μm 的套筛上 (1.18mm 筛放在 75μm 筛上面)，滤去小于 75μm 的颗粒。在整个试验过程中应小心防止大于 75μm 颗粒的流失。

⑥ 再向容器中注入自来水，重复步骤④、⑤操作，直至容器内的水目测清澈为止。

⑦ 用水淋洗剩余在筛上的细粒，并将 75μm 筛放在水中 (使水面略高出筛中石子颗粒

的上表面）来回摇动，以充分洗掉小于 75μm 的颗粒。

⑧ 将两只筛上筛余的颗粒和清洗容器中已经洗净的试样一并倒入瓷托盘中，放在干燥箱中于（105±5)℃下烘干至恒重，待冷却至室温后，称出其质量，精确至 1g。

石泥块含量

① 按本书中“4.1 骨料取样与缩分试验”方法取样，并将试样缩分至略大于表 4-16 规定的 2 倍数量，放在干燥箱中于（105±5)℃下烘干至恒重。

② 待试样冷却至室温后，筛除小于 4.75mm 的颗粒，分为大致相等的两份备用。

③ 根据试样的最大粒径，按表 4-16 的规定数量称取试样一份，精确至 1g。

④ 将试样倒入淘洗容器中，注入自来水，使水面高于试样上表面。充分搅拌均匀后，浸泡 24h。

⑤ 然后用手在水中碾碎泥块，再把试样放在 2.36mm 筛上，用水淘洗，直至容器内的水目测清澈为止。

⑥ 保留下来的试样小心地从筛中取出，装入瓷托盘后，放在干燥箱中于（105±5)℃下烘干至恒重，待冷却至室温后，称出其质量，精确到 1g。

注意：关于石的泥块含量问题。

为什么石中有时并没有可见的泥块，但通过试验却能检测出泥块含量，而且有时还较大呢？并且不同的人做泥块含量有时差别比较大呢？（对雨淋过的底层颗粒比较大的石尤其明显）

从试验过程中不难发现，碎石或卵石在经过公称粒径 4.75mm 筛筛分后，那些比较牢固地附着在碎石或卵石粒表面的泥粉或石粉经过水洗手捏后就变成小于 2.36mm 的颗粒。因此虽无可见泥块，试验仍可做出有泥块含量，而且这部分泥粉或石粉由于比较牢固地附着在石颗粒表面，降低了水泥砂浆和石颗粒之间的粘结强度，其危害也比一般的泥粉或石粉要大得多，因此也就可以把这部分比较牢固地附着在石颗粒表面的泥粉或石粉称为泥块。

由于标准中在石样品制备时只简单地规定用公称粒径 4.75mm 的筛筛分，并没有像筛分试验那样规定具体筛分到什么程度，因此筛分时间的长短和剧烈程度都会影响到粘附在石颗粒表面的泥粉或石粉的多少，因此不同的人做泥块含量试验有时差别就比较大。

4.7.5 数据处理

石含泥量

石的含泥量按式(4-11）计算，以两次试验结果的算术平均值作为测定值，精确至 0.1%。

$$Q_a=\frac{m_1-m_2}{m_1}\times 100 \tag{4-11}$$

式中 Q_a——石的含泥量，%；

m_1——试验前的烘干试样质量，g；

m_2——试验后的烘干试样质量，g。

石泥块含量

石的泥块含量按式(4-12）计算，以两次试验结果的算术平均值作为测定值，精确至 0.1%。

$$Q_b=\frac{m_1-m_2}{m_1}\times 100 \tag{4-12}$$

式中 Q_b——石中泥块含量，%；

m_1——试验前 4.75mm 筛上筛余试样的质量，g；

m_2——试验后烘干试样的质量，g。

4.7.6 思考题

① 石含泥量和泥块含量的区别？

② 测定石含泥量及泥块含量的意义？

③ 为什么石中有时并没有可见的泥块，但通过试验却能检测出泥块含量？

4.8 岩石抗压强度试验

4.8.1 试验目的

① 掌握岩石抗压强度检测的方法及原理。

② 了解岩石抗压强度检测的目的及意义。

4.8.2 试验依据

本试验参考标准为《建设用卵石、碎石》（GB/T 14685—2011）。实验室环境要求室温应控制在（20±5)℃。

当无侧限岩石试样在纵向压力作用下出现压缩破坏时，单位面积上所承受的载荷称为岩石的单轴抗压强度，即试样破坏时的最大载荷与垂直于加荷方向的截面积之比。碎石或卵石在水饱和状态下，其抗压强度火成岩应不小于 80MPa，变质岩应不小于 60MPa，水成岩应不小于 30MPa。本试验用试件立方体试件尺寸应为 50mm×50mm×50mm；圆柱体试件尺寸应为 ϕ50mm×50mm。

试件与压力机压头接触的两个面要磨光并保持平行，6 个试件为一组。对有明显层理的岩石，应制作 2 组，一组保持层理与受力方向平行，另一组保持层理与受力方面垂直，分别测试。

4.8.3 试验设备及耗材

压力试验机（量程 1000kN，示值相对误差 2%）、钻石机（或锯石机）、岩石磨光机、游标卡尺、碎石或卵石。

4.8.4 试验步骤

① 采用钻石机（或锯石机）切割相应尺寸的试件，并用岩石磨光机将试件与压力机压头接触的两个面磨光且保持平行。

② 用游标卡尺测定试件尺寸，精确至 0.1mm，并计算顶面和底面的面积。取顶面和底面面积的算术平均值作为计算抗压强度所用的截面积。

③ 将试件浸没于水中浸泡 48h。

④ 从水中取出试件，擦干表面，放在压力机上按照本书中“7.1 普通混凝土抗压强度试验”压力试验机操作方法进行强度试验，加荷速度为 0.5～1.0MPa/s。

4.8.5 数据处理

① 试件抗压强度按式(4-13) 计算，精确至 0.1MPa。

$$R=\frac{F}{A} \tag{4-13}$$

式中 R——抗压强度，MPa；

F——破坏荷载，N；

A——试件的荷载面积，mm^2。

② 岩石抗压强度取6个试件试验结果的算术平均值，并给出最小值，精确至1MPa，采用修约值比较法进行评定。

③ 对存在明显层理的岩石，应分别给出受力方向平行层理的岩石抗压强度与受力方向垂直层理的岩石抗压强度。

注意：仲裁检验时，以 ϕ50mm×50mm 圆柱体试件的抗压强度为准。

4.8.6 思考题

① 影响岩石抗压强度的因素有哪些？

② 什么是岩石抗压强度的尺寸效应？

③ 岩石抗压强度越大对应混凝土强度是否越高？请分析原因。

4.9 石压碎指标试验

4.9.1 试验目的

① 掌握影响压碎值大小的因素。

② 掌握压碎值测定的基本方法及原理。

4.9.2 试验依据

本试验参考标准为《建设用卵石、碎石》（GB/T 14685—2011）。实验室环境要求室温应控制在（20±5）℃。

压碎指标主要用于衡量石料在逐渐增加的荷载作用下抵抗压碎的能力，是衡量石料力学性质的指标。碎石的强度可用岩石的抗压强度和压碎指标表示。岩石的抗压强度应比所配制的混凝土强度至少高20%。当混凝土强度等级大于或等于C60时，应进行岩石抗压强度检验。岩石强度首先应由生产单位提供，工程中可采用压碎值指标进行质量控制。石的压碎指标应符合表4-17的规定。

表 4-17 石压碎指标

类别	Ⅰ	Ⅱ	Ⅲ
碎石压碎指标/%	≤10	≤20	≤30
卵石压碎指标/%	≤12	≤14	≤16

4.9.3 试验设备及耗材

压力试验机（量程300kN，示值相对误差2%）、电子天平（称量10kg，感量1g）、受压试模（压碎指标测定仪，见图4-4），方孔筛（孔径分别为2.36mm、9.50mm、19.0mm的筛各一只）、垫棒（直径10mm，长500mm的圆钢）、碎石或卵石。

4.9.4 试验步骤

① 按本书中“4.1 骨料取样与缩分试验”方法取样，风干后筛除大于19.0mm及小于9.50mm的颗粒，并去除针、片状颗粒，分为大致相等的三份备用。

注意：当试样中粒径为9.50～19.0mm的颗粒不足时，允许将粒径大于19.0mm的颗粒破碎成粒径为9.50～19.0mm的颗粒用作压碎指标试验。

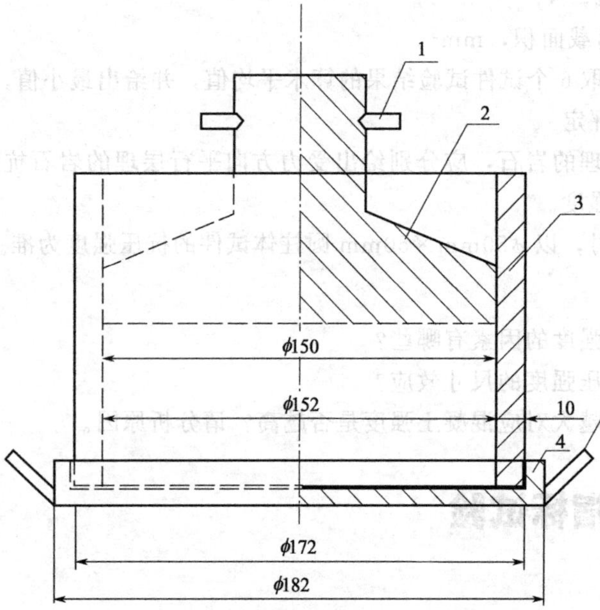

图 4-4 压碎指标测定仪（单位：mm）

1—把手；2—加压头；3—圆模；4—底盘；5—手把

② 称取试样 3000g，精确至 1g。

③ 将试样分 2 层装入圆模（置于底盘上）内，每次装入圆模高度的 1/2，装完第一层试样后，在底盘下面垫放一直径为 10mm 的圆钢，将筒按住，左右交替颠击地面各 25 下。

④ 再装入第二层，第二层装满后用同样方法颠实（把垫着的钢筋转 90°，使筒底所垫钢筋的方向与第一层时的方向垂直）。

⑤ 两层颠实后，平整模内试样表面，盖上压头。当圆模装不下 3000g 试样时，以装至距圆模上口 10mm 为准。

⑥ 把装有试样的圆模置于压力试验机上，开动压力试验机，按 1kN/s 的速度均匀加荷至 200kN，稳荷 5s，然后卸荷。

⑦ 取下加压头，倒出试样，用孔径 2.36mm 的方孔筛筛除被压碎的细粒，称出留在筛上的试样质量，精确至 1g。

4.9.5 数据处理

压碎指标按式(4-14) 计算，取 3 次试验结果的算术平均值，精确至 1%。

$$Q_e = \frac{m_1 - m_2}{m_1} \times 100 \tag{4-14}$$

式中 Q_e——压碎指标，%；

m_1——试样的质量，g；

m_2——压碎试验后筛余的试样质量，g。

4.9.6 思考题

① 压力机加荷速度过大或过小对试验结果有何影响？

② 影响石压碎值的因素有哪些？

③ 当试样中粒径在 9.50～19.0mm 之间的颗粒不足时应如何处理？

4.10 石坚固性试验

4.10.1 试验目的

① 掌握石坚固性实验基本方法和原理。

② 掌握石坚固性对混凝土性能的影响。

4.10.2 试验依据

本试验参考标准为《建设用卵石、碎石》(GB/T 14685—2011)。实验室环境要求室温应控制在 (20±5)℃。

石坚固性指石在自然风化和其他外界物理化学因素作用下抵抗破裂的能力。用硫酸钠溶液法检验，试样经 5 次循环后其重量损失值应小于有关规定。碎石和卵石的坚固性其质量损失应符合表 4-18 的规定。

表 4-18　碎石或卵石的坚固性指标

类别	Ⅰ	Ⅱ	Ⅲ
有机物	合格	合格	合格
质量计损失/%	≤5	≤8	≤12

4.10.3 试验设备及耗材

10%氯化钡溶液、硫酸钠溶液、鼓风干燥箱［温度控制在 (105±5)℃］、电子天平（称量 10kg，感量 1g)、三脚网篮（用金属丝制成，网篮直径为 100mm，高为 150mm，网的孔径 2～3mm)、方孔筛 (2.36mm、4.75mm、9.50mm、16.0mm、19.0mm、26.5mm、31.5mm、37.5mm、53.0mm、63.0mm、75.0mm、90.0mm 的筛各一只，筛盖和筛底各一只)、容器（瓷缸，容积不小于 50L)、玻璃棒、瓷托盘、碎石或卵石。

4.10.4 试验步骤

① 硫酸钠溶液制备：在 1L 水中（水温在 30℃左右）加入无水硫酸钠 (Na_2SO_4) 350g，或结晶硫酸钠 ($Na_2SO_4 \cdot H_2O$) 750g，边加入边用玻璃棒搅拌，使其溶解并饱和。然后冷却至 20～25℃，在此温度下静置 48h，即为试验溶液，其密度应为 1.151～1.174g/cm^3。

② 按本书中“4.1 骨料取样与缩分试验”方法取样，并将试样缩分至可满足表 4-19 规定的数量，用水淋洗干净，放在干燥箱中于 (105±5)℃下烘干至恒重。

表 4-19　石坚固性试验所需的试样

石子粒级/mm	4.75～9.50	9.50～19.0	19.0～37.5	37.5～63.0	63.0～75.0
试样质量/g	500	1000	1500	3000	3000

③ 待冷却至室温后，筛除小于 4.75mm 的颗粒，根据试样的最大粒径，按表 4-19 规定的数量称取试样一份，精确至 1g。

④ 将不同粒级的试样分别装入网篮，并浸入盛有硫酸钠溶液的容器中（溶液的体积应不小于试样总体积的 5 倍)。网篮浸入溶液时，应上下升降 25 次，以排除试样的气泡，然后

静置于该容器中，网篮底面应距离容器底面约30mm，网篮之间距离应大于30mm，液面至少高于试样表面30mm，溶液温度应保持在20～25℃。

⑤ 浸泡20h后，把装试样的网篮从溶液中取出，放在干燥箱中于(105±5)℃烘4h，至此，完成了第一次试验循环。

⑥ 待试样冷却至20～25℃后，再按步骤⑤、⑥进行第二次循环。从第二次循环开始，浸泡与烘干时间均为4h，共循环5次。

⑦ 最后一次循环后，用清洁的温水淋洗试样，直至淋洗试样后的水加入少量氯化钡溶液不出现白色浑浊为止。

⑧ 洗过的试样装入瓷托盘中，放在干燥箱中于(105±5)℃下烘干至恒重。

⑨ 待冷却至室温后，用孔径为试样粒级下限的筛（如粒级为4.75～9.50mm时，则其下限筛指孔径为4.75mm的筛）过筛，称出各粒级试样试验后的筛余量，精确至0.1g。

4.10.5 数据处理

① 各粒级试样质量损失百分率按式(4-15)计算，精确至0.1%。

$$P_i=\frac{m_1-m_2}{m_1}\times 100 \tag{4-15}$$

式中 P_i——各粒级试样损失百分率，%；

m_1——各粒级试样试验前的质量，g；

m_2——各粒级试样试验后的筛余量，g。

② 试样的总质量损失百分率按式(4-16)计算，精确至1%。

$$P=\frac{\partial_1 P_1+\partial_2 P_2+\partial_3 P_3+\partial_4 P_4+\partial_5 P_5}{\partial_1+\partial_2+\partial_3+\partial_4+\partial_5} \tag{4-16}$$

式中 P——试样的总质量损失率，%；

∂_1、∂_2、∂_3、∂_4、∂_5——各粒级质量占试样（原试样中筛除了小于4.75mm的颗粒）总质量的百分率，%；

P_1、P_2、P_3、P_4、P_5——各粒级试样质量损失百分率，%。

4.10.6 思考题

① 影响石坚固性试验的因素有哪些？

② 如何判定硫酸钠清洗干净？

③ 测定石坚固性具有何工程指导意义？

4.11 砂含水率及吸水率试验

4.11.1 试验目的

① 掌握砂含水率及吸水率试验基本方法。

② 掌握砂含水率及吸水率检测对工程的指导意义。

4.11.2 试验依据

本试验参考标准为《建设用砂》(GB/T 14684—2011)、《普通混凝土用砂、石质量及检验方法标准》(JGJ 52—2006)。实验室环境要求室温应控制在(20±5)℃。

砂的含水率测定方法较多，目前较为流行的方法主要包括以下三种：

① 标准测定法（烘干法）：取500g砂在(105±5)℃的烘箱内烘干，称量烘干前和烘干

后的质量，求砂的含水率。

② 铁锅炒干法：取500g砂放入干净的炒盘中，置炒盘于电炉上，用小铲不断地翻拌试样，待试样表面全部干燥后，关闭电炉，再继续翻拌1min，稍冷却后，称量炒拌前和炒拌后的质量，求砂的含水率。

③ 酒精烧干法：取500g砂放入干净的瓷托盘中，向托盘内倒入适量的酒精将样品拌湿，点火燃烧，边烧边用小铲翻动，直至明火熄灭，冷却后称量质量；再浇酒精一次，点火燃烧一次，冷却后称量质量；当其质量与前一次质量相近或≤1%误差时，可视为试样已烧干，通过最后一次称量试样的质量，可求砂的含水率。

4.11.3 试验设备及耗材

电子天平（称量1000g，精确度1g）、饱和面干试模（图4-5）、钢制捣棒［质量（340±15)g，见图4-5］、干燥器、吹风机（手提式）、瓷托盘、浅盘、铝制料勺、烧杯（500mL）、烘箱、电炉、炒盘、小铲、酒精、砂。

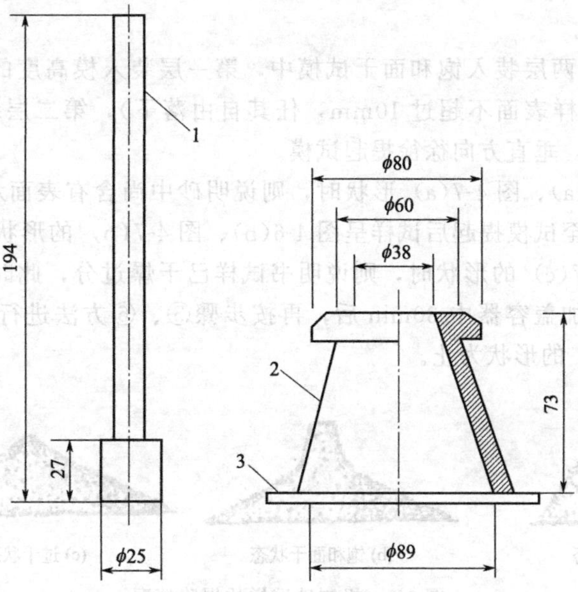

图4-5 饱和面干试模及其捣棒（单位：mm）

1—捣棒；2—试模；3—玻璃板

4.11.4 试验步骤

含水率试验

（1）含水率试验（标准法）

按本书中“4.1骨料取样与缩分试验”方法取样，用四分法将样品缩分至1100g，拌匀后分为大致相等的两份备用。从样品中取各重500g的试样两份，分别放入已知质量m_1的瓷托盘中称重，记下每盘试样与瓷托盘的总质量m_2。将瓷托盘连同试样放入温度为（105±5)℃的烘箱中烘干至恒重，称量烘干后试样与瓷托盘的总质量m_3，精确到0.1g。

（2）含水率试验（铁锅炒干法）

从样品中取各重500g的试样两份，分别放入已知质量m_1的炒盘中称重，记下试样与炒盘的总质量m_2。置炒盘于电炉上，用小铲不断的翻拌试样，待试样表面全部干燥后，关闭电炉，再继续翻拌1min，稍冷却后，称量炒盘与试样的总质量m_3。

（3）含水率试验（酒精烧干法）

从样品中取各重 500g 的试样两份，分别放入已知质量 m_1 的瓷托盘中称重，记下试样与瓷托盘的总质量 m_2。向托盘内倒入适量的酒精将样品拌湿，点火燃烧，边烧边用小铲翻动，直至明火熄灭，冷却后称量质量；再浇酒精一次，点火燃烧一次，冷却后称量质量，当其质量与前一次质量相近或≤1%误差时，可视为试样已烧干，通过最后一次称量试样与瓷托盘的总质量 m_3，可求砂的含水率。

饱和面干吸水率试验

① 饱和面干试样的制备，是将样品在潮湿状态下用四分法缩分至 1100g，拌匀后分成两份，分别装入浅盘或其他合适的容器中。

② 注入自来水，使水面高出试样表面 20mm 左右［水温控制在（23±5)℃］。

③ 用玻璃棒连续搅拌 5min，以排除气泡。

④ 静置 24h，细心地倒去试样上的水，并用吸管去余水。

⑤ 将试样在盘中摊开，用手提吹风机缓缓吹入暖风，并不断翻拌试样，使砂表面的水分在各部位均匀蒸发。

⑥ 然后将试样分两层装入饱和面干试模中，第一层装入模高度的 1/2，用捣棒均匀捣 13 下（捣棒端面距试样表面不超过 10mm，任其自由落下），第二层装满试模，再轻捣 13 下，刮平试模上口后，垂直方向徐徐提起试模。

⑦ 试样呈图 4-6(a)、图 4-7(a) 形状时，则说明砂中尚含有表面水，应继续按步骤⑤、⑥方法进行试验，直至试模提起后试样呈图 4-6(b)、图 4-7(b) 的形状为止。试模提起后试样呈图 4-6(c)、图 4-7(c) 的形状时，则说明书试样已干燥过分，此时应将试样洒水 5mL，充分拌匀，并静置于加盖容器中 30min 后，再按步骤⑤、⑥方法进行试验，直至试样达到图 4-6(b)、图 4-7(b) 的形状为止。

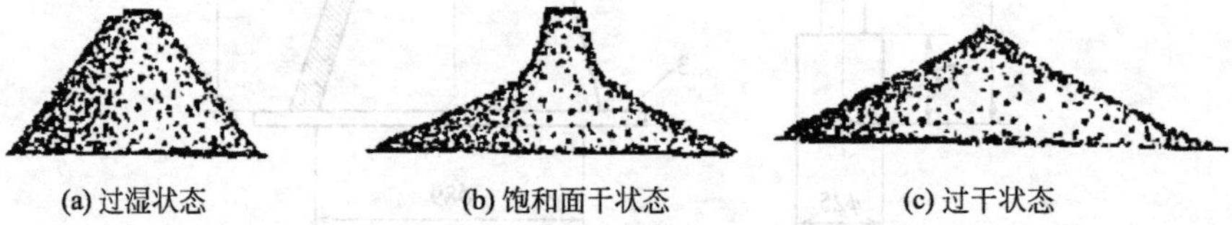

图 4-6　机制砂试样的塌陷情况

图 4-7　天然砂试样的塌陷情况

⑧ 立即称取饱和面干试样 500g，精确到 0.1g。放入已知质量 m_1 的瓷托盘中，于温度为（105±5)℃的烘箱中烘干至恒重，并在干燥器内冷却至室温后，称取干样与托盘的总质量 m_3。

4.11.5　数据处理

含水率试验

砂的含水率 w 应按式(4-17) 计算，精确至 0.1%。

$$w=\frac{m_2-m_3}{m_3-m_1}\times 100 \tag{4-17}$$

式中　w——砂的含水率，%，精确到0.1%；

m_1——（炒盘、瓷托盘）容器的质量，g；

m_2——未烘干的试样与容器的总质量，g；

m_3——烘干后的试样与容器的总质量，g。

以两次试验结果的算术平均值作为测定值，当两次测定结果之差大于0.2%时，应重新取样进行试验。

饱和面干吸水率试验

饱和面干吸水率 ω_{wa} 应按照式(4-18) 计算：

$$\omega_{wa}=\frac{m_2-m_3}{m_3-m_1}\times 100 \tag{4-18}$$

式中　ω_{wa}——吸水率，%，精确至0.1%；

m_1——（炒盘、瓷托盘）容器的质量，g；

m_2——未烘干的试样与容器的总质量，g；

m_3——烘干后的试样与容器的总质量，g。

以两次试验结果的算术平均值作为测定值，当两次结果之差大于平均值的3%时，应重新取样进行试验。

4.11.6　思考题

① 砂按照含水率的大小分为哪几种状态，各有何特点？

② 测定砂含水率对混凝土配合比设计有何意义？

③ 国外混凝土配合比设计采用饱和面干状态砂，而我国采用全干状态砂，请分析其原因。

4.12　砂筛分析试验

4.12.1　试验目的

① 掌握砂的颗粒级配和细度模数的定义。

② 掌握砂筛分析的基本方法。

4.12.2　试验依据

本试验参考标准为《建设用砂》(GB/T 14684—2011)。实验室环境要求室温应控制在(20±5)℃。

用于筛分析的试样，其颗粒的粒径应不大于9.5mm。试验前应先将试样通过9.50mm的方孔筛，并计算筛余。称取经缩分后样品不少于1100g，在(105±5)℃的温度下烘干至恒重。冷却至室温备用。

注意：恒重是指在相邻两次称量间隔时间不少于3h的情况下，前后两次称量之差小于该项试验所要求的称量精度。

砂的粗细程度按细度模数 M_x 分为粗砂（M_x=3.7～3.1mm）、中砂（M_x=3.0～2.3mm）、细砂（M_x=2.2～1.6mm）、特细砂（M_x=1.5～0.7mm）四级，砂筛应采用方孔筛。砂的公称粒径、圆孔筛筛孔的公称直径和方孔筛筛孔边长应符合表4-20的规定。

表 4-20 砂的公称粒径、圆孔筛筛孔的公称直径和方孔筛筛孔边长尺寸规格表

砂的公称粒径/mm	圆孔筛筛孔的公称直径/mm	方孔筛筛孔边长/mm
5.00	5.00	4.75
2.50	2.50	2.36
1.25	1.25	1.18
0.630	0.630	0.600
0.315	0.315	0.300
0.160	0.160	0.150
0.080	0.080	0.075

除特细砂外，砂的颗粒级配可按 600μm 筛孔的累计筛余量（以质量百分率计，下同），分成三个级配区（见表 4-21），且砂的颗粒级配应处于表 4-21 中的某一区内。

表 4-21 砂颗粒级配区

砂的分类	天然砂			机制砂		
级配区	1 区	2 区	3 区	1 区	2 区	3 区
方孔筛/mm	累计筛余/%			累计筛余/%		
4.75	***10～0***	***10～0***	***10～0***	***10～0***	***10～0***	***10～0***
2.36	35～5	25～0	15～0	35～5	25～0	15～0
1.18	65～35	50～10	25～0	65～35	50～10	25～0
0.600	***85～71***	***70～41***	***40～16***	***85～71***	***70～41***	***40～16***
0.300	95～80	92～70	85～55	95～80	92～70	85～55
0.150	100～90	100～90	100～90	97～85	94～80	94～75

对于砂浆用砂，4.75mm 筛孔的累计筛余量应为 0。砂的实际颗粒级配与表 4-21 中的累计筛余相比，除 4.75mm 和 600μm（表 4-21 斜体所标数值）的累计筛余外，其余粒径的累计筛余可稍有超出分界线，但各级累计筛余超出值总和应不大于 5%。

配制混凝土时宜优先选用 2 区砂。当采用 1 区砂时，应提高砂率，并保持足够的水泥用量，满足混凝土的和易性；当采用 3 区砂时，宜适当降低砂率，当采用特细砂时，应符合相应的规定；配制泵送混凝土，宜选用 2 区中砂。

4.12.3 试验设备及耗材

方孔筛（9.50mm、4.75mm、2.36mm、1.18mm、600μm、300μm、150μm 的方孔筛各一只，筛盖和筛底各一只）、天平（称量 1000g，精确度 1g）、摇筛机、烘箱［温度控制范围（105±5)℃］、浅盘、硬软毛刷、砂。

4.12.4 试验步骤

① 按本书中“4.1 骨料取样与缩分试验”方法取样，筛除大于 9.5mm 的颗粒（并算出其筛余百分率）。

② 将试样缩分至约 1100g，放在干燥箱中于（105±5)℃烘干至恒重，待冷却至室温后，分大致相等的两份备用。

③ 准确称取试样 500g，精确至 1g。将试样倒入按筛孔大小顺序排列（大孔在上、小孔在下）的套筛的最上一只筛上，将套筛装入摇筛机内固紧，筛分 10min。

④ 取出套筛，再按套筛孔由大到小的顺序在清洁的浅盘上逐一进行手筛，直至每分钟的筛出量不超过试样总量的 0.1%时为止。

⑤ 通过的颗粒并入下一号筛中，并和下一号筛中的试样一起进行手筛。

⑥ 按这样顺序依次进行，直到各号筛全部筛完为止。

⑦ 称出各号筛的筛余量，精确至 1g。

注意：当试样含泥量超过 5%时，应先将试样水洗，然后烘干至恒重，再进行筛分。

4.12.5 数据处理

① 试样在各号筛上的筛余量均不得超过按式(4-19) 计算得出的量，否则应将该筛的筛余试样分成两份或数份，再次进行筛分，并以其筛余量之和作为该筛的筛余量。

$$G=\frac{A\sqrt{d}}{200} \tag{4-19}$$

式中 G——某一筛上的剩余量，g；

d——筛孔边长，mm；

A——筛的面积，mm^2。

a. 称取各筛上筛余试样的质量（精确至 1g)，所有各筛上的分计筛余量和底盘中的剩余量之和与筛分前的试样总质量相比，相差不得超过 1%，否则应重新试验。

b. 计算分计筛余百分率 a_i（各筛上的筛余量与试样总质量之比)，精确到 0.1%。

c. 计算累计筛余百分率 A_i（该筛的分计筛余与筛孔大于该筛的各筛的分计筛余之和)，精确到 0.1%。

d. 累计筛余和分计筛余的关系见表 4-22。根据各筛两次试验累计筛余的平均值，查表 4-21 来评定该试样的颗粒级配分布情况，精确至 1%。

表 4-22 砂分计筛余与累计筛余的关系

筛孔尺寸/mm	分计筛余量/g	分计筛余百分率/%	累计筛余百分率/%
4.75	M_1	$a_1=\frac{M_1}{500}\times100$	$A_1=a_1$
2.36	M_2	$a_2=\frac{M_2}{500}\times100$	$A_2=a_1+a_2$
1.18	M_3	$a_3=\frac{M_3}{500}\times100$	$A_2=a_1+a_2+a_3$
0.60	M_4	$a_4=\frac{M_4}{500}\times100$	$A_4=a_1+a_2+a_3+a_4$
0.30	M_5	$a_5=\frac{M_5}{500}\times100$	$A_5=a_1+a_2+a_3+a_4+a_5$
0.15	M_6	$a_6=\frac{M_6}{500}\times100$	$A_6=a_1+a_2+a_3+a_4+a_5+a_6$
筛底(<0.15)	M_7		

② 砂的细度模数应按式(4-20) 计算，精确到 0.01。

$$M_x=\frac{(A_2+A_3+A_4+A_5+A_6)-5A_1}{100-A_1} \tag{4-20}$$

式中 M_x——砂的细度模数；

A_1、A_2、A_3、A_4、A_5、A_6——4.75mm、2.36mm、1.18mm、600μm、300μm、150μm 方孔筛上的累计筛余百分率。

③ 以两次试验结果的算术平均值作为测定值，精确至 0.1。当两次试验所得的细度模数之差大于 0.20 时，应重新取试样进行试验。

4.12.6 思考题

① 砂的细度模数对混凝土性能有何影响？

② 何为砂的含石率？

③ 砂的筛分曲线和砂的细度模数各说明砂的什么特征？

4.13 砂表观密度试验

4.13.1 试验目的

① 掌握砂表观密度的测量意义。

② 掌握测定砂表观密度的基本方法。

4.13.2 试验依据

本试验参考标准为《建设用砂》(GB/T 14684—2011)、《普通混凝土用砂、石质量及检验方法标准》(JGJ 52—2006)。实验室环境要求室温应控制在 (20±5)℃。

表观密度为材料在自然状态下单位表观体积（包括真实体积、闭口孔隙体积及开口孔体积）的质量。测定砂的表观密度，用于混凝土配合比设计。对于形状规则的材料，直接测量体积；对于形状不规则的材料，可用蜡封法封闭孔隙，然后再用排液法测量体积；对于混凝土用的砂石骨料，直接用排液法测量体积，此时的体积是实体积与闭口孔隙体积之和，即不包括与外界连通的开口孔隙体积。由于砂石比较密实，孔隙很少，开口孔隙体积更少，所以用排液法测得的密度也称为表观密度。材料的含水状态变化时，其质量和体积均发生变化。通常所说的表观密度是指材料在干燥的状态下的表观密度，其他表观密度应注明测定时的含水情况。

4.13.3 试验设备及耗材

电子天平（称量 1000g，感量 1g)、容量瓶（500mL)、李氏瓶（250mL)、烘箱［温度控制范围为 (105±5)℃]、干燥器、滴管、浅盘、铝制料勺、温度计、砂、自来水。

4.13.4 试验步骤

标准法

① 按本书中“4.1 骨料取样与缩分试验”方法取样，并将试样缩分至约 660g 装入浅盘，在温度为 (105±5)℃的烘箱中烘干至恒重。冷却至室温后分为大致相等的两份备用。

② 称取烘干的试样 300g (m_0)，精确至 0.1g，将试样装入容量瓶，注入冷开水至接近 500mL 刻度线处。

③ 摇转容量瓶，使试样在水中充分搅动以排除气泡，塞紧瓶塞，静置 24h。

④ 用滴管加水至瓶颈刻度线平齐，再塞紧瓶塞，擦干容量瓶外壁的水分，称其质量 (m_1)，精确至 1g。

⑤ 倒出容量瓶中的水和试样，将瓶的内外壁洗净，再向瓶内加入冷开水（与步骤②中的水温相差不超过 2℃，实验室环境控制在 15～25℃的温度范围）至瓶颈 500mL 刻度线。塞紧瓶塞，擦干容量瓶外壁水分，称质量 (m_2)，精确至 1g。

简易法

① 按本书中“4.1 骨料取样与缩分试验”方法取样，称取经缩分后不少于 120g 的样品

装入浅盘，在温度为（105±5）℃的烘箱中烘干至恒重，并在干燥器内冷却至室温。

② 向李氏瓶内注入冷开水至一定刻度处，擦干瓶颈内部附着水，记录水的体积（V_1）。

③ 称取烘干的试样质量为 50g（m_0），徐徐加入盛水的李氏瓶中。

④ 试样全部倒入瓶中后，用瓶内的水将粘附在瓶颈和瓶壁上的试样洗入水中。摇转李氏瓶，使试样在水中充分搅动以排除气泡。

⑤ 静置 24h，记录瓶中水面升高后的体积（V_2）。

注意：在砂的表观密度试验过程中应测量并控制水的温度，允许在 15～25℃的温度范围内进行体积测定，但两次体积（指 V_1 和 V_2）测定时温度相差不应超过 2℃。从试样加水静置的最后 2h 起直至试验结束，其温度相差不应超过 2℃。

4.13.5 数据处理

表观密度应按式(4-21) 或式(4-22) 计算，精确至 10kg/m³。

标准法

$$\rho_0=\left(\frac{m_0}{m_0+m_2-m_1}-\alpha_t\right)\times\rho_{水} \tag{4-21}$$

简易法

$$\rho_0=\left(\frac{m_0}{V_2-V_1}-\alpha_t\right)\times\rho_{水} \tag{4-22}$$

式中 ρ_0——砂的表观密度，kg/m³；

$\rho_{水}$——水的表观密度，kg/m³，取 1000kg/m³；

m_0——试样的烘干质量，g；

m_1——试样、水及容量瓶总质量，g；

m_2——水及容量瓶总质量，g；

V_1——水的原有体积，mL；

V_2——倒入试样 24h 后，水和试样的总体积 mL；

α_t——水温对砂的表观密度影响的修正系数，见表 4-23。

表 4-23 不同水温对砂的表观密度影响的修正系数

水温/℃	15	16	17	18	19	20	21	22	23	24	25
α_t	0.002	0.003	0.003	0.004	0.004	0.005	0.005	0.006	0.006	0.007	0.008

以两次试验结果的算术平均值作为测定值，精确至 10kg/m³。当两次结果之差大于 20kg/m³ 时，应重新取样进行试验。

4.13.6 思考题

① 砂表观密度受哪些因素的影响？

② 砂表观密度测定过程中两次加水温度超过 2℃会有何影响？

③ 何为表观密度，测定表观密度有何工程指导意义？

4.14 砂堆积密度和空隙率试验

4.14.1 试验目的

① 掌握测量砂堆积密度和空隙率的方法。

② 掌握砂堆积密度和空隙率对混凝土工程的指导意义。

4.14.2 试验依据

本试验参考标准为《建设用砂》(GB/T 14684—2011)。实验室环境要求室温应控制在(20±5)℃。

堆积密度是指散粒材料（如水泥、砂、卵石、碎石等）在堆积状态下（包含颗粒内部的孔隙及颗粒之间的空隙）单位体积的质量，分为松散堆积密度和紧密堆积密度。

取经缩分后的样品不少于3L，装入浅盘，在温度为(105±5)℃的烘箱中烘至恒重，取出并冷却至室温，筛除大于4.75mm的颗粒（试样烘干后若有结块，应在试验前捏碎），分为大致相等的两份备用。

4.14.3 试验设备及耗材

电子天平（称量10kg，感量1g）、4.75mm方孔筛、瓷托盘、烘箱［温度控制(105±5)℃］、玻璃板（大小能够完全盖住容量筒口）、容积筒（金属材质，圆柱形，内径108mm，净高109mm，筒壁厚2mm，筒底厚度5mm，容积为1L）、标准漏斗（见图4-8）、钢尺、小铲、垫棒（直径10mm，长500mm的圆钢）、砂。

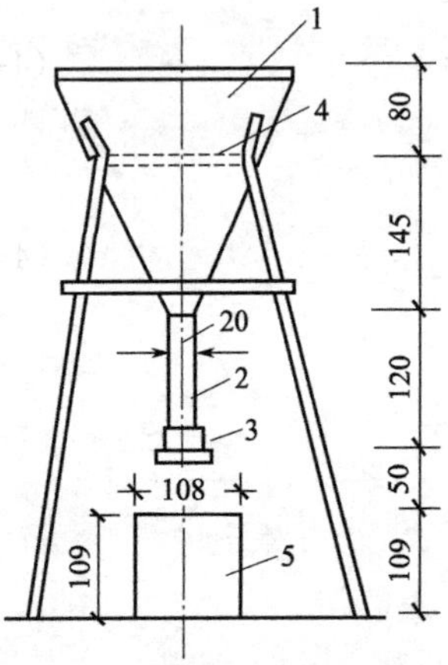

图4-8 标准漏斗（单位：mm）

1—漏斗；2—ϕ20mm管子；3—活动门；4—筛；5—金属容量筒

4.14.4 试验步骤

(1) 容量筒容积校正

① 将一块能够完全盖住容量筒口大小的玻璃板盖在容量筒上方，称量其质量m_1'。

② 用温度为(20±2)℃的自来水装满容量筒，用玻璃板沿筒口滑移，使其紧贴水面，擦干筒外壁水分，称量其质量m_2'。

(2) 松散堆积密度

① 按本书中“4.1骨料取样与缩分试验”方法取样，用瓷托盘装取试样约3L，在温度为(105±5)℃的烘箱中烘干至恒重。冷却至室温后，筛除大于4.75mm的颗粒，分为大致相等的两份备用。

② 称量容积筒的质量m_1，精确至1g。

③ 取试样一份，用漏斗或料勺将试样从容量筒筒口中心上方50mm处徐徐倒入，让试样以自由落体落下，当容量筒装满上部试样呈锥体，且容量筒四周溢满时，即停止加料。用直尺沿筒口中心线向两边刮平（试验过程应防止触动容量筒）。

④ 称出试样和容量筒总质量m_2，精确至1g。

(3) 紧密堆积密度

① 按本书中“4.1骨料取样与缩分试验”方法取样，用瓷托盘装取试样约3L，在温度为(105±5)℃的烘箱中烘干至恒重。冷却至室温后，筛除大于4.75mm的颗粒，分为大致相等的两份备用。

② 称量容积筒的质量m_1，精确至1g。

③ 取试样一份，用小铲将试样分两层装入容积筒内。第一层装稍高于1/2后，在容积筒底垫放一根ϕ10mm的圆钢，将筒按住，左右交替颠击各25下。

④ 再装第二层，把垫着的钢筋转90°同法颠击。

⑤ 两次装完并颠实后，加料至试样超出容量筒筒口。用钢尺沿瓶口中心线向两个相反

方向刮平。

⑥ 称其总质量 m_2，精确至 1g。

4.14.5 数据处理

（1）容量筒容积校正

容量筒容积应按式(4-23) 计算。

$$V=m'_2-m'_1 \tag{4-23}$$

式中 V——容量筒容积，L；

m'_1——容量筒和玻璃板的总质量，kg，精确至 0.01kg；

m'_2——容量筒、玻璃板和水的总质量，kg，精确至 0.01kg。

（2）堆积密度按式(4-24) 及式(4-25) 计算，以两次试验结果的算术平均值作为测量值，精确至 $10kg/m^3$。

$$\rho_L=\frac{m_2-m_1}{V} \tag{4-24}$$

$$\rho_c=\frac{m_2-m_1}{V} \tag{4-25}$$

式中 ρ_L——松散堆积密度，kg/m^3，精确至 $10kg/m^3$；

ρ_c——紧密堆积密度，kg/m^3，精确至 $10kg/m^3$；

m_1——容量筒的质量，g，精确至 10g；

m_2——容量筒和砂的总质量，g，精确至 10g；

V——容量筒容积，L。

（3）空隙率按式(4-26) 及式(4-27) 计算，精确至 1%。

$$V_L=\left(1-\frac{\rho_L}{\rho}\right)\times 100 \tag{4-26}$$

$$V_c=\left(1-\frac{\rho_c}{\rho}\right)\times 100 \tag{4-27}$$

式中 V_L——松散堆积密度的空隙率，%；

V_c——紧密堆积密度的空隙率，%；

ρ_L——松散堆积密度，kg/m^3；

ρ_c——紧密堆积密度，kg/m^3；

ρ——砂的表观密度，kg/m^3。

4.14.6 思考题

① 如何校正容量筒容积？

② 堆积密度的定义及分类？

③ 测定砂松散堆积密度和紧密堆积密度的目的及意义是什么？

4.15 砂含泥量及泥块含量试验

4.15.1 试验目的

① 掌握砂含泥量及泥块含量对混凝土性能的影响。

② 掌握砂含泥量及泥块含量测定方法及原理。

4.15.2 试验依据

本试验参考标准为《建设用砂》(GB/T 14684—2011)、《普通混凝土用砂、石质量及检验方法标准》(JGJ 52—2006)。实验室环境要求室温应控制在(20±5)℃。

砂的含泥量是指砂中粒径小于75μm的颗粒含量。含泥量会降低混凝土拌合物的流动性或增加用水量，同时由于它们对骨料的包裹，大大降低了骨料与水泥石之间的界面粘结强度，从而使混凝土的强度和耐久性降低，收缩变形增大。对于含泥量高的砂在使用前应用水冲洗或淋洗。

泥块含量是指砂中粒径大于1.18mm，经水洗、手捏后小于600μm的颗粒含量。当砂中夹有泥块时，会形成混凝土中的薄弱部分，对混凝土质量影响更大，应严格控制其含量。

天然砂中含泥量应符合表4-24的规定。

表4-24 天然砂中含泥量和泥块含量

类别	Ⅰ	Ⅱ	Ⅲ
含泥量(按质量计)/%	≤1.0	≤3.0	≤5.0
泥块含量(按质量计)/%	≤0	≤1.0	≤2.0

4.15.3 试验设备及耗材

电子天平(称量1000g，感量1g)、烘箱[控制温度(105±5)℃]、方孔筛(75μm、600μm、1.18mm方孔筛各一个)、虹吸管(玻璃管的直径不大于5mm，后接胶皮弯管)、搅拌棒、洗砂用容器、浅盘、砂、自来水。

4.15.4 试验步骤

砂含泥量

(1) 砂含泥量(标准法)

① 按本书中“4.1骨料取样与缩分试验”方法取样，将试样用四分法缩分至约1100g，置于(105±5)℃的烘箱中烘干至恒重，冷却至室温后，分成大致相等的两份备用。

② 称取500g试样(m_0)，精确到0.1g。

③ 将试样置于容器中，并注入自来水，使水面高出砂面约150mm。充分拌匀后，浸泡2h。

④ 用手在水中淘洗试样，使尘屑、淤泥、黏土与砂粒分离，并使之悬浮或溶于水中。

⑤ 将筛子用水湿润，1.18mm的筛应套在75μm的筛子上，将浑浊液缓缓倒入套筛，滤去小于75μm的颗粒。整个过程中严防砂粒丢失。

⑥ 再次向容器中加水，重复淘洗过滤，直到容器内洗出的水清澈为止。

⑦ 用水冲洗留在筛上的细粒，将75μm的筛放在水中(使水面高出筛中砂粒上表面)，来回摇动，以充分洗除小于75μm的颗粒。

⑧ 仔细取下两只筛上剩留的颗粒和容器中已洗净的试样一并装入浅盘。置于温度为(105±5)℃的烘箱中烘干至恒重。冷却至室温后，称其质量(m_1)，精确到0.1g。

(2) 砂含泥量(虹吸管法)

① 按本书中“4.1骨料取样与缩分试验”方法取样，将试样用四分法缩分至约1100g，置于(105±5)℃的烘箱中烘干至恒重，冷却至室温后，分成大致相等的两份备用。

② 称取500g试样(m_0)，精确到0.1g。

③ 将试样置于容器中，并注入自来水，使水面高出砂面约150mm，浸泡2h，浸泡过程中每隔一段时间搅拌一次，使尘屑、淤泥、黏土与砂分离。

④ 用搅拌棒搅拌约1min（单方向旋转），以适当宽度和高度的闸板闸水，使水停止旋转。

⑤ 经20～25s后取出闸板，然后从上到下小心地用虹吸管将浑浊液吸出，虹吸管吸口的最低位置应距离砂面不少于30mm。

⑥ 再倒入清水，重复步骤③和④，直到吸出的水清澈为止。

⑦ 最后将容器中的清水吸出，把洗净的试样倒入浅盘并在（105±5）℃的烘箱中烘干至恒重，取出，冷却至室温后称砂重（m_1），精确到0.1g。

砂泥块含量

① 按本书中“4.1 骨料取样与缩分试验”方法取样，将试样用四分法缩分至约5000g，置于（105±5）℃的烘箱中烘干至恒重，冷却至室温后，筛除小于1.18mm的颗粒，分成大致相等的两份备用。

② 准确称取试样200g（m_1），精确到0.1g，置于容器中，并注入自来水，使水面高出砂面约150mm，充分拌混均匀，浸泡24h。

③ 用手在水中碾碎泥块，再把试样放在600μm方孔筛上，用水淘洗，直到水清澈为止。

④ 小心地从筛里取出保留下来的试样，装入浅盘后，置于（105±5）℃的烘箱内烘干至恒重，冷却后称重（m_2），精确至0.1g。

注意：关于砂的泥块含量问题。

为什么砂中有时并没有可见的泥块，但通过试验却能检测出泥块含量，而且有时还较大呢？并且不同的人做泥块含量有时差别比较大呢？

从试验过程中不难发现，砂在经过公称粒径1.18mm的筛筛分后，那些比较牢固地附着在砂粒表面的泥粉经过水洗手捏后就变成小于600μm的颗粒。因此虽无可见泥块，试验仍可做出有泥块含量，而且这部分泥粉由于比较牢固地附着在砂颗粒表面，降低了水泥浆和砂颗粒之间的粘结强度，其危害也比一般的泥粉要大得多，因此也就可以把这部分比较牢固地附着在砂颗粒表面的泥粉称为泥块。

由于标准中在砂样品制备时只简单地规定用公称粒径1.18mm的筛筛分，并没有像筛分试验那样规定具体筛分到什么程度，因此筛分时间的长短和剧烈程度都会影响到粘附在砂颗粒表面的泥粉的多少，因此不同的人做泥块含量试验有时差别就比较大。

4.15.5 数据处理

砂含泥量

砂的含泥量按式(4-28)计算，精确至0.1%。

$$Q_a=\frac{m_0-m_1}{m_0}\times 100 \qquad (4\text{-}28)$$

式中 Q_a——砂中含泥量，%；

m_0——试验前的烘干试样质量，g；

m_1——试验后的烘干试样质量，g。

以两次试验结果的算术平均值作为测定值，当两次试验结果的差值超过0.5%时，结果无效，应重做试验。

砂泥块含量

砂的泥块含量按式(4-29)计算，精确至0.1%。

$$Q_b=\frac{m_1-m_2}{m_1}\times 100 \qquad (4\text{-}29)$$

式中 Q_b——砂中泥块含量，%；

m_1——试验前的烘干试样质量，g；

m_2——试验后的烘干试样质量，g。

砂的泥块含量应以两次试验结果的算术平均值作为测定值。

4.15.6 思考题

① 砂含泥量及泥块含量对混凝土性能有何影响?

② 如果两次试验的算术平均值差值超过 0.5%，请分析其原因。

③ 为什么不同人测得的砂泥块含量不同，并且有时差别较大?

4.16 机制砂中石粉含量与 MB 值试验（亚甲蓝法）

4.16.1 试验目的

① 掌握砂中石粉含量对混凝土性能的影响。

② 掌握亚甲基蓝法测定砂中石粉含量的方法及原理。

4.16.2 试验依据

本试验参考标准为《建设用砂》(GB/T 14684—2011)。实验室环境要求室温应控制在(20±1)℃。

机制砂石粉含量指机制砂中粒径小于 75μm 的颗粒含量，*MB* 值即亚甲蓝值，是用于判定机制砂中粒径小于 75μm 的颗粒的吸附性能的指标。亚甲蓝试验是确定细集料、细粉、矿粉中是否存在膨胀性黏土矿物并确定其含量的整体指标。它的试验原理是向集料与水搅拌制成的悬浊液中不断加入亚甲蓝溶液，每加入一定量的亚甲蓝溶液后，亚甲蓝被细集料中的粉料所吸附，用玻璃棒蘸取少许悬浊液滴到滤纸上观察是否有游离的亚甲蓝放射出的浅蓝色色晕，判断集料对染料溶液的吸附情况。通过色晕试验，确定添加亚甲蓝染料的终点，直到该染料停止表面吸附。当出现游离的亚甲蓝（以浅蓝色色晕宽度 1mm 左右作为标准）时，计算亚甲蓝 *MB* 值，计算结果表示为每 1000g 试样吸收的亚甲蓝的克数。

机制砂中石粉含量应符合表 4-25 和表 4-26 的规定：

表 4-25 机制砂中石粉含量和泥块含量（*MB*≤1.4 或快速法试验合格）

类别	Ⅰ	Ⅱ	Ⅲ
MB 值	≤0.5	≤1.0	≤1.4(合格)
石粉含量(按质量计)/%	≤10.0		
泥块含量(按质量计)/%	≤0	≤1.0	≤2.0

表 4-26 机制砂中石粉含量和泥块含量（*MB*＞1.4 或快速法试验不合格）

类别	Ⅰ	Ⅱ	Ⅲ
石粉含量(按质量计)/%	≤1.0	≤3.0	≤5.0
泥块含量(按质量计)/%	≤0	≤1.0	≤2.0

4.16.3 试验设备及耗材

烘箱［温度控制范围为 (105±5)℃］、电子天平（称量 1000g，感量 0.1g；称量 100g，感量 0.01g；各一台）、干燥器、方孔筛（75μm、1.18mm、2.36mm 筛各一只）、容器（要求淘洗试样时，保持试样不溅出，深度大于 250mm）、移液管（5mL、2mL 移液管各一个）、三片或四片式叶轮搅拌器［转速可调，最高达（600±60）r/min，直径（75±10）mm］、定时装置（精度1s）、玻璃容量瓶（容量1L）、温度计（精度1℃）、玻璃棒（2支，直径8mm，长300mm）、快速滤纸、瓷托盘、毛刷、烧杯（1000mL）、亚甲蓝（$C_{16}H_{18}ClN_3S\cdot 3H_2O$ 含量≥95%）、蒸馏水、深色储藏瓶、定量滤纸（快速）、人工砂（机制砂或混合砂）。

4.16.4 试验步骤

石粉含量

石粉含量的测定按本书“4.15砂含泥量及泥块含量试验”方法中“砂含泥量（标准法）”测定。

亚甲蓝*MB*值

（1）亚甲蓝*MB*值（标准法）

① 亚甲蓝粉末含水率测定。

a. 称量亚甲蓝粉末约5g，精确到0.01g，记为m_h。

b. 将该粉末在（105±5）℃的烘箱内烘至恒重，置于干燥器中冷却。

c. 从干燥器中取出后立即称重，精确到0.01g，记为m_g。按式(4-30)计算含水率，精确到0.1，记为ω。

② 亚甲蓝溶液制备。

a. 称量亚甲蓝粉末［(100+W)/10］±0.01g（相当于干粉10g），精确至0.01g。

b. 倒入盛有约600mL蒸馏水（水温加热至35～40℃）的烧杯中，用玻璃棒持续搅拌40min，直至亚甲蓝粉末完全溶解，冷却至20℃。

c. 将溶液倒入1L容量瓶中，用蒸馏水淋洗烧杯等，使所有亚甲蓝溶液全部移入容量瓶，容量瓶和溶液的温度应保持在（20±1）℃，加蒸馏水至容量瓶1L刻度。

d. 振荡容量瓶以保证亚甲蓝粉末完全溶解。将容量瓶中溶液移入深色储藏瓶中，标明制备日期、失效日期（亚甲蓝溶液保质期不应超过28d），并置于阴暗处保存。

③ 亚甲蓝*MB*值测定。

a. 按本书中“4.1骨料取样与缩分试验”方法取样，将试样缩分至约400g，放在干燥箱中于（105±5）℃下烘干至恒重，待冷却至室温后，筛除大于2.36mm的颗粒备用。

b. 称取试样200g，精确至0.1g。

c. 将试样倒入盛有（500±5）mL蒸馏水的烧杯中，用叶轮搅拌机以（600±60）r/min转速搅拌5min，使其成为悬浮液，然后持续以（400±40）r/min转速搅拌，直至试验结束。

d. 悬浮液中加入5mL亚甲蓝溶液，以（400±40）r/min转速搅拌至少1min。

e. 将滤纸置于空烧杯或其他合适的支撑物上，以使滤纸表面不与任何固体或液体接触。

f. 用玻璃棒蘸取一滴悬浮液（所取悬浮液滴应使沉淀物直径在8～12mm内），滴于滤纸上。

g. 若沉淀物周围未出现色晕，再加入5mL亚甲蓝溶液，继续搅拌1min，再用玻璃棒蘸取一滴悬浮液，滴于滤纸上。

h. 若沉淀物周围仍未出现色晕。重复步骤g，直至沉淀物周围出现约1mm的稳定浅蓝色色晕。此时，应继续搅拌，不加亚甲蓝溶液，每1min进行一次沾染试验。

i. 若色晕在4min内消失，再加入5mL亚甲蓝溶液；若色晕在第5min消失，再加入2mL亚甲蓝溶液。两种情况下，均应继续进行搅拌和沾染试验，直至色晕可持续5min以上。

j. 记录色晕持续5min时所加入的亚甲蓝溶液总体积，精确至1mL。

（2）亚甲蓝*MB*值（快速法）

① 亚甲蓝粉末含水率测定（同标准法）。

② 亚甲蓝溶液制备（同标准法）。

③ 亚甲蓝 *MB* 值测定。

a. 按本书中“4.1 骨料取样与缩分试验”方法取样，将试样缩分至约 400g，放在干燥箱中于 (105±5)℃下烘干至恒重，待冷却至室温后，筛除大于 2.36mm 的颗粒备用。

b. 称取试样 200g，精确至 0.1g。

c. 将试样倒入盛有 (500±5)mL 蒸馏水的烧杯中，用叶轮搅拌机以 (600±60)r/min 转速搅拌 5min，使其成悬浮液，然后持续以 (400±40)r/min 转速搅拌，直至试验结束。

d. 一次性向烧杯中加入 30mL 亚甲蓝溶液，以 (400±40)r/min 转速持续搅拌 8min。

e. 将滤纸置于空烧杯或其他合适的支撑物上，以使滤纸表面不与任何固体或液体接触。

f. 用玻璃棒蘸取一滴悬浮液，滴于滤纸上，观察沉淀物周围是否出现明显色晕。

g. 若沉淀物周围出现明显色晕，则判定亚甲蓝快速试验为合格，若沉淀物周围未出现明显色晕，则判定亚甲蓝快速试验为不合格。

4.16.5 数据处理

石粉含量

石粉含量按照本书“4.15 砂含泥量及泥块含量试验”方法中“砂含泥量（标准法）”式 (4-28) 计算。

亚甲蓝 *MB* 值

① 亚甲蓝含水率按式(4-30) 计算，精确至 0.1%。

$$\omega=\frac{m_h-m_g}{m_g}\times 100 \tag{4-30}$$

式中 ω——亚甲蓝含水率，%；

m_h——烘干前亚甲蓝粉末质量，g；

m_g——烘干后亚甲蓝粉末质量，g。

注意：每次亚甲蓝染料溶液制备均应进行亚甲蓝含水率测定。

② 亚甲蓝 *MB* 值按式(4-31) 计算，精确至 0.1。

$$MB=\frac{V}{m}\times 10 \tag{4-31}$$

式中 MB——亚甲蓝值，g/kg；表示每千克 0～2.36mm 粒级试样所消耗的亚甲蓝质量；

m——试样质量，g；

V——所加入的亚甲蓝溶液的总量，mL；

10——用于每千克试样消耗的亚甲蓝溶液体积换算成亚甲蓝质量。

4.16.6 思考题

① 若试验过程中一直未出现色晕，可能的因素有哪些？

② 机制砂中的石粉含量对混凝土性能有何影响？

③ 影响机制砂 *MB* 值的因素有哪些？

4.17 砂坚固性试验

4.17.1 试验目的

① 掌握砂坚固性试验基本方法和原理。

② 掌握砂坚固性对混凝土性能的影响。

4.17.2 试验依据

本试验参考标准为《建设用砂》(GB/T 14684—2011)。实验室环境要求室温应控制在：砂压碎指标法 (20±5)℃，硫酸钠溶液法 20～25℃。

砂坚固性指砂在自然风化和其他外界物理化学因素作用下抵抗破裂的能力。用硫酸钠溶液法检验，试样经 5 次循环后其重量损失值应符合表 4-27 的规定。

表 4-27 砂坚固性指标

类别	Ⅰ	Ⅱ	Ⅲ
质量损失/%	≤8		≤10

压碎值主要用于衡量骨料在逐渐增加的荷载下抵抗压碎的能力，是衡量骨料力学性质的指标。机制砂除了要满足表 4-27 中的规定外，压碎指标还应满足表 4-28 的规定。

表 4-28 机制砂压碎指标

类别	Ⅰ	Ⅱ	Ⅲ
单级最大压碎指标/%	≤20	≤25	≤30

4.17.3 试验设备及耗材

10%氯化钡溶液、硫酸钠溶液、压力试验机 (50～1000kN)、受压钢模（由圆筒、底盘和加压块组成，其尺寸如图 4-9 所示）、鼓风干燥箱［温度控制在 (105±5)℃］、电子天平（称量 1000g，感量 0.1g）、三脚网篮（用金属丝制成，网篮直径和高均为 70mm，网的孔径应不大于所盛试样中最小粒径的 1/2）、方孔筛（9.50mm、4.75mm、2.36mm、1.18mm、600μm、300μm、150μm 筛各一只，筛盖和筛底各一只）、容器（瓷缸，容积不小于 10L）、玻璃棒、瓷托盘、砂。

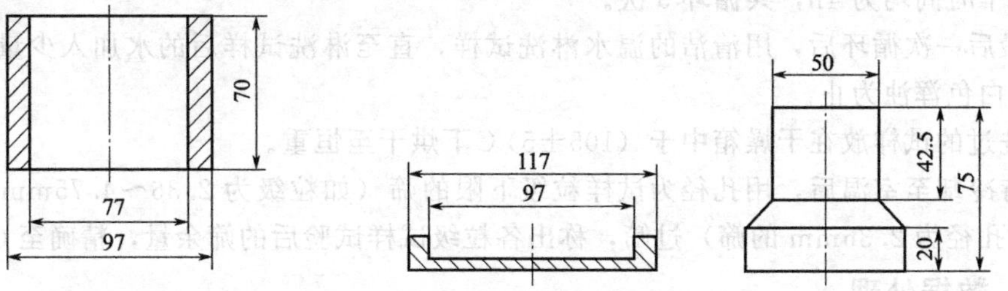

(a) 圆筒 (b) 底盘 (c) 加压块

图 4-9 受压钢模尺寸图（单位：mm）

4.17.4 试验步骤

压碎指标法

① 将试样放在干燥箱中于 (105±5)℃下烘干至恒重，待冷却至室温后，筛除大于 4.75mm 及小于 300μm 的颗粒，然后按本书中“4.12 砂筛分析试验”方法筛分成 0.3～0.6mm、0.6～1.18mm、1.18～2.36mm、2.36～4.75mm 四个粒级，每个粒级 1000g 备用。

② 称取每一个粒级范围内试样各 330g，精确至 1g。

③ 将试样倒入已组装好的受压钢模内（使试样距底盘面的高度约为 50mm 位置垂直倒入)。

④ 将钢模内试样的表面弄平整，将加压块放入圆筒内，并转动一圈使之与试样均匀

接触。

⑤ 将装好试样的受压钢模置于压力机的支承板上，对准压板中心。

⑥ 开动机器，以 500N/s 的速度均匀加荷，加荷至 25kN 稳荷 5s 后，以同样速度卸荷。

⑦ 取下受压模，移去加压块，倒出压过的试样，然后用该粒级的下限筛（如粒级为 2.36～4.75mm 时，则其下限筛指孔径为 2.36mm 的筛）进行筛分，称出试样的筛余量和通过量，均精确至 1g。

硫酸钠溶液法

① 硫酸钠溶液制备。在 1L 水中（水温在 30℃左右）加入无水硫酸钠（Na_2SO_4）350g，或结晶硫酸钠（$Na_2SO_4 \cdot H_2O$）750g，边加入边用玻璃棒搅拌，使其溶解并饱和。然后冷却至 20～25℃，在此温度下静置 48h，即为试验溶液，其密度应为 1.151～1.174g/cm^3。

② 按本书中“4.1 骨料取样与缩分试验”方法取样，将试样缩分至约 2000g。将试样倒入容器中，用水浸泡、淋洗干净后，放在干燥箱中于（105±5)℃下烘干至恒重，冷却至室温。

③ 筛除大于 4.75mm 及小于 300μm 的颗粒，然后按本书中“4.12 砂筛分析试验”方法筛分成 0.3～0.6mm、0.6～1.18mm、1.18～2.36mm、2.36～4.75mm 四个粒级备用。

④ 称取每一个粒级范围内试样各 100g，精确至 0.1g。

⑤ 将不同粒级的试样分别装入网篮，并浸入盛有硫酸钠溶液的容器中（溶液的体积应不小于试样总体积的 5 倍）。网篮浸入溶液时，应上下升降 25 次，以排除试样中的气泡，然后静置于该容器中，网篮底面应距离容器底面约 30mm，网篮之间距离应大于 30mm，液面至少高于试样表面 30mm，溶液温度应保持在 20～25℃。

⑥ 浸泡 20h 后，把装试样的网篮从溶液中取出，放在干燥箱中于（105±5)℃烘干 4h，至此，完成了第一次试验循环。

⑦ 待试样冷却至 20～25℃后，再按步骤⑤和⑥进行第二次循环。从第二次循环开始，浸泡与烘干时间均为 4h，共循环 5 次。

⑧ 最后一次循环后，用清洁的温水淋洗试样，直至淋洗试样后的水加入少量氯化钡溶液不出现白色浑浊为止。

⑨ 洗过的试样放在干燥箱中于（105±5)℃下烘干至恒重。

⑩ 待冷却至室温后，用孔径为试样粒级下限的筛（如粒级为 2.36～4.75mm 时，则其下限筛指孔径为 2.36mm 的筛）过筛，称出各粒级试样试验后的筛余量，精确至 0.1g。

4.17.5 数据处理

压碎指标法

第 i 单级砂样的压碎指标按式(4-32）计算，精确至 1%。

$$Y_i = \frac{m_2}{m_1 + m_2} \times 100 \tag{4-32}$$

式中 Y_i——第 i 单粒级压碎指标值，%；

m_1——试样的筛余量，g；

m_2——试样通过量，g。

注意：第 i 单粒级压碎指标值取三次试验结果的算术平均值，精确至 1%。取最大单粒级压碎指标值作为其压碎指标值。

硫酸钠溶液法

① 各粒级试样质量损失百分率按式(4-33）计算，精确至 0.1%。

$$P_i=\frac{m_1-m_2}{m_1}\times 100 \tag{4-33}$$

式中　P_i——各粒级试样损失百分率，%；

m_1——各粒级试样试验前的质量，g；

m_2——各粒级试样试验后的筛余量，g。

② 试样的总质量损失百分率按式(4-34) 计算，精确至1%。

$$P=\frac{\partial_1 P_1+\partial_2 P_2+\partial_3 P_3+\partial_4 P_4}{\partial_1+\partial_2+\partial_3+\partial_4} \tag{4-34}$$

式中　P——试样的总质量损失率，%；

∂_1、∂_2、∂_3、∂_4——各粒级质量占试样（原试样中筛除了大于 4.75mm 及小于 300μm 的颗粒）总质量的百分率，%；

P_1、P_2、P_3、P_4——各粒级试样质量损失百分率，%。

4.17.6　思考题

① 砂坚固性试验为什么选用硫酸钠溶液，可否更换其他溶液？

② 砂压碎值大小对混凝土有何影响？

③ 影响砂压碎值的因素有哪些？

第5章 砂浆试验

5.1 砂浆稠度试验

5.1.1 试验目的

① 掌握砂浆稠度与砂浆配合比用水量的关系。

② 掌握砂浆稠度测量的方法和基本原理。

5.1.2 试验依据

本试验参考标准为《建筑砂浆基本性能试验方法标准》(JGJ/T 70—2009)。实验室环境要求室温应控制在 (20±5)℃，相对湿度不低于 50%。

在实验室制备砂浆拌合物时，所用材料应提前 24h 运入室内。拌合时实验室的温度应保持在 (20±5)℃，需要模拟施工条件下所用的砂浆时，所用原材料的温度宜与施工现场保持一致，试验所用原材料应与现场使用材料一致，砂应通过 4.75mm 方孔筛。实验室拌制砂浆时，材料用量应以质量计，水泥、外加剂、掺合料等称量精度应为±0.5%；细骨料的称量精度应为±1%。在实验室搅拌砂浆时应采用机械搅拌，搅拌机应符合《试验用砂浆搅拌机》(JG/T 3033—1996) 的规定，搅拌的用量宜为搅拌机容量的 30%～70%，搅拌时间不应少于 120s。掺有掺合料和外加剂的砂浆，其搅拌时间不应少于 180s。

砌筑砂浆施工时的稠度宜按表 5-1 选用。

表 5-1 砌筑砂浆的施工稠度

砌体种类	施工稠度/mm
烧结普通砖砌体、粉煤灰砖砌体	70～90
混凝土砖砌体、普通混凝土小型空心砌块砌体、灰砂砖砌体	50～70
烧结多孔砖砌体、烧结空心砖砌体、轻集料混凝土小型空心砌块砌体、蒸压加气混凝土砌块砌体	60～80
石砌体	30～50

5.1.3 试验设备及耗材

砂浆稠度测定仪 [如图 5-1 所示，由试锥、容器和支座三部分组成。试锥由钢材或铜材制成，试锥高度为 145mm，锥底直径为 75mm，试锥连同滑杆的重量应为 (300±2)g；盛

浆容器由钢板制成，筒高为 180mm，锥底内径为 150mm；支座分底座、支架及刻度显示盘三个部分，由铸铁、钢及其他金属制成]、钢制捣棒（直径 10mm、长 350mm，端部磨圆）、秒表、试验砂浆。

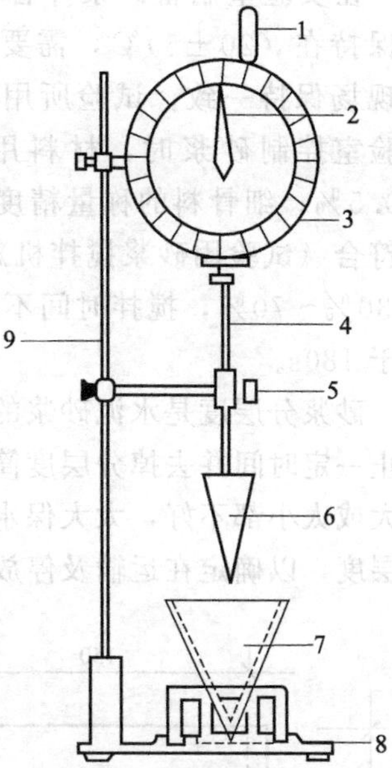

图 5-1 砂浆稠度测定仪

1—齿条测杆；2—指针；3—刻度盘；4—滑杆；5—制动螺钉；6—试锥；7—盛浆容器；8—底座；9—支架

5.1.4 试验步骤

① 用少量润滑油轻擦滑杆，再将滑杆上多余的油用吸油纸擦净，使滑杆能自由滑动。

② 用湿布擦净盛浆容器和试锥表面，再将砂浆拌合物一次性装入容器，使砂浆表面低于容器口约 10mm。

③ 用捣棒自容器中心向边缘均匀地插捣 25 次，然后轻轻地将容器摇动或敲击 5～6 下，使砂浆表面平整，然后将容器置于稠度测定仪的底座上。

④ 拧松制动螺钉，用手轻持滑杆使其向下移动，当试锥尖端与砂浆表面刚接触时，拧紧制动螺钉，使齿条测杆下端刚接触滑杆上端，读出刻度盘或电子显示器上的读数(精确至 1mm)。

⑤ 拧松制动螺钉，同时计时，10s 时立即拧紧螺钉，再次使齿条测杆下端接触滑杆上端，从刻度盘或电子显示器上读出下沉深度（精确至 1mm），两次读数的差值即为砂浆的稠度值。

注意：盛装容器内的砂浆，只允许测定一次稠度，重复测定时，应重新取样进行测定。

5.1.5 数据处理

稠度试验结果应符合下列要求：

① 取两次试验结果的算术平均值，精确至 1mm；

② 如两次试验值之差大于 10mm，应重新取样测定。

5.1.6 思考题

① 简述砂浆稠度的表征方法。

② 砂浆稠度对砂浆的性能有哪些影响？

③ 工程中如何合理选取砂浆稠度？

5.2 砂浆分层度试验

5.2.1 试验目的

① 掌握砂浆分层度测量的目的及意义。

② 掌握砂浆分层度测量的方法和基本原理。

5.2.2 试验依据

本试验参考标准为《建筑砂浆基本性能试验方法》(JGJ/T 70—2009)。实验室环境要求室温应控制在（20±5)℃，相对湿度不低于 50%。

在实验室制备砂浆拌合物时，所用材料应提前24h运入室内。拌合时实验室的温度应保持在（20±5)℃，需要模拟施工条件下所用的砂浆时，所用原材料的温度宜与施工现场保持一致，试验所用原材料应与现场使用材料一致，砂应通过4.75mm方孔筛。实验室拌制砂浆时，材料用量应以质量计，水泥、外加剂、掺合料等称量精度应为±0.5%；细骨料的称量精度应为±1%。在实验室搅拌砂浆时应采用机械搅拌，搅拌机应符合《试验用砂浆搅拌机》（JG/T 3033—1996）的规定，搅拌的用量宜为搅拌机容量的30%～70%，搅拌时间不应少于120s。掺有掺合料和外加剂的砂浆，其搅拌时间不应少于180s。

砂浆分层度是水泥砂浆的稳定性指标，水泥砂浆装入分层度筒前，测定砂浆的稠度，将静止一定时间并去掉分层度筒上面2/3的砂浆，再做一次稠度，两次的稠度差即为分层度，太大或太小都不好，太大保水性不良，太小砂浆容易开裂。本方法适用于测定砂浆拌合物的分层度，以确定在运输及停放过程中砂浆拌合物的稳定性。

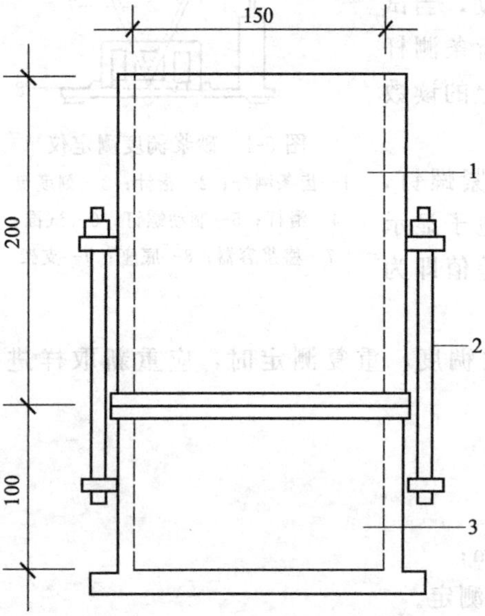

图5-2　砂浆分层度测定仪（单位：mm）
1—无底圆筒；2—连接螺栓；3—有底圆筒

5.2.3　试验设备及耗材

砂浆分层度测定仪（见图5-2，由钢板制成，内径为150mm，上节高度为200mm，下节带底净高为100mm，上、下层连接处需加宽3～5mm，并设有橡胶垫圈）、振动台［振幅（0.5±0.05)mm，频率（50±3）Hz］、稠度仪、拌合锅、抹刀、木锤、试验砂浆。

5.2.4　试验步骤

标准法

① 首先按本书中“5.1砂浆稠度试验”测定砂浆拌合物稠度。

② 将砂浆拌合物一次性装入分层度筒内，待装满后，用木锤在容器周围距离大致相等的四个不同部位分别轻轻敲击1～2下，如砂浆沉落到低于筒口，则应随时添加，然后刮去多余的砂浆并用抹刀抹平。

③ 静置30min后，去掉上节200mm砂浆，剩余的100mm砂浆倒出放在拌合锅内搅拌2min。

④ 再按本书中“5.1砂浆稠度试验”测定砂浆拌合物稠度。前后两次测得的稠度之差即为该砂浆的分层度值（mm）。

快速法

① 按本书中“5.1砂浆稠度试验”测定砂浆拌合物稠度。

② 将分层度筒预先固定在振动台上，砂浆一次性装入分层度筒内，振动20s。

③ 去掉上节200mm砂浆，剩余100mm砂浆倒出放在拌合锅内搅拌2min。

④ 再按本书中“5.1砂浆稠度试验”测定砂浆拌合物稠度。前后两次测得的稠度之差即为该砂浆的分层度值（mm）。

注意：砂浆分层度的测定可采用标准法和快速法，当发生争议时，应以标准法的测定结果为准。

5.2.5 数据处理

分层度试验结果处理要求为：取前后两次测得的稠度之差为该砂浆的分层度值（mm）；取两次试验结果的算术平均值作为该砂浆的分层度值；两次分层度试验值之差如果大于10mm，应重新取样测定。

5.2.6 思考题

① 简述砂浆分层度测定的目的及意义。

② 如何调整砂浆分层度大小？

③ 为何砌筑砂浆的分层度不宜过大或过小？

5.3 砂浆保水性试验

5.3.1 试验目的

① 掌握砂浆保水性测量的目的及意义。

② 掌握砂浆保水性测量的方法和基本原理。

5.3.2 试验依据

本试验参考标准为《建筑砂浆基本性能试验方法》(JGJ/T 70—2009)。实验室环境要求室温应控制在（20±5)℃，相对湿度不低于50%。

在实验室制备砂浆拌合物时，所用材料应提前24h运入室内。拌合时实验室的温度应保持在（20±5)℃，需要模拟施工条件下所用的砂浆时，所用原材料的温度宜与施工现场保持一致，试验所用原材料应与现场使用材料一致，砂应通过4.75mm方孔筛。实验室拌制砂浆时，材料用量应以质量计，水泥、外加剂、掺合料等称量精度应为±0.5%；细骨料的称量精度应为±1%。在实验室搅拌砂浆时应采用机械搅拌，搅拌机应符合《试验用砂浆搅拌机》(JG/T 3033—1996）的规定，搅拌的用量宜为搅拌机容量的30%～70%，搅拌时间不应少于120s。掺有掺合料和外加剂的砂浆，其搅拌时间不应少于180s。

砂浆进行施工的基层一般都具有一定的吸水性，基层吸收砂浆中的水分之后，会使砂浆的施工性变差，严重时会使砂浆中的胶凝材料不能充分水化，导致强度、特别是砂浆硬化体与基层之间的界面强度变低，造成砂浆开裂、脱落。新拌砂浆能够保持水分的能力称为保水性，如果砂浆具有适宜的保水性，既可以有效地改善砂浆的施工性，也可以使砂浆中的水分不易被基层吸走，保证水泥的充分水化。

本方法适用于测定砂浆保水性，以判定砂浆拌合物在运输及停放过程中内部组分的稳定性。砌筑砂浆保水率应符合表5-2的规定。

表5-2 砌筑砂浆的保水率

砂浆种类	水泥砂浆	水泥混合砂浆	预拌砌筑砂浆
保水率/%	≥80	≥84	≥88

5.3.3 试验设备及耗材

金属或硬塑料圆环试模（内径100mm、内部高度25mm)、可密封的取样容器、2kg的重物、金属滤网［网格尺寸45μm，圆形，直径（110±1)mm]、超白滤纸（中速定性滤纸，直径110mm，单位面积质量应为200g/m²)、金属或玻璃的方形或圆形不透水片（2片，边长或直径应大于110mm）、天平（量程200g，感量0.1g；量程2000g，感量1g）、烘箱［温度控制范围（105±5）℃］、砂浆试样、抹刀。

5.3.4 试验步骤

① 称量底部不透水片和干燥试模的总质量 m_1。

② 称量15片中速定性滤纸的总质量 m_2。

③ 将砂浆拌合物一次性装入试模，并用抹刀插捣数次，当装入砂浆略高于试模边缘时，用抹刀以45°角一次性将试模表面多余的砂浆刮去，然后再用抹刀以较平的角度在试模表面反方向将砂浆刮平。

④ 抹掉试模边上的砂浆，称量试模、底部不透水片和砂浆的总质量 m_3。

⑤ 用金属滤网覆盖在砂浆表面，再在滤网表面放15片滤纸，用上部不透水片盖在滤纸表面，以2kg的重物把不透水片压住。

⑥ 静止2min后移走重物及上部不透水片，取出滤纸（不包括滤网），迅速称量滤纸质量 m_4。

5.3.5 数据处理

（1）砂浆保水率

砂浆保水率应按式(5-1)计算：

$$W=\left[1-\frac{m_4-m_2}{\alpha\times(m_3-m_1)}\right]\times 100 \tag{5-1}$$

式中 W——砂浆保水率，%；

m_1——底部不透水片和干燥试模的总质量，g，精确至1g；

m_2——15片滤纸吸水前的总质量，g，精确至0.1g；

m_3——试模、底部不透水片和砂浆的总质量，g，精确至1g；

m_4——15片滤纸吸水后的总质量，g，精确至0.1g；

α——砂浆含水率，%。

取两次试验结果的算术平均值作为砂浆保水率，精确至0.1%，且第二次试验应重新取样。当两个测定值之差超过2%时，则此组试验结果无效。

（2）砂浆含水率

称取（100±10）g砂浆拌合物试样，置于干燥并已称重的盘中，在（105±5）℃的烘箱中烘干至恒重。砂浆含水率应按式(5-2)计算：

$$\alpha=\frac{m_6-m_5}{m_6}\times 100 \tag{5-2}$$

式中 α——砂浆含水率，%；

m_5——烘干后砂浆试样的质量，g，精确至1g；

m_6——烘干前砂浆试样的质量，g，精确至1g。

取两次试验结果的算术平均值作为砂浆的含水率，精确至0.1%。当两个测定值之差超过2%时，则此组试验结果无效。

5.3.6 思考题

① 砂浆保水性测定中有哪些注意事项？

② 怎样衡量砂浆的保水性？

③ 砂浆保水性差应如何进行调整？

5.4 砂浆表观密度试验

5.4.1 试验目的

① 掌握砂浆表观密度测量的目的及意义。

② 掌握砂浆表观密度测量的方法和基本原理。

5.4.2 试验依据

本试验参考标准为《建筑砂浆基本性能试验方法标准》(JGJ/T 70—2009)。实验室环境要求室温应控制在 (20±5)℃，相对湿度不低于50%。

在实验室制备砂浆拌合物时，所用材料应提前24h运入室内。拌合时实验室的温度应保持在 (20±5)℃，需要模拟施工条件下所用的砂浆时，所用原材料的温度宜与施工现场保持一致，试验所用原材料应与现场使用材料一致，砂应通过4.75mm方孔筛。实验室拌制砂浆时，材料用量应以质量计，水泥、外加剂、掺合料等称量精度应为±0.5%；细骨料的称量精度应为±1%。在实验室搅拌砂浆时应采用机械搅拌，搅拌机应符合《试验用砂浆搅拌机》(JG/T 3033—1996) 的规定，搅拌的用量宜为搅拌机容量的30%～70%，搅拌时间不应少于120s。掺有掺合料和外加剂的砂浆，其搅拌时间不应少于180s。

本方法适用于测定砂浆拌合物捣实后的单位体积质量（即质量密度），以确定每立方米砂浆拌合物中各组成材料的实际用量。砌筑砂浆拌合物的表观密度应符合表5-3的规定。

表 5-3 砌筑砂浆拌合物的表观密度

砂浆种类	水泥砂浆	水泥混合砂浆	预拌砂浆
表观密度/(kg/m^3)	⩾1900	⩾1800	⩾1800

5.4.3 试验设备及耗材

容量筒（金属制成，内径108mm，净高109mm，筒壁厚2～5mm，容积为1L）、电子天平（称量5kg，感量5g）、钢制捣棒（直径10mm，长350mm，端部磨圆）、砂浆密度测定仪（见图5-3）、振动台［振幅 (0.5±0.05)mm，频率 (50±3)Hz］、秒表、砂浆试样。

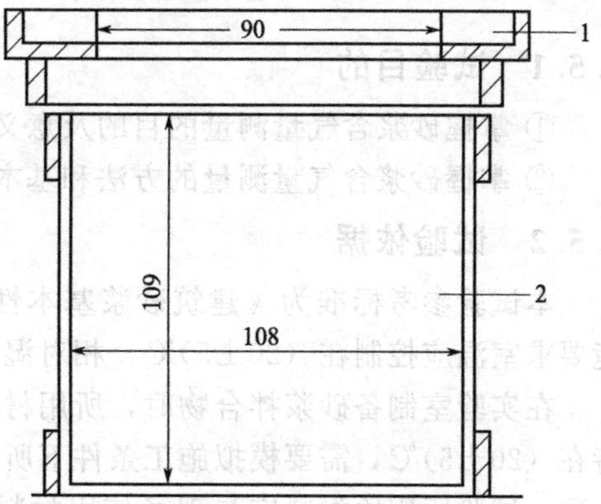

图 5-3 砂浆密度测定仪（单位：mm）

1—漏斗；2—容量筒

5.4.4 试验步骤

① 按本书中“5.1砂浆稠度试验”规定测定砂浆拌合物的稠度。

② 用湿布擦净容量筒的内表面，称量容量筒质量 m_1，精确至5g。

③ 捣实可采用人工或机械方法。当砂浆稠度大于50mm时，宜采用人工插捣法；当砂浆稠度不大于50mm时，宜采用机械振动法。

a. 采用人工插捣时，将砂浆拌合物一次性装满容量筒，使稍有富余，用捣棒由边缘向中心均匀地插捣25次，插捣过程中如砂浆沉落到低于筒口，则应随时添加砂浆，再用木锤沿容器外壁敲击5～6下。

b. 采用振动法时，将砂浆拌合物一次性装满容量筒连同漏斗在振动台上振 10s，振动过程中如砂浆沉入到低于筒口，应随时添加砂浆。

④ 捣实或振动后，将筒口多余的砂浆拌合物刮去，使砂浆表面平整，然后将容量筒外壁擦净，称出砂浆与容量筒总质量 m_2，精确至 5g。

5.4.5 数据处理

砂浆拌合物的表观密度应按式(5-3) 计算：

$$\rho=\frac{m_2-m_1}{V}\times 1000 \tag{5-3}$$

式中 ρ——砂浆拌合物的表观密度，kg/m^3；

m_1——容量筒质量，kg，精确至 0.005kg；

m_2——容量筒及试样质量，kg，精确至 0.005kg；

V——容量筒容积，L。

取两次试验结果的算术平均值作为测量值，精确至 $10kg/m^3$。

容量筒容积的校正方法如下：

① 可采用一块能覆盖住容量筒顶面的玻璃板，先称出玻璃板和容量筒的总质量 m_3。

② 向容量筒中灌入温度为（20±5)℃的饮用水，灌到接近上口时，一边不断加水，一边把玻璃板沿筒口徐徐推入盖严。应注意使玻璃板下不带入任何气泡。

③ 擦净玻璃板面及筒壁外的水分，称量容量筒、水和玻璃板的总质量 m_4，精确至 5g。两次称量质量之差（$\Delta m=m_4-m_3$，以 kg 计算）即为容量筒的容积（L）。

5.4.6 思考题

① 砂浆表观密度测定过程中有哪些注意事项？

② 影响砂浆表观密度的因素有哪些？

③ 如何对容量筒容积进行容积校正？

5.5 砂浆含气量试验

5.5.1 试验目的

① 掌握砂浆含气量测量的目的及意义。

② 掌握砂浆含气量测量的方法和基本原理。

5.5.2 试验依据

本试验参考标准为《建筑砂浆基本性能试验方法标准》(JGJ/T 70—2009)。实验室环境要求室温应控制在（20±5)℃，相对湿度不低于 50%。

在实验室制备砂浆拌合物时，所用材料应提前 24h 运入室内。拌合时实验室的温度应保持在（20±5)℃，需要模拟施工条件下所用的砂浆时，所用原材料的温度宜与施工现场保持一致，试验所用原材料应与现场使用材料一致，砂应通过 4.75mm 方孔筛。实验室拌制砂浆时，材料用量应以质量计，水泥、外加剂、掺合料等称量精度应为±0.5%；细骨料的称量精度应为±1%。在实验室搅拌砂浆时应采用机械搅拌，搅拌机应符合《试验用砂浆搅拌机》(JG/T 3033—1996）的规定，搅拌的用量宜为搅拌机容量的 30%～70%，搅拌时间不应少于 120s。掺有掺合料和外加剂的砂浆，其搅拌时间不应少于 180s。

砂浆含气量的测定可分为仪器法和密度法两种，当发生争议时，应以仪器法测定结果为准。

5.5.3 试验设备及耗材

砂浆含气量测定仪（图 5-4）、天平（最大称量 15kg，感量 1g）、注水器（或洗耳球）、量筒、毛巾、木棰、捣棒、抹刀、砂浆试样。

5.5.4 试验步骤

砂浆含气量（仪器法）

① 将量钵水平放置，将搅拌好的砂浆分三次均匀地装入量钵内。每层由内向外插捣 25 次，并用木锤在周围敲几下。插捣上层时捣棒应插入下层 10～20mm。

② 捣实后刮去多余砂浆，用抹刀抹平表面，使表面平整无气泡。

③ 盖上测定仪量钵上盖部分，卡紧卡扣，不得漏气。

④ 打开两侧阀门，并松开上部微调阀，用注水器通过注水阀门注水，直至水从排水阀流出，立即关紧两侧阀门。

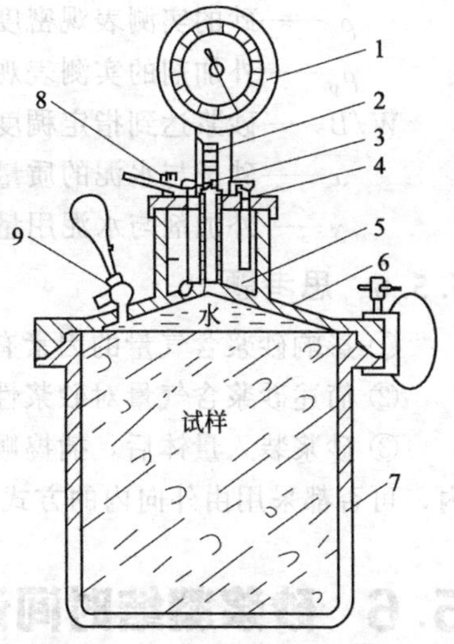

图 5-4　砂浆含气量测定仪

1—压力表；2—出气阀；3—阀门杆；4—打气筒；5—气室；6—钵盖；7—量钵；8—微调阀；9—小龙头

⑤ 关紧所有阀门，用气筒打气加压，再用微调阀调整指针为零。

⑥ 按下按钮，待刻度盘读数稳定后读数。

⑦ 开启通气阀，压力仪示值回零。

⑧ 重复步骤⑤～⑦，对容器内试样再测一次压力值。

砂浆含气量（密度法）

本方法是根据一定组成的砂浆理论密度与实际密度的差值确定砂浆中的含气量。理论密度通过砂浆中各组成材料的密度与配比计算得到，实际密度按本书中“5.4 砂浆表观密度试验”测定。

5.5.5 数据处理

砂浆含气量（仪器法）

当二次测量值的绝对误差不大于 0.2%时，应取两次试验结果的算术平均值作为砂浆的含气量；当两次测量的绝对误差大于 0.2%，试验结果无效。所测含气量数值小于 5%时，测试结果精确到 0.1%；所测含气量数值大于或等于 5%时，测试结果精确到 0.5%。

砂浆含气量（密度法）

砂浆含气量应按式(5-4) 计算：

$$A_c=\left(1-\frac{\rho}{\rho_t}\right)\times100 \tag{5-4}$$

$$\rho_t=\frac{1+x+y+W/B}{\frac{1}{\rho_c}+\frac{1}{\rho_s}+\frac{1}{\rho_p}+W/B}\times100 \tag{5-5}$$

式中　A_c——砂浆含气量的体积百分数，%，精确至 0.1%；

ρ——砂浆拌合物实测表观密度，kg/m^3；

ρ_t——砂浆理论表观密度，kg/m^3，精确至 $10kg/m^3$；

ρ_c——水泥实测表观密度，g/cm^3；

ρ_s——砂的实测表观密度，g/cm³；

ρ_p——外加剂的实测表观密度，g/cm³；

W/B——砂浆达到指定稠度时的水胶比；

x——砂子与水泥的质量比；

y——外加剂与水泥用量之比，当 y 小于1%时，可忽略不计。

5.5.6 思考题

① 影响砂浆含气量的因素有哪些？

② 简述砂浆含气量对砂浆性能的影响。

③ 砂浆装入量钵后，插捣顺序由内向外，为何混凝土含气量测定时，插捣顺序由外向内，可否都采用由外向内的方式插捣？

5.6 砂浆凝结时间试验

5.6.1 试验目的

① 掌握砂浆凝结时间测量的目的及意义。

② 掌握砂浆凝结时间测量的方法和基本原理。

5.6.2 试验依据

本试验参考标准为《建筑砂浆基本性能试验方法标准》(JGJ/T 70—2009)。实验室环境要求室温应控制在 (20±2)℃，相对湿度不低于 50%。

在实验室制备砂浆拌合物时，所用材料应提前 24h 运入室内。拌合时实验室的温度应保持在 (20±5)℃，需要模拟施工条件下所用的砂浆时，所用原材料的温度宜与施工现场保持一致，试验所用原材料应与现场使用材料一致，砂应通过 4.75mm 方孔筛。实验室拌制砂浆时，材料用量应以质量计，水泥、外加剂、掺合料等称量精度应为±0.5%；细骨料的称量精度应为±1%。在实验室搅拌砂浆时应采用机械搅拌，搅拌机应符合《试验用砂浆搅拌机》(JG/T 3033—1996) 的规定，搅拌的用量宜为搅拌机容量的 30%～70%，搅拌时间不应少于 120s。掺有掺合料和外加剂的砂浆，其搅拌时间不应少于 180s。

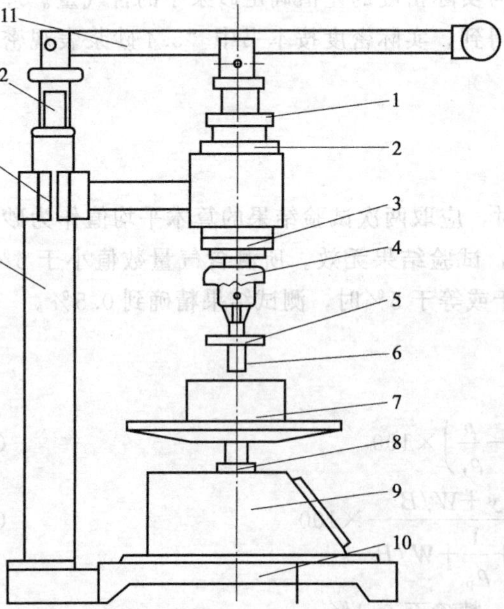

图 5-5　砂浆凝结时间测定仪

1,2,3,8—调节螺母；4—夹头；5—垫片；6—试针；7—盛浆容器；9—压力表座；10—底座；11—操作杆；12—调节杆；13—立架；14—立柱

本方法适用于用贯入阻力法确定砂浆拌合物的凝结时间。

5.6.3 试验设备及耗材

砂浆凝结时间测定仪（如图 5-5 所示，由试针、容器、压力表和支座四部分组成。试针由不锈钢制成，截面积为 30mm²；盛砂浆容器由钢制成，内径 140mm，高

75mm；压力表称量精度为0.5N；支座分底座、支架及操作杆三部分，由铸铁或钢制成）、计时器、橡皮锤、砂浆试样。

5.6.4 试验步骤

① 将制备好的砂浆拌合物装入砂浆容器内，并低于容器上口10mm。

② 用橡皮锤轻轻敲击容器壁，并予以抹平，盖上盖子，放在（20±2）℃的试验条件下保存。

③ 砂浆表面的泌水不得清除，将容器放到压力表座上，然后通过以下步骤来调节测定仪。

a. 调节螺母3，使贯入试针与砂浆表面接触。

b. 松开调节螺母2，再调节螺母1，以确定压入砂浆内部的深度为25mm后再拧紧螺母2。

c. 旋动调节螺母8，使压力表指针调到零位。

④ 测定贯入阻力值，用截面为30mm² 的贯入试针与砂浆表面接触。

⑤ 在10s内缓慢而均匀地垂直压入砂浆内部25mm深，每次贯入时记录仪表读数 N_p，注意应使贯入杆离开容器边缘或与已贯入部位至少12mm。

⑥ 在（20±2）℃的试验条件下，实际贯入阻力值，在成型后2h开始测定，以后每隔30min测定一次，当贯入阻力值达到0.3MPa后，改为每15min测定一次，直至贯入阻力值达到0.7MPa为止。

注意：施工现场凝结时间的测定，其砂浆稠度、养护和测定的温度应与现场相同。在测定湿拌砂浆的凝结时间时，时间间隔可根据实际情况来定。可定为受检砂浆预测凝结时间的1/4、1/2、3/4等来测定，当接近凝结时间时改为每15min测定一次。

5.6.5 数据处理

① 砂浆贯入阻力值应按式(5-6) 计算。

$$f_p = \frac{N_p}{A_p} \tag{5-6}$$

式中 f_p——贯入阻力值，MPa，精确至0.01MPa；

N_p——贯入深度至25mm时的静压力，N；

A_p——贯入试针的截面积，mm^2。

② 从加水搅拌开始计时，分别记录时间和相应的贯入阻力值，根据试验所得各阶段的贯入阻力与时间的关系绘图，由图求出贯入阻力值达到0.5MPa的所需时间 t_s（min），此时的 t_s 值即为砂浆的凝结时间测定值。

注意：

① 砂浆凝结时间测定，应在同盘内取两个试样，以两个试验结果的算术平均值作为该砂浆的凝结时间值，两次试验结果的误差应不大于30min，否则应重新测定。

② 凝结时间的确定可以采用图示法或内插法，有争议时应以图示法为准。

5.6.6 思考题

① 影响砂浆凝结时间的因素有哪些？

② 砂浆凝结时间是否也分为初凝时间和终凝时间，应如何确定？

③ 砂浆凝结时间过长或过短有何影响，如何调整砂浆的凝结时间？

5.7 砂浆拉伸粘结强度试验

5.7.1 试验目的

① 掌握砂浆拉伸粘结强度测量的目的及意义。

② 掌握砂浆拉伸粘结强度测量的方法和基本原理。

5.7.2 试验依据

本试验参考标准为《建筑砂浆基本性能试验方法标准》(JGJ/T 70—2009)。实验室环境要求室温应控制在(20±5)℃，相对湿度(60±15)%。湿气养护箱温度为(20±2)℃，相对湿度(70±10)%。

本方法用于测定建筑砂浆的拉伸粘结强度，测定时每组砂浆试样应制备10个试件。

5.7.3 试验设备及耗材

砂浆搅拌机、拉力试验机(破坏荷载应在其量程的20%～80%范围内，精度1%，最小示值应为1N)、拉伸专用夹具(见图5-6和图5-7)、成型框(外框尺寸应为70mm×70mm，内框尺寸应为40mm×40mm，厚度应为6mm，材料为硬聚氯乙烯或金属)、钢制垫板(外框尺寸应为70mm×70mm，内框尺寸应为43mm×43mm，厚度应为3mm)、抹灰刀、水泥、中砂、自来水。

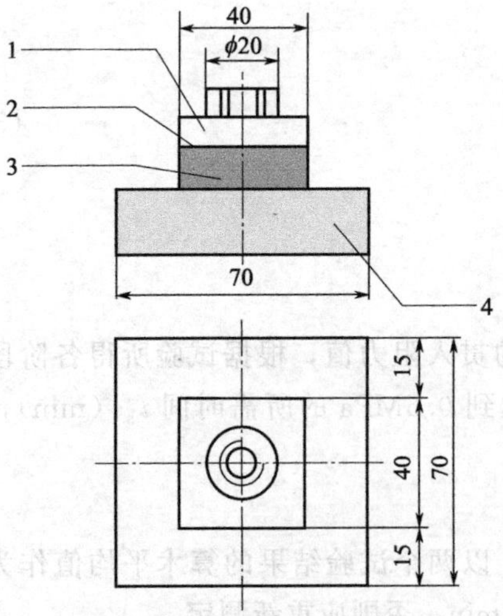

图5-6 拉伸粘结强度用钢制上夹具(单位：mm)

1—拉伸用钢制上夹具；2—胶黏剂；
3—检验砂浆；4—水泥砂浆块

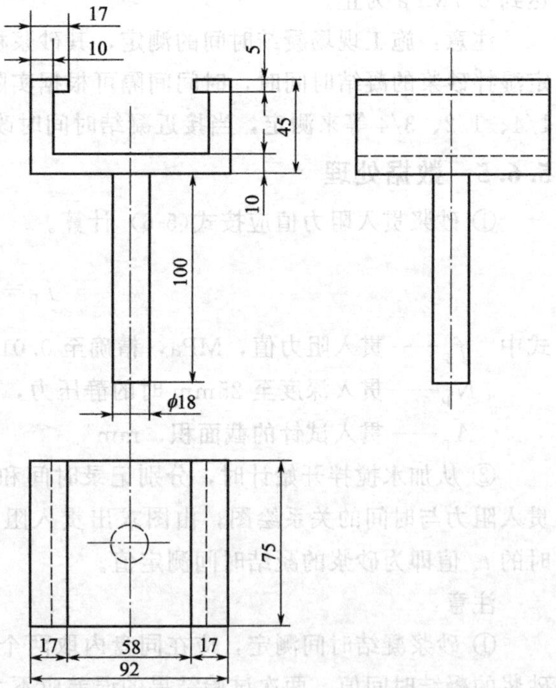

图5-7 拉伸粘结强度用钢制下夹具(单位：mm)

5.7.4 试验步骤

(1) 基底水泥砂浆块的制备

① 在试模内壁涂刷一薄层水性隔离剂，待干后备用。

② 配合比按质量计，水泥：砂：水=1：3：0.5。

③ 按上述配合比制成的水泥砂浆倒入 70mm×70mm×20mm 的硬聚氯乙烯或金属模具中，振动成型或用抹灰刀均匀插捣 15 次，人工颠实 5 次，转 90°，再颠实 5 次，然后用抹灰刀以 45°方向抹平砂浆表面。

④ 待成型 24h 后脱模，并放入 (20±5)℃水中养护 6d，再在试验条件下放置 21d 以上。

⑤ 试验前用 200 号砂纸或磨石将水泥砂浆试件的成型面磨平备用。

(2) 砂浆料浆的制备

① 待检样品应在试验条件下放置 24h 以上。

② 按设计要求的配合比进行物料的称量，干物料总量不少于 10kg。

③ 将称好的物料放入砂浆搅拌机中，启动机器，徐徐加入规定量的水，搅拌 3～5min。搅拌好的料应在 2h 内用完。

(3) 拉伸粘结强度试件的制备

① 将制备好的基底水泥砂浆块在水中浸泡 24h，并提前 5～10min 取出，用湿布擦拭其表面。

② 将成型框放在基底水泥砂浆块的成型面上，再将制备好的砂浆料浆或直接从现场取来的砂浆试样倒入成型框中，用抹灰刀均匀插捣 15 次，人工颠实 5 次，转 90°，再颠实 5 次，然后用抹灰刀以 45°方向抹平砂浆表面，24h 内脱模，在温度 (20±2)℃、相对湿度 60%～80%的环境中养护至规定龄期。

(4) 拉伸粘结强度试验

① 将试件在标准试验条件下养护 13d，再在试件表面及上夹具表面涂上环氧树脂等高强度黏合剂，然后将上夹具对正位置放在黏合剂上，并确保上夹具不歪斜，继续养护 24h。

② 测定拉伸粘结强度时，应先将钢制垫板套入基底砂浆块上，再将拉伸粘结强度夹具安装到试验机上，然后将试件置于拉伸夹具中，夹具与试验机的连接宜采用球铰活动连接，以 (5±1)mm/min 速度加荷至试件破坏。

③ 试验时破坏面应在检验砂浆内部，则认为该值有效并记录试件破坏时的荷载值。若破坏形式为拉伸夹具与黏合剂破坏，则试验结果无效。

5.7.5 数据处理

① 拉伸粘结强度应按式(5-7) 计算：

$$f_{at}=\frac{F}{A_Z} \tag{5-7}$$

式中 f_{at}——砂浆的拉伸粘结强度，MPa；

F——试件破坏时的荷载，N；

A_Z——粘结面积，mm^2。

② 拉伸粘结强度试验结果应满足下列要求：

a. 应以 10 个试件测量值的算术平均值作为拉伸粘结强度的试验结果。

b. 当单个试件的强度值与平均值之差超过 20%时，应逐次舍弃偏差最大的试验值，直至各试验值与平均值之差不超过 20%。

c. 当 10 个试件中有效数据不少于 6 个时，取有效数据的平均值为试验结果，结果精确至 0.01MPa。

d. 当 10 个试件中有效数据不足 6 个时，此组试验结果无效，应重新制备试件进行试验。

e. 对于有特殊条件要求的拉伸粘结强度，应按照特殊要求条件处理后，再进行试验。

5.7.6 思考题

① 简述砂浆拉伸试验机结构特点和工作原理。

② 测定砂浆拉伸粘结强度有何意义？

③ 影响砂浆粘结强度的因素有哪些？

5.8 砂浆干燥收缩性能试验

5.8.1 试验目的

① 掌握砂浆干燥收缩试验测量的目的及意义。

② 掌握砂浆干燥收缩测量的方法和基本原理。

5.8.2 试验依据

本试验参考标准为《建筑砂浆基本性能试验方法标准》(JGJ/T 70—2009)。实验室环境要求室温应控制在 (20±5)℃。试体养护箱温度为 (20±2)℃，相对湿度不低于 90%。试体干燥收缩测试室温度为 (20±2)℃，相对湿度为 (60±5)%。

本方法适用于测定建筑砂浆的自然干燥收缩值。需要指出的是，《建筑砂浆基本性能试验方法标准》(JGJ/T 70—2009) 中规定，建筑砂浆干燥收缩试验试件尺寸为 40mm×40mm×160mm 的棱柱体，其配合比应根据建筑砂浆性能而定，主要用于建筑砂浆性能检测；而《水泥胶砂干缩试验方法》(JC/T 603—2004) 中规定，水泥胶砂干缩试验试件尺寸为 25mm×25mm×280mm 的棱柱体，其水泥与标准砂质量比为 1∶2，用水量按胶砂流动度达到 130～140mm 来确定，主要用于水泥性能检测。虽然试验方法和设备不同，但是其原理相同，本试验仅以《建筑砂浆基本性能试验方法标准》(JGJ/T 70—2009) 为例进行讲解。

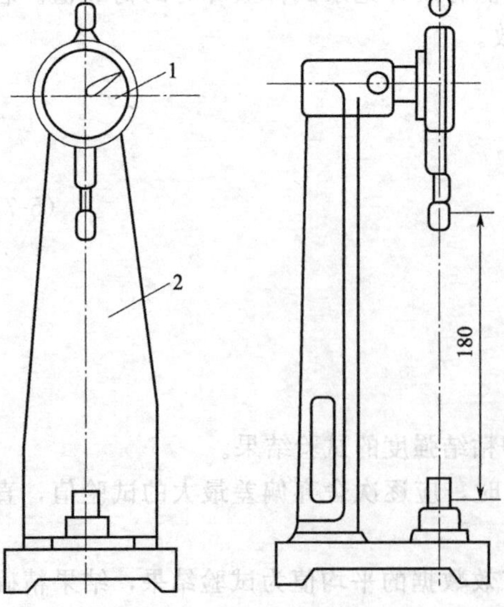

图 5-8 收缩仪（单位：mm）

1—千分表；2—支架

5.8.3 试验设备及耗材

胶砂振实台、拨料器、立式砂浆收缩仪［如图 5-8 所示，由标准杆、收缩头及试模组成。标准杆长度为 (176±1)mm，测量精度为 0.01mm；收缩头应由黄铜或不锈钢加工而成；试模尺寸为 40mm×40mm×160mm 棱柱体，且在试模的两个端面中心，应各开一个 ϕ6.5mm 的孔洞］、砂浆试样。

5.8.4 试验步骤

① 将收缩头固定在试模两端面的孔洞中，使收缩头露出试件端面 (8±1)mm。

② 将达到所需稠度的砂浆装入试模中，再用胶砂振实台振动密实。置于 (20±5)℃的室内，4h 之后将砂浆表面抹平。

③ 将砂浆带模放入标准养护条件下［温度为

(20±2)℃，相对湿度为90%以上］养护7d后拆模，并编号、标明测试方向。

④ 将试件移入温度（20±2)℃，相对湿度（60±5)%的测试室中预置4h。

⑤ 用标准杆调整收缩仪的百分表的原点，然后按标明的测试方向立即测定试件的初始长度。

⑥ 测定砂浆试件初始长度后，再次将砂浆试件置于温度（20±2)℃，相对湿度为（60±5)%的室内。

⑦ 到第7d、14d、21d、28d、56d、90d时，分别测定试件的长度，即为自然干燥后长度。

5.8.5 数据处理

① 砂浆自然干燥收缩值应按式(5-8）计算：

$$\varepsilon_{at}=\frac{L_0-L_t}{L-L_d} \tag{5-8}$$

式中 ε_{at}——相应为t天（7d、14d、21d、28d、56d、90d）时的砂浆试件自然干燥收缩值，%；

L_0——试件成型后7d的长度，即初始长度，mm；

L——试件的长度，160mm；

L_d——两个收缩头埋入砂浆中长度之和，即（20±2)mm；

L_t——相应为t天（7d、14d、21d、28d、56d、90d）时试件的实测长度。

② 每块试件的干燥收缩值取二位有效数字，精确到10×10^{-6}。应取三个试件测量值的算术平均值作为收缩值，当有一个测量值与平均值偏差大于20%时，应剔除；当有两个测量值超过平均值偏差的20%时，该组试件结果无效。

5.8.6 思考题

① 砂浆的收缩会带来哪些不利影响？

② 影响砂浆收缩性能的因素有哪些？

③ 如何减少水泥砂浆的收缩？

5.9 砂浆立方体抗压强度试验

5.9.1 试验目的

① 掌握砂浆抗压强度测量的目的及意义。

② 掌握砂浆抗压强度测量的方法和基本原理。

5.9.2 试验依据

本试验参考标准为《建筑砂浆基本性能试验方法标准》(JGJ/T 70—2009)。实验室环境要求室温应控制在（20±5)℃。湿气养护箱温度为（20±2)℃，相对湿度不低于90%。

5.9.3 试验设备及耗材

试模（尺寸为70.7mm×70.7mm×70.7mm的带底试模）、钢制捣棒（直径为10mm，长为350mm，端部磨圆）、压力试验机（精度为1%，试件破坏荷载应不小于压力机全量程的20%，且应不大于全量程的80%）、垫板（试验机上、下压板及试件之间可垫以钢垫板，垫板的尺寸应大于试件的承压面，其不平度应为每100mm不超过0.02mm)、振动台［空载中台面的垂直振幅应为（0.5±0.05)mm，空载频率应为（50±3)Hz，空载台面振幅均匀度应不大于10%，一次试验至少能固定三个试模］、抹灰刀、砂浆试样。

5.9.4 试验步骤

（1）立方体抗压试件的制作及养护

① 采用尺寸为70.7mm×70.7mm×70.7mm的立方体试件，每组试件3个。

② 用黄油等密封材料涂抹试模的外接缝，试模内均匀地涂刷薄薄的一层机油或脱模剂。

③ 将拌制好的砂浆一次性装满砂浆试模，成型方法根据稠度而定。当稠度≥50mm时采用人工插捣成型，当稠度<50mm时采用振动台振实成型。

a. 人工插捣：用捣棒均匀地由边缘向中心按螺旋方式插捣25次，插捣过程中如砂浆沉落低于试模口，应随时添加砂浆，可用抹灰刀插捣数次，并用手将试模一边抬高5～10mm各振动5次，使砂浆高出试模顶面6～8mm。

b. 机械振动：将砂浆一次性装满试模，放置到振动台上，振动时试模不得跳动，振动5～10s或持续到表面出浆为止，不得过振。

④ 待表面水分稍干后，将高出试模部分的砂浆沿试模顶面刮去并抹平。

⑤ 试件制作后应在室温为（20±5)℃的环境下静置（24±2)h，当气温较低时，可适当延长时间，但不应超过2d，然后对试件进行编号、拆模。

⑥ 试件拆模后应立即放入温度为（20±2)℃，相对湿度为90%以上的标准养护室中养护。养护期间，试件彼此间隔应不小于10mm，混合砂浆试件上面应覆盖，防止有水滴在试件上。

注意：从搅拌加水开始计时，标准养护龄期应为28d，也可根据相关标准要求增加7d或14d的强度测试。

（2）砂浆立方体试件抗压强度试验

① 试件从养护地点取出后应及时进行试验。试验前将试件表面水分擦拭干净，测量试件尺寸，并检查其外观。并据此计算试件的承压面积，如实测尺寸与公称尺寸之差不超过1mm，可按公称尺寸进行计算。

② 将试件安放在试验机的下压板（或下垫板）上，试件的承压面应与成型时的顶面垂直，试件中心应与试验机下压板（或下垫板）中心对准。

③ 开动试验机，当上压板与试件（或上垫板）接近时，调整球座，使接触面均衡受压。承压试验应连续而均匀地加荷，加荷速度应为0.25～1.5kN/s（砂浆强度不大于2.5MPa时，宜取下限；砂浆强度大于2.5MPa时，宜取上限)。

④ 当试件接近破坏而开始迅速变形时，应停止调整试验机油门，直至试件破坏，然后记录破坏荷载。

5.9.5 数据处理

砂浆立方体抗压强度应按式(5-9）计算：

$$f_{m,cu}=K\frac{N_u}{A} \tag{5-9}$$

式中 $f_{m,cu}$——砂浆立方体试件抗压强度，MPa，精确至0.1MPa；

N_u——试件破坏荷载，N；

A——试件承压面积，mm^2；

K——换算系数，取 1.35。

以三个试件测量值的算术平均值作为该组试件的砂浆立方体试件抗压强度平均值，精确至 0.1MPa。当三个测量值中有一个与中间值的差值超过中间值的 15%时，取中间值作为该组试件的抗压强度值；如有两个测量值与中间值的差值均超过中间值的 15%时，则该组试件的试验结果无效。

5.9.6 思考题

① 影响砂浆试块抗压强度的因素有哪些？

② 建筑砂浆有哪些应用范围？

③ 砂浆成型方法与其稠度有何关系？

5.10 砂浆吸水率试验

5.10.1 试验目的

① 掌握砂浆吸水率与砂浆结构中孔隙大小的关系。

② 掌握砂浆吸水率测量的方法和基本原理。

5.10.2 试验依据

本试验参考标准为《建筑砂浆基本性能试验方法标准》(JGJ/T 70—2009)。实验室环境要求室温应控制在 (20±5)℃。

5.10.3 试验设备及耗材

电子天平（称量 1kg，感量 1g）、烘箱（0～150℃，精度±2℃）、恒温养护水槽［水温 (20±2)℃］、钢筋（两根，直径为 10mm）、砂浆试样。

5.10.4 试验步骤

① 按本书中“5.9 砂浆立方体抗压强度试验”规定成型及养护试件，第 28d 取出试件，在 (105±5)℃温度下烘干 (48±0.5)h，称其质量 m_0。

② 将试件成型面朝下放入水槽，下面用两根 ϕ10mm 的钢筋垫起。试件应完全浸入水中，且上表面距离水面的高度应不小于 20mm。

③ 浸水 (48±0.5)h 后取出，用拧干的湿布擦去砂浆试件表面水分，称其质量 m_1。

5.10.5 数据处理

砂浆吸水率应按式(5-10) 计算：

$$W_x = \frac{m_1 - m_0}{m_0} \times 100 \qquad (5\text{-}10)$$

式中 W_x——砂浆吸水率，%；

m_0——干燥试件的质量，g；

m_1——吸水后试件的质量，g。

应取三块试件测试值的算数平均值作为砂浆的吸水率，并应精确至 1%。

5.10.6 思考题

① 砂浆吸水率过大会对砂浆造成什么影响？

② 憎水剂对砂浆吸水率有何影响？

③ 砂浆吸水率与砂浆结构中孔隙大小有何关系？

5.11 砂浆抗渗性能试验

5.11.1 试验目的

① 掌握砂浆抗渗性测量的目的及意义。

② 掌握砂浆抗渗性测量的方法和基本原理。

5.11.2 试验依据

本试验参考标准为《建筑砂浆基本性能试验方法标准》(JGJ/T 70—2009)。实验室环境要求室温应控制在 (20±5)℃。湿气养护箱温度为 (20±2)℃，相对湿度不低于 90%。

5.11.3 试验设备及耗材

金属试模（应采用截头圆锥形带底金属试模，上口直径应为 70mm，下口直径应为 80mm，高度应为 30mm)、砂浆渗透仪、石蜡、电炉、不锈钢托盘、抹刀、毛刷、砂浆试样。

5.11.4 试验步骤

① 将拌合好的砂浆一次性装入试模中，并用抹刀均匀插捣 15 次，再颠实 5 次，当填充砂浆略高于试模边缘时，应用抹刀以 45°角一次性将试模表面多余的砂浆刮去，然后再用抹刀以较平的角度在试模表面反方向将砂浆刮平。每次应成型 6 个试件。

② 试件成型后，应在室温 (20±5)℃的环境下，静置 (24±2)h 后再脱模。试件脱模后，应放入温度 (20±2)℃，湿度 90%以上的养护室养护至规定龄期。

③ 试件取出待表面干燥后，应采用石蜡等密封材料密封试件周围（注意石蜡不能密封试件上下底面)，并装入砂浆渗透仪中进行透水试验。

④ 抗渗试验时，应从 0.2MPa 开始加压，恒压 2h 后增至 0.3MPa，以后每隔 1h 增加 0.1MPa。当某一试件表面出现渗水现象时，关闭该试件对应的旋转阀门，当 6 个试件中有 3 个试件表面出现渗水现象时，应停止试验，记下渗水时的水压。在试验过程中，如发现水从试件周边渗出，则应停止试验，重新密封后再继续试验。

5.11.5 数据处理

砂浆抗渗压力值应以每组 6 个试件中 4 个试件未出现渗水时的最大压力计算，并应按式 (5-11) 计算：

$$P = H - 0.1 \tag{5-11}$$

式中 P——砂浆抗渗压力值，MPa，精确到 0.1MPa；

H——6 个试件中 3 个试件出现渗水时的水压力，MPa。

5.11.6 思考题

① 何为砂浆的抗渗性能？

② 影响砂浆抗渗性能的因素有哪些？

③ 砂浆抗渗性差会带来哪些不利影响？

5.12 砂浆抗冻性能试验

5.12.1 试验目的

① 掌握砂浆抗冻性测量的目的及意义。

② 掌握砂浆抗冻性测量的方法和基本原理。

5.12.2 试验依据

本试验参考标准为《建筑砂浆基本性能试验方法标准》(JGJ/T 70—2009)。实验室环境要求室温应控制在(20±5)℃。湿气养护箱温度为(20±2)℃，相对湿度不低于90%。

本方法可用于检测强度等级大于M2.5的砂浆的抗冻性能，砂浆抗冻试件的制作及养护应按下列要求进行：

① 砂浆抗冻试件应采用70.7mm×70.7mm×70.7mm的立方体试件，并制备两组、每组3块，分别作为抗冻组和对比组试件。

② 砂浆试件的制作与养护方法应符合本书中“5.9 砂浆立方体抗压强度试验”的有关规定要求。

有抗冻性要求的砌体工程，砌筑砂浆应进行冻融试验。砌筑砂浆的抗冻性应符合表5-4的规定，且当设计对抗冻性有明确要求时，尚应符合设计规定。

表 5-4 砌筑砂浆的抗冻性

使用条件	抗冻指标	质量损失率/%	强度损失率/%
夏热冬暖地区	F15	≤5	≤25
夏热冬冷地区	F25		
寒冷地区	F35		
严寒地区	F50		

5.12.3 试验设备及耗材

冷冻箱[装入试件后能使箱(室)内的温度保持在−20～−15℃]、篮筐(应采用钢筋焊成，其尺寸应与所装试件的尺寸相适应)、电子天平(称量2kg，感量1g)、融解水槽(装入试件后，水温应能保持在15～20℃)、压力试验机(精度1%，量程能使试件的预期破坏荷载值不小于全量程的20%，也不大于全量程的80%)、砂浆试样。

5.12.4 试验步骤

① 当无特殊要求时，试件应在28d龄期进行冻融试验。

② 试验前两天应把冻融试件和对比试件从养护室取出，进行外观检查并记录其原始状况。

③ 随后放入15～20℃的水中浸泡，浸泡的水面应至少高出试件顶面20mm。

④ 冻融试件应在浸泡两天后取出，并用拧干的湿毛巾轻轻擦去表面水分，然后对冻融试件进行编号，称其质量。

⑤ 将冻融试件置入篮筐进行冻融试验，对比试件则放回标准养护室中继续养护，直到完成冻融循环后，与冻融试件同时进行抗压强度试验。

⑥ 冻或融时，篮筐与容器底面或地面应架高20mm，篮筐内各试件之间应至少保持

50mm 的间隙。

⑦ 冷冻箱（室）内的温度均应以其中心温度为准。试件冻结温度应控制在－20～－15℃。当冷冻箱（室）内温度低于－15℃时，试件方可放入。

⑧ 当试件放入之后，温度高于－15℃时，则应以温度重新降至－15℃时计算试件的冻结时间。从装完试件至温度重新降至－15℃的时间不应超过 2h。

⑨ 每次冻结时间应为 4h，冻结完成后立刻取出试件，并应立即放入能使水温保持在 15～20℃的水槽中进行融化。此时，槽中水面应至少高出试件表面 20mm，试件在水中融化的时间应不小于 4h。融化完毕即为一次冻融循环。

⑩ 取出试件，并用拧干的湿毛巾轻轻擦去表面水分，送入冷冻箱（室）进行下一次循环试验，依此连续进行直至设计规定次数或试件破坏为止。

注意：每 5 次循环，应进行一次外观检查，并记录试件的破坏情况；当该组试件中有 2 块出现明显分层、裂开、贯通缝等破坏时，应终止该组试件的抗冻性能试验。

⑪ 冻融试验结束后，将冻融试件从水槽中取出，用拧干的湿毛巾轻轻擦去试件表面水分，然后称其质量。对比试件应提前两天浸水，应将冻融试件与对比试件同时进行抗压强度试验。

5.12.5 数据处理

① 砂浆试件冻融后的强度损失率应按式(5-12) 计算：

$$\Delta f_{\mathrm{m}}=\frac{f_{\mathrm{m1}}-f_{\mathrm{m2}}}{f_{\mathrm{m1}}}\times 100 \tag{5-12}$$

式中 Δf_{m}——n 次冻融循环后的砂浆试件的砂浆强度损失率，%，精确到 1%；

f_{m1}——对比试件的抗压强度平均值，MPa；

f_{m2}——经 n 次冻融循环后的 3 块试件抗压强度平均值，MPa。

② 砂浆试件冻融后的质量损失率应按式(5-13) 计算：

$$\Delta m_{\mathrm{m}}=\frac{m_0-m_{\mathrm{n}}}{m_0}\times 100 \tag{5-13}$$

式中 Δm_{m}——n 次冻融循环后砂浆试件的质量损失率，以 3 块试件的算数平均值计算，%，精确至 1%；

m_0——冻融循环试验前的试件质量，g；

m_{n}——n 次冻融循环后的试件质量，g。

当冻融试件的抗压强度损失率不大于 25%，且质量损失率不大于 5%时，则该组砂浆试块在相应标准要求的冻融循环次数下，抗冻性能可判为合格，否则应判为不合格。

5.12.6 思考题

① 影响砂浆抗冻性的因素有哪些？

② 如何改善砂浆的抗冻性能？

③ 如何确定砂浆的冻融循环次数？

5.13 砂浆静力受压弹性模量试验

5.13.1 试验目的

① 掌握砂浆静力受压弹性模量测量的目的及意义。

② 掌握砂浆静力受压弹性模量测量的方法和基本原理。

5.13.2 试验依据

本试验参考标准为《建筑砂浆基本性能试验方法标准》(JGJ/T 70—2009)。实验室环境要求室温应控制在(20±5)℃。湿气养护箱温度为(20±2)℃,相对湿度不低于90%。

本方法适用于测定各类砂浆静力受压时的弹性模量(以下简称弹性模量)。本方法测定的砂浆弹性模量是指应力为40%轴心抗压强度时的加荷割线模量。砂浆弹性模量的标准试件应为棱柱体,其截面尺寸应为70.7mm×70.7mm,高宜为210~230mm,底模采用钢底模。每次试验应制备6个试件,试件制作及养护应按本书中“5.9 砂浆立方体抗压强度试验”的规定进行。试模的不平整度应为每100mm不超过0.05mm,相邻面的不垂直度不应超过±1°。

5.13.3 试验设备及耗材

压力试验机(精度应为1%,试件破坏荷载应不小于压力机量程的20%,且应不大于全量程的80%)、变形测量仪表(精度不应低于0.001mm,镜式引伸仪精度不应低于0.002mm)、砂浆试样。

5.13.4 试验步骤

① 试件从养护地点取出后,应及时进行试验。试验前,应先将试件擦拭干净,测量尺寸,并检查外观。试件尺寸测量应精确至1mm,并计算试件的承压面积。当实测尺寸与公称尺寸之差不超过1mm时,可按公称尺寸计算。

② 取3个试件,按下列步骤测定砂浆的轴心抗压强度:

a. 应将试件直立放置于试验机的下压板上,且试件中心应与压力机下压板中心对准。

b. 开动试验机,当上压板与试件接近时,应调整球座,使接触均衡。

c. 轴心抗压试验应连续、均匀地加荷,其加荷速度应为0.25~1.5kN/s。

d. 当试件破坏且开始迅速变形时,应停止调整试验机油门,直至试件破坏,然后记录破坏荷载。

e. 按式(5-14)计算砂浆轴心抗压强度值。

③ 将测量变形的仪表安装在用于测定弹性模量的试件上,仪表应安装在试件成型时两侧面的中线上,并应对称于试件两端。试件的测量标距应为100mm。

④ 测量仪表安装完毕后,应调整试件在试验机上的位置。砂浆弹性模量试验应物理对中(对中的方法是将荷载加压至轴心抗压强度的35%,两侧仪表变形值之差,不得超过两侧变形平均值的10%)。

⑤ 试件对中合格后,应按0.25~1.5kN/s的加荷速度连续、均匀地加荷至轴心抗压强度的40%,即达到弹性模量试验的控制荷载值,然后以同样的速度卸荷至零,如此反复预压3次(见图5-9)。在预压过程中,应观察试验机及仪表运转是否正常。不正常时,应予以调整。

⑥ 预压3次后,按0.25~1.5kN/s的加荷速度进行第4次加荷。先加荷到应力为0.3MPa的初始荷载,恒荷30s后,读取并记录两侧仪表的测量值。然后再加荷到控制荷载($0.4f_{mc}$),恒荷30s后,读取并记录两侧仪表的测量值,两侧仪表测量值的平均值,即为该次试验的变形值。按同样速度卸荷至初始荷载,恒荷30s后,再读取并记录两侧仪表上的初始测量值。

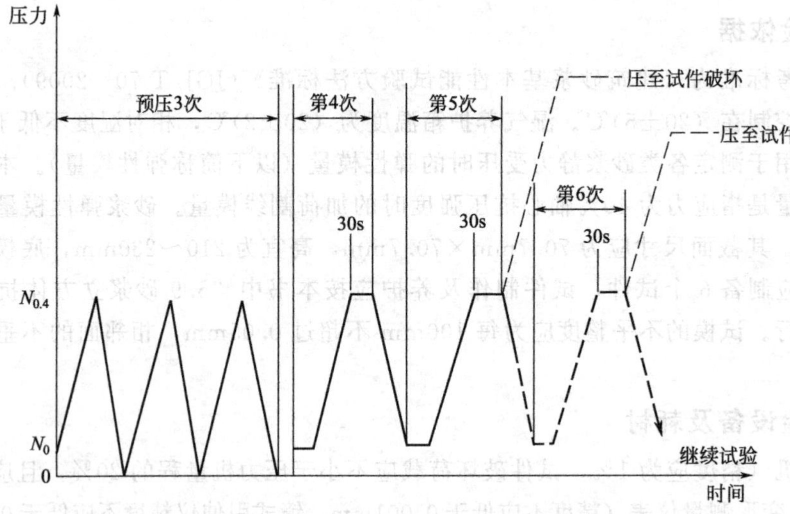

图 5-9 弹性模量试验加荷制度示意图

⑦ 再按步骤⑥进行第 5 次加荷、恒荷、读数，并计算出该次试验的变形值。当前后两次试验的变形值差不大于测量标距的 0.2‰时，试验方可结束，否则应重复上述过程，直到两次相邻加荷的变形值相差不大于测量标距的 0.2‰为止。

⑧ 卸除仪表，以同样速度加荷至破坏，测得试件的棱柱体抗压强度 f'_{mc}。

5.13.5 数据处理

① 砂浆轴心抗压强度应按式(5-14) 计算：

$$f_{mc}=\frac{N'_u}{A} \tag{5-14}$$

式中 f_{mc}——轴心抗压强度，MPa，精确至 0.1MPa；

N'_u——棱柱体破坏压力，N；

A——试件承压面积，mm^2。

应取 3 个试件测量值的算术平均值作为该组试件的轴心抗压强度值。当 3 个试件测量值的最大值和最小值有一个与中间值的差值超过中间值的 20%时，应把最大值及最小值一并舍去，取中间值作为该组试件的轴心抗压强度值。当两个测量值与中间值的差值均超过中间值的 20%时，该组试验结果无效。

② 砂浆的弹性模量值应按式(5-15) 计算：

$$E_m=\frac{N_{0.4}-N_0}{A}\times\frac{l}{\Delta l} \tag{5-15}$$

式中 E_m——砂浆弹性模量，MPa，精确至 10MPa；

$N_{0.4}$——应力为 $0.4f_{mc}$ 的压力，N；

N_0——应力为 0.3MPa 的初始荷载，N；

A——试件承压面积，mm^2；

Δl——最后一次从 N_0 加荷到 $N_{0.4}$ 时试件两侧变形差的平均值，mm；

l——测量标距，mm。

应取 3 个试件测量值的算术平均值作为砂浆的弹性模量。当其中一个试件在测完弹性模量后的棱柱体抗压强度 f'_{mc} 值与决定试验控制荷载的轴心抗压强度值 f_{mc} 的差值超过后者的 20%时，弹性模量值应按另外两个试件的算术平均值计算。当两个试件在测完弹性模量后的棱柱体抗压强度值 f'_{mc} 与决定试验控制荷载的轴心抗压强度值 f_{mc} 的差值超过后者的 20%时，试验结果无效。

5.13.6 思考题

① 何为砂浆静力受压弹性模量?

② 影响砂浆静力受压弹性模量的因素有哪些?

③ 简述砂浆静力受压弹性模量测量仪的工作原理。

第6章 混凝土拌合物试验

6.1 普通混凝土配合比设计试验

6.1.1 试验目的

① 掌握混凝土配合比设计的目的及意义。

② 掌握混凝土配合比设计的方法和基本思路。

6.1.2 试验依据

本试验参考标准为《普通混凝土配合比设计规程》(JGJ 55—2011)、《矿物掺合料应用技术规范》(GB/T 51003—2014)、《粉煤灰混凝土应用技术规范》(GB/T 50146—2014)、《混凝土外加剂》(GB 8076—2008)。

混凝土配合比设计应满足混凝土配制强度、拌合物性能、力学性能、长期性能和耐久性能的设计要求。混凝土配合比设计应采用工程实际使用的原材料，并应满足国家现行标准的有关要求；配合比设计应以干燥状态骨料为基准，细骨料含水率应小于0.5%，粗骨料含水率应小于0.2%。

除配制C15及其以下强度等级的混凝土外，混凝土的最小胶凝材料用量应符合表6-1的规定。

表6-1 混凝土最小胶凝材料用量

最大水胶比	最小胶凝材料用量/(kg/m³)		
	素混凝土	钢筋混凝土	预应力混凝土
0.60	250	280	300
0.55	280	300	300
0.50	320		
≤0.45	330		

长期处于潮湿或水位变动的寒冷和严寒环境以及盐冻环境的混凝土应掺用引气剂。引气剂掺量应根据混凝土含气量要求经试验确定，混凝土最小含气量应符合表6-2的规定，最大不宜超过7.0%。

表 6-2　混凝土最小含气量

粗集料最大公称粒径/mm	混凝土最小含气量/%	
	潮湿或水位变动的寒冷和严寒环境	盐冻环境
40.0	4.5	5.0
25.0	5.0	5.5
20.0	5.5	6.0

注：含气量为气体占混凝土体积的百分比。

对于有预防混凝土碱-骨料反应设计要求的工程，宜掺用适量粉煤灰或其他矿物掺合料，混凝土中最大碱含量应不大于 3.0kg/m³；对于矿物掺合料碱含量，粉煤灰碱含量可取实测值的 1/6，粒化高炉矿渣粉碱含量可取实测值的 1/2。

对早期强度要求较高或环境温度、湿度较低条件下施工的粉煤灰混凝土宜适当降低粉煤灰掺量。特殊情况下，工程混凝土不得不采用具有碱硅酸反应的活性骨料时，粉煤灰的掺量应通过碱活性抑制试验确定。

水胶比、砂率和单方用水量三个关键参数与混凝土的各项性能密切相关。其中，水胶比对混凝土的强度和耐久性起决定作用；砂率对新拌混凝土的黏聚性和保水性有很大影响；单方用水量是影响新拌混凝土流动性的最主要因素。在配合比设计中只有正确地确定这三个参数，才能设计出经济合理的混凝土配合比。

确定混凝土配合比的主要内容为：根据经验公式和试验参数计算各种组成材料的比例，得出"初步配合比"；按初步配合比在实验室进行试拌，考察混凝土拌合物的工作性，经调整后得出"基准配合比"；再按"基准配合比"，对混凝土进行强度复核，如有其他要求，也应作出相应的检验复核，最后确定出满足设计和施工要求且经济合理的"实验室配合比"；在施工现场，还应根据现场砂石材料的含水量对配合比进行修正，得出"施工配合比"。如果混凝土还有其他技术性能要求，除在计算和试配过程中予以考虑外，尚应增添相应的试验项目，进行试验确认。

6.1.3　试验步骤（确定初步配合比）

普通混凝土初步配合比计算步骤如下：计算出要求的试配强度 $f_{cu,0}$，并计算出所要求的水胶比；选取每立方米混凝土的用水量，并由此计算出每立方米混凝土的胶凝材料用量；选取合理的砂率，计算出粗、细骨料的用量，提出供试配用的配合比。

(1) 混凝土配制强度的确定

① 当混凝土的设计强度等级小于 C60 时，混凝土的配制强度按式(6-1) 计算：

$$f_{cu,0} \geqslant f_{cu,k} + 1.645\sigma \tag{6-1}$$

式中　$f_{cu,0}$——混凝土的施工配制强度，MPa；

$f_{cu,k}$——设计的混凝土立方体抗压强度标准值，MPa；

σ——施工单位的混凝土强度标准差，MPa。

② 当设计强度等级大于等于 C60 时，配制强度应按式(6-2) 确定：

$$f_{cu,0} \geqslant 1.15 f_{cu,k} \tag{6-2}$$

当具有近 1～3 个月的同一品种、同一强度等级混凝土的强度资料，且试件组数不小于 30 时，σ 的取值可按式(6-3) 求得：

$$\sigma = \sqrt{\frac{\sum_{i=1}^{n} f_{cu,i}^2 - n\overline{f}_{cu}^2}{n-1}} \tag{6-3}$$

式中　$f_{cu,i}$——统计周期内同一品种混凝土第 i 组试件强度值，MPa；

$\overline{f}_{cu}^{2}$——统计周期内同一品种混凝土 n 组试件强度的平均值，MPa；

n——统计周期内同一品种混凝土试件总组数。

对于强度不大于C30级的混凝土，计算得到的 σ 不小于 3.0MPa 时，σ 取式(6-3)计算所得结果；当计算得到的 σ 小于 3.0MPa 时，σ 取 3.0MPa。对于强度等级大于C30且小于C60的混凝土，计算得到的 σ 不小于 4.0MPa 时，σ 取式(6-3)计算所得结果；当计算得到的 σ 小于 4.0MPa 时，σ 取 4.0MPa。当没有近期的同一品种、同一强度等级混凝土强度资料时，σ 可按表 6-3 取值。

表 6-3　标准差 σ 取值表

混凝土强度等级	≤C20	C25～C45	C50～C55
σ/MPa	4.0	5.0	6.0

(2) 计算出所要求的水胶比（W/B）值

① 当混凝土强度等级小于C60时，混凝土的水胶比（W/B）宜按式(6-4)计算：

$$\frac{W}{B}=\frac{\alpha_a f_b}{f_{cu,0}+\alpha_a\alpha_b f_b} \tag{6-4}$$

式中　α_a、α_b——回归系数；

f_b——胶凝材料28d胶砂抗压强度（MPa），可实测，且试验方法应按现行标准《水泥胶砂强度检验方法（ISO）法》(GB/T 17671—1999)；

W/B——混凝土所要求的水胶比。

② 回归系数 α_a、α_b 通过试验统计资料确定，若无试验统计资料，回归系数可按表 6-4 选用。

表 6-4　回归系数 α_a、α_b 选用表

系数 \ 粗骨料品种	碎石	卵石
α_a	0.53	0.49
α_b	0.20	0.13

③ 当28d胶砂强度值 f_b 无实测值时，可按式(6-5)计算：

$$f_b=\gamma_f\gamma_s f_{ce} \tag{6-5}$$

式中　γ_f、γ_s——粉煤灰影响系数和粒化高炉矿渣粉影响系数，可按表 6-5 选用；

f_{ce}——水泥胶砂28d抗压强度（MPa），可实测，也可计算确定。

表 6-5　粉煤灰影响系数和粒化高炉矿渣粉影响系数

掺量/% \ 种类	粉煤灰影响系数 γ_f	粒化高炉矿渣粉影响系数 γ_s
0	1.00	1.00
10	0.85～0.95	1.00
20	0.75～0.85	0.95～1.00
30	0.65～0.75	0.90～1.00
40	0.55～0.65	0.80～0.90
50	—	0.70～0.85

注：1. 采用Ⅰ级、Ⅱ级粉煤灰宜取上限值。

2. 采用S75级粒化高炉矿渣粉宜取下限值，采用S95级粒化高炉矿渣粉宜取上限值，采用S105级粒化高炉矿渣粉可取上限值加0.05。

3. 当超出表中的掺量时，粉煤灰和粒化高炉矿渣粉影响系数应经试验确定。

④ 当水泥胶砂28d抗压强度（f_{ce}）无实测值时，可按式(6-6)计算：

$$f_{ce}=\gamma_c f_{ce,g} \tag{6-6}$$

式中 γ_c——水泥强度等级值的富余系数，可按实际统计资料确定；当缺乏实际统计资料时，也可按表6-6选用；

$f_{ce,g}$——水泥强度等级值，MPa。

表6-6 水泥强度等级值的富余系数（γ_c）

水泥强度等级值	32.5	42.5	52.5
富余系数	1.12	1.16	1.10

(3) 选取单方用水量和外加剂用量

① 每立方米干硬性或塑性混凝土用水量（m_{w0}）的确定。水胶比在0.40～0.80范围时，根据粗骨料的品种、粒径及施工要求的混凝土拌合物稠度，其用水量可按表6-7、表6-8选取；当混凝土水胶比小于0.40时，其用水量应通过试验确定。

表6-7 干硬性混凝土的用水量

拌合物稠度		用水量/(kg/m³)					
		卵石最大公称粒径/mm			碎石最大公称粒径/mm		
项目	指标	10.0	20.0	40.0	16.0	20.0	40.0
维勃稠度/s	16～20	175	160	145	180	170	155
	11～15	180	165	150	185	175	160
	5～10	185	170	155	190	180	165

表6-8 塑性混凝土的用水量

拌合物稠度		用水量/(kg/m³)							
		卵石最大粒径/mm				碎石最大粒径/mm			
项目	指标	10.0	20.0	31.5	40.0	16.0	20.0	31.5	40.0
坍落度/mm	10～30	190	170	160	150	200	185	175	165
	35～50	200	180	170	160	210	195	185	175
	55～70	210	190	180	170	220	205	195	185
	75～90	215	195	185	175	230	215	205	195

注：1. 本表用水量系采用中砂时的取值。采用细砂时，每立方米混凝土用水量可增加5～10kg；采用粗砂时，则可减少5～10kg。

2. 掺用各种外加剂或掺合料时，用水量应相应调整。以表6-8中坍落度90mm的用水量为基础，按坍落度每增大20mm用水量增加5kg/m³，当坍落度增加180mm以上时，随坍落度相应增加的用水量幅度减少。

② 掺外加剂时，每立方米流动性或大流动性混凝土用水量（m_{w0}）可按式(6-7)计算：

$$m_{w0}=m'_{w0}(1-\beta) \tag{6-7}$$

式中 m_{w0}——计算配合比每立方米混凝土的用水量，kg/m³；

m'_{w0}——未掺外加剂混凝土每立方米混凝土的用水量，kg/m³；

β——外加剂的减水率，%，外加剂的减水率应经试验确定。

③ 每立方米混凝土中外加剂用量（m_{a0}）应按式(6-8)计算：

$$m_{a0}=m_{b0}\beta_a \tag{6-8}$$

式中 m_{a0}——计算配合比每立方米混凝土中外加剂用量，kg/m³；

m_{b0}——计算配合比每立方米混凝土中胶凝材料用量，kg/m³；

β_a——外加剂掺量，%，应经混凝土试验确定。

(4) 计算各胶凝材料的用量

① 每立方米混凝土的胶凝材料用量。每立方米混凝土的胶凝材料用量（m_{b0}）应按式(6-9) 计算，并应进行试拌调整，在拌合物性能满足的情况下，取经济合理的胶凝材料用量。

$$m_{b0}=\frac{m_{w0}}{W/B} \tag{6-9}$$

② 每立方米混凝土的矿物掺合料用量。每立方米混凝土的矿物掺合料用量（m_{f0}）应按式(6-10) 计算：

$$m_{f0}=m_{b0}\beta_f \tag{6-10}$$

式中 m_{f0}——计算配合比每立方米混凝土中矿物掺合料用量，kg/m³；

β_f——矿物掺合料掺量，%，可结合规程确定。

③ 每立方米混凝土的水泥用量（m_{c0}）应按式(6-11) 计算：

$$m_{c0}=m_{b0}-m_{f0} \tag{6-11}$$

式中，m_{c0}为计算配合比每立方米混凝土中水泥用量 kg/m³。

(5) 混凝土砂率的确定

砂率（β_s）应根据骨料的技术指标、混凝土拌合物性能和施工要求，参考既有历史资料确定。

当缺乏砂率的历史资料时，混凝土砂率的确定应符合下列规定：

① 坍落度小于 10mm 的混凝土，其砂率应通过试验确定。

② 坍落度为 10～60mm 的混凝土，砂率可根据粗骨料品种、最大公称粒径及水胶比按表 6-9 选取。

表 6-9 混凝土的砂率

水胶比 (W/B)	砂率/%					
	卵石最大公称粒径/mm			碎石最大公称粒径/mm		
	10.0	20.0	40.0	16.0	20.0	40.0
0.40	26～32	25～31	24～30	30～35	29～34	27～32
0.50	30～35	29～34	28～33	33～38	32～37	30～35
0.60	33～38	32～37	31～36	36～41	35～40	33～38
0.70	36～41	35～40	34～39	39～44	38～43	36～41

注：1. 表中数值系中砂的选用砂率。对细砂或粗砂，可相应地减少或增加砂率。
2. 只用一个单粒级粗骨料配制混凝土时，砂率应适当增加。
3. 采用人工砂配制混凝土时，砂率应适当增加。

③ 坍落度大于 60mm 的混凝土，其砂率可经试验确定，也可在表 6-9 的基础上，按坍落度每增大 20mm、砂率增大 1%的幅度予以调整。一般泵送混凝土砂率不宜小于 36%，并且不宜大于 45%。

(6) 计算粗、细骨料用量

在已知混凝土用水量、胶凝材料用量和砂率的情况下，可用体积法或质量法求出粗、细骨料的用量，从而得出混凝土的初步配合比。

① 质量法　质量法又称为假定重量法。这种方法是假定混凝土拌合料的重量为已知，从而可求出单位体积混凝土的骨料总用量（质量），进而分别求出粗、细骨料的重量，得出混凝土的配合比。联立方程式(6-12) 和式(6-13) 求出粗细骨料的用量。

$$m_{f0}+m_{c0}+m_{g0}+m_{s0}+m_{w0}=m_{cp} \tag{6-12}$$

$$\beta_s=\frac{m_{s0}}{m_{g0}+m_{s0}}\times 100\% \tag{6-13}$$

式中　m_{cp}——每立方米混凝土拌合物的假定用量，kg/m^3，其值可取 $2350\sim2450kg/m^3$；

m_{f0}——每立方米混凝土中矿物掺合料用量，kg/m^3；

m_{g0}——每立方米混凝土的粗骨料用量，kg/m^3；

m_{s0}——每立方米混凝土的细骨料用量，kg/m^3；

m_{w0}——每立方米混凝土的水用量，kg/m^3；

β_s——砂率，%。

在上述关系式中 m_{cp}，可根据本单位累积的试验资料确定。在无资料时，可根据骨料的密度、粒径以及混凝土强度等级，可按表 6-10 选取。

表 6-10　混凝土拌合物的假定湿表观密度参考表

混凝土强度等级/MPa	<C20	C20～C40	>C40
假定湿表观密度/(kg/m³)	2350	2350～2400	2450

② 体积法　体积法又称绝对体积法。这个方法是假设混凝土组成材料绝对体积的总和等于混凝土的体积，联立方程式(6-13) 和式(6-14) 求出粗细骨料的用量。

$$\frac{m_{c0}}{\rho_c}+\frac{m_{f0}}{\rho_f}+\frac{m_{g0}}{\rho_g}+\frac{m_{s0}}{\rho_s}+\frac{m_{w0}}{\rho_w}+0.01\alpha=1 \tag{6-14}$$

式中　ρ_c——水泥密度，kg/m^3，也可取 $2900\sim3100kg/m^3$；

ρ_f——矿物掺合料密度，kg/m^3；

ρ_g——粗骨料的表观密度，kg/m^3；

ρ_s——细骨料的表观密度，kg/m^3；

ρ_w——水的密度，kg/m^3，可取 $1000kg/m^3$；

α——混凝土的含气量百分数，%，在不使用引气剂或含气型外加剂时可取 $\alpha=1$。

6.1.4　数据处理

（1）确定基准配合比

混凝土试配应采用强制式搅拌机进行搅拌，并应符合现行标准《混凝土试验用搅拌机》(JG 244—2009) 的规定，搅拌方法宜与施工采用的方法相同。

实验室成型条件应符合现行标准《普通混凝土拌合物性能试验方法标准》(GB/T 50080—2016) 的规定。

每盘混凝土试配的最小搅拌量应符合表 6-11 的规定，并应不小于搅拌机公称容量的 1/4 且应不大于搅拌机公称容量。

表 6-11　混凝土试配的最小搅拌量

粗骨料最大公称粒径/mm	≤31.5	40
拌合物数量/L	20	25

在初步配合比的基础上应进行试拌。计算水胶比宜保持不变，并应通过调整配合比增加同水胶比下的浆体用量或减水剂用量使混凝土拌合物性能符合设计和施工要求，然后修正计算配合比，提出基准配合比（也称试拌配合比），即为 $m_{c0}:m_{f0}:m_{s0}:m_{g0}:m_{w0}$。

（2）确定实验室配合比

在基准配合比的基础上应进行混凝土强度试验，并应符合下列规定：应采用三个不同的配合比，其中一个应为确定的基准配合比，另外两个配合比的水胶比宜较基准配合比分别增加和减少 0.05，用水量应与试拌配合比相同，砂率可分别增加和减少 1%。

制作混凝土强度试件时，尚需试验混凝土的坍落度、黏聚性、保水性及混凝土拌合物的表观密度，作为代表这一配合比的混凝土拌合物的各项基本性能。

每种配合比应至少制作一组（3 块）试件，标准养护 28d 后进行试压；有条件的单位也可同时制作多组试件，供快速检验或较早龄期的试压，以便提前提出混凝土配合比供施工使用。但以后仍必须以标准养护 28d 的检验结果为准，据此调整配合比。

经过试配和调整以后，便可按照所得的结果确定混凝土的实验室配合比。由试验得出的各水胶比值的混凝土强度，绘制强度与水胶比的线性关系图，或采用插值法计算求出略大于混凝土配制强度（$f_{cu,0}$）相对应的水胶比。这样，初步定出混凝土所需的配合比。

实验室配合比用水量（m_{w0}）和外加剂用量（m_a）：在基准配合比的基础上，应根据确定的水胶比加以适当调整。水泥用量（m_{c0}）：以用水量除以经试验选定出来的水胶比计算确定。粗骨料（m_{g0}）和细骨料（m_{s0}）用量：取基准配合比中的粗骨料和细骨料用量，按选定水胶比进行适当调整后确定。

按上述各项定出的配合比算出混凝土的表观密度计算值 $\rho_{c,c}$，如式(6-15) 所示：

$$\rho_{c,c}=m_{c0}+m_{f0}+m_{g0}+m_{s0}+m_{w0} \tag{6-15}$$

式中 $\rho_{c,c}$——混凝土拌合物湿表观密度计算值，kg/m^3；

m_{c0}——每立方米混凝土的水泥用量，kg/m^3；

m_{f0}——每立方米混凝土的矿物掺合料用量，kg/m^3；

m_{g0}——每立方米混凝土的粗骨料用量，kg/m^3；

m_{s0}——每立方米混凝土的细骨料用量，kg/m^3；

m_{w0}——每立方米混凝土的用水量，kg/m^3。

再将混凝土的表观密度实测值除以表观密度计算值，得出配合比校正系数 δ，如式(6-16) 所示：

$$\delta=\frac{\rho_{c,t}}{\rho_{c,c}} \tag{6-16}$$

式中 $\rho_{c,c}$——混凝土拌合物湿表观密度计算值，kg/m^3；

$\rho_{c,t}$——混凝土表观密度实测值，kg/m^3。

当混凝土表观密度实测值与计算值之差的绝对值不超过计算值的 2%时，按上述确定的配合比即为最终确定的实验室配合比；当二者之差超过 2%时，应将混凝土配合比中每项材料用量均乘以校正系数 δ，即为最终确定的实验室配合比。

$$\begin{cases} m_c=m_{c0}\delta \\ m_f=m_{f0}\delta \\ m_s=m_{s0}\delta \\ m_g=m_{g0}\delta \\ m_w=m_{w0}\delta \end{cases} \tag{6-17}$$

(3) 确定施工配合比

实验室最后确定的配合比，是按绝干状态骨料计算的，而施工现场的砂、石材料为露天堆放，都含有一定的水分。因此，施工现场应根据现场砂、石实际含水率变化，将实验室配合比换算为施工配合比。

施工现场实测砂、石含水率分别为 $a\%$、$b\%$，施工配合比 $1m^3$ 混凝土各种材料用量为：

$$\begin{cases} m'_c = m_c \\ m'_f = m_f \\ m'_s = m_s(1+a\%) \\ m'_g = m_g(1+b\%) \\ m'_w = m_w - (m_s \times a\% + m_g \times b\%) \end{cases} \tag{6-18}$$

配合比调整后，应测定拌合物水溶性氯离子含量，试验结果应符合规定。对耐久性有设计要求的混凝土应进行相关耐久性试验验证。

6.1.5 思考题

① 如何确定混凝土强度标准差？

② 如何提高混凝土的强度？

③ 如何确定混凝土配合比设计中的水胶比及砂率？

6.2 普通混凝土试件的制作和养护试验

6.2.1 试验目的

① 掌握普通混凝土试件的制作和养护的基本方法。

② 掌握普通混凝土试件的制作和养护的目的意义。

6.2.2 试验依据

本试验参考标准为《普通混凝土力学性能试验方法标准》(GB/T 50081—2002)、《普通混凝土拌合物性能试验方法标准》(GB/T 50080—2016)。实验室环境要求室温应控制在 (20±5)℃，相对湿度不低于 50%；标准养护室温度为 (20±2)℃，相对湿度不低于 95%。

普通混凝土力学性能试验应以三个试件为一组，每组试件所用的拌合物应从同一盘混凝土或同一车混凝土中取样。

6.2.3 试验设备及耗材

强制式单卧轴混凝土搅拌机、试模 [试模应符合《混凝土试模》(JG 237—2008) 中技术要求的规定，应定期对试模进行自检，自检周期宜为三个月]、铁锹、抹刀、脱模剂（矿物油或其他不与混凝土发生反应的脱模剂）、振动台 [应符合《混凝土试验用振动台》(JG/T 245—2009) 中技术要求的规定]、水泥、橡皮锤、捣棒、砂、石、自来水、外加剂。

6.2.4 试验步骤

试件的尺寸要求

① 试件的尺寸应根据混凝土中骨料的最大粒径按表 6-12 选定。

表 6-12 混凝土试件尺寸选用表

试件横截面尺寸/mm	骨料最大粒径/mm	
	劈裂抗拉强度试验	其他试验
100×100	19.0	31.5
150×150	37.5	37.5
200×200	—	63.0

注：骨料最大粒径指的是符合《建设用卵石、碎石》(GB/T 14685—2011) 中规定的方孔筛的孔径。

② 抗压强度和劈裂抗拉强度试件应符合下列规定：

a. 边长为 150mm 的立方体试件是标准试件。

b. 边长为 100mm 或 200mm 的立方体试件是非标准试件。

c. 在特殊情况下，可采用 ϕ150mm×300mm 的圆柱体标准试件或 ϕ100mm×200mm 或 ϕ100mm×400mm 的圆柱体非标准试件。

③ 轴心抗压强度和静力受压弹性模量试件应符合下列规定：

a. 边长为 150mm×150mm×300mm 的棱柱体试件是标准试件。

b. 边长为 100mm×100mm×300mm 或 200mm×200mm×400mm 的棱柱体试件是非标准试件。

c. 在特殊情况下，可采用 ϕ150mm×300mm 的圆柱体标准试件或 ϕ100mm×200mm 和 ϕ200mm×400mm 的圆柱体非标准试件。

④ 抗折强度试件应符合下列规定：

a. 边长为 150mm×150mm×600mm 或 150mm×150mm×550mm 的棱柱体试件是标准试件。

b. 边长为 100mm×100mm×400mm 的棱柱体试件是非标准试件。

⑤ 尺寸公差应符合下列规定：

a. 试件的承压面的平面度公差不得超过 0.0005d（d 为边长）。

b. 试件的相邻面间的夹角应为 90°，其公差不得超过 0.5°。

c. 试件各边长、直径和高的尺寸的公差不得超过 1mm。

拌合物搅拌

实验室制备混凝土拌合物应采用搅拌机机械拌合。拌合前应将搅拌机冲洗干净，并预拌少量同种混凝土拌合物或水胶比相同的含减水剂砂浆，搅拌机内壁挂浆后将剩余料卸出。应将称好的粗骨料、胶凝材料、细骨料和水（外加剂一般先溶于水）依次加入搅拌机，开动搅拌机搅拌 2min 以上，直至搅拌均匀。一次拌合量不宜少于搅拌机容量的 1/4，不宜大于搅拌机公称容量，且不应少于 20L。

在实验室制备混凝土拌合物时，拌合时实验室的温度应保持在（20±5)℃，所用材料的温度宜与实验室温度保持一致。实验室拌合混凝土时，材料用量应以质量计。骨料的称量精度应为±0.5%；水、水泥、掺合料、外加剂的称量精度均应为±0.2%。

拌合物取样

同一组混凝土拌合物的取样应从同一盘混凝土或同一车混凝土中取样。取样量应多于试验所需量的 1.5 倍，且宜不小于 20L。混凝土拌合物的取样应具有代表性，宜采用多点取样的方法。一般在同一盘混凝土或同一车混凝土中的约 1/4 处、1/2 处和 3/4 处之间分别取样，从第一次取样到最后一次取样不宜超过 15min。雨天取样应有防雨措施；混凝土拌合物应避免阳光照射及电风扇对着吹风。从取样完毕到开始做各项性能试验不宜超过 5min。

试件的制作

成型前，应检查试模尺寸并应符合《混凝土试模》（JG 237—2008）中技术要求的规定；试模内表面涂一薄层矿物油或其他不与混凝土发生反应的脱模剂。取样或实验室拌制的混凝土应在拌制后尽量短的时间内成型，一般不宜超过 15min。取样或拌制好的混凝土拌合物应至少用铁锹再来回拌合 3 次。在实验室制作试件时，应根据混凝土拌合物的稠度确定混凝土成型方法。

① 立方体及棱柱体试件

a. 坍落度不大于 70mm 的混凝土宜用振动振实。

（a）将混凝土拌合物一次性装入试模，装料时应用抹刀沿各试模壁插捣，并使混凝土拌合物高出试模口。

（b）试模应附着或固定在振动台上，振动时试模不得有任何跳动，振动应持续到表面出浆为止，不得过振。

（c）刮除试模上口多余的混凝土，待混凝土临近初凝时，用抹刀抹平。

b. 坍落度大于 70mm 的混凝土宜用捣棒人工捣实或用振捣棒振实。

当采用人工捣实时：

（a）混凝土拌合物应分两层装入模内，每层的装料厚度大致相等。

（b）插捣应按螺旋方向从边缘向中心均匀进行。在插捣底层混凝土时，捣棒应达到试模底部；插捣上层时，捣棒应贯穿上层后插入下层 20～30mm；插捣时捣棒应保持垂直，不得倾斜，然后应用抹刀沿试模内壁插拔数次。

（c）每层插捣次数应按每 $10000mm^2$ 截面积不少于 12 次计算。

（d）插捣后应用橡皮锤轻轻敲击试模四周，直至插捣棒留下的孔洞消失为止。

（e）刮除试模上口多余的混凝土，待混凝土临近初凝时，用抹刀抹平。

当采用振捣棒振实时：

（a）将混凝土拌合物一次装入试模，装料时应用抹刀沿各试模壁插捣，并使混凝土拌合物高出试模口。

（b）宜用直径为 25mm 的插入式振捣棒。插入试模振捣时，振捣棒距试模底板 10～20mm，且不得触及试模底板，振动应持续到表面出浆为止，且应避免过振，以防混凝土离析。一般振捣时间为 20s，振捣棒拔出时要缓慢，拔出后不得留有孔洞。

（c）刮除试模上口多余的混凝土，待混凝土临近初凝时，用抹刀抹平。

② 圆柱体试件

a. 坍落度不大于 70mm 的混凝土宜用振动振实。

（a）采用振动台振实时，应将试模牢固地安装在振动台上，以试模的纵轴为对称轴，呈对称方式一次性装入混凝土，然后进行振动密实。装料量以振动时砂浆不外溢为宜。

（b）振动时间根据混凝土的质量和振动台的性能确定，以使混凝土充分密实为原则。

（c）刮除试模上口多余的混凝土，待混凝土临近初凝时，用抹刀抹平。

b. 坍落度大于 70mm 的混凝土宜用捣棒人工捣实或用振捣棒振实。

当采用人工捣实时：

（a）分层浇筑混凝土，当试件的直径为 200mm 时，分 3 层装料；当试件为直径 150mm 或 100mm 时，分 2 层装料，各层厚度大致相等；浇筑时以试模的纵轴为对称轴，呈对称方式装入混凝土拌合物。

(b) 浇筑完一层后用捣棒摊平上表面；试件的直径为200mm时，每层用捣棒插捣25次；试件的直径为150mm时，每层插捣15次；试件的直径为100mm时，每层插捣8次；插捣应按螺旋方向从边缘向中心均匀进行。在插捣底层混凝土时，捣棒应达到试模底部；插捣上层时，捣棒应贯穿该层后插入下一层20～30mm；插捣时捣棒应保持垂直，不得倾斜。当所确定的插捣次数有可能使混凝土拌合物产生离析现象时，可酌情减少插捣次数至拌合物不产生离析的程度。

(c) 插捣结束后，用橡皮捶轻轻敲打试模侧面，直到捣棒插捣后留下的孔消失为止。

(d) 刮除试模上口多余的混凝土，待混凝土临近初凝时，用抹刀抹平。

当采用振捣棒振实时：

(a) 采用插入式振捣棒振实时，直径为100～200mm的试件应分2层浇筑混凝土。每层厚度大致相等，以试模的纵轴为对称轴，呈对称方式装入混凝土拌合物。

(b) 振捣棒的插入密度按浇筑层上表面每6000mm^{2}插入一次确定，振捣下层时振捣棒不得触及试模的底板，振捣上层时，振捣棒插入下层大约15mm深，不得超过20mm。

(c) 振捣时间根据混凝土的质量及振捣棒的性能确定，以使混凝土充分密实为原则。

(d) 振捣棒要缓慢拔出，拔出后用橡皮锤轻轻敲打试模侧面，直到捣棒插捣后留下的孔消失为止。

(e) 刮除试模上口多余的混凝土，待混凝土临近初凝时，用抹刀抹平。

试件的养护

① 试件成型后应立即用不透水的薄膜覆盖表面。

② 采用标准养护的试件，应在温度为(20±5)℃的环境中静置24h，然后编号、拆模。

③ 拆模后应立即放入温度为(20±2)℃，相对湿度为95%以上的标准养护室中养护，或在温度为(20±2)℃的不流动的$Ca(OH)_2$饱和溶液中养护。标准养护室内的试件应放在支架上，彼此间隔10～20mm，试件表面应保持潮湿，且不得被水直接冲淋。

注意：同条件养护试件的拆模时间可与实际构件的拆模时间相同，拆模后，试件仍需保持同条件养护。

④ 标准养护龄期为从搅拌加水开始计时至28d。

6.2.5 思考题

① 夏季混凝土试件制作成型时可否开风扇降温来满足实验室环境温度要求，为什么？

② 混凝土试模涂刷脱模剂有何要求？

③ 混凝土脱模后应在试件表面做哪些标记？

6.3 混凝土拌合物和易性试验

6.3.1 试验目的

① 掌握测量坍落度、扩展度、维勃稠度的基本方法。

② 掌握混凝土拌合物和易性对其性能的影响。

6.3.2 试验依据

本试验参考标准为《普通混凝土拌合物性能试验方法标准》(GB/T 50080—2016)。实验室环境要求室温应控制在(20±5)℃，相对湿度不低于50%。从取样完毕到开始做各项性能试验不宜超过 5min。

6.3.3 试验设备及耗材

维勃稠度仪［应符合《维勃稠度仪》(JG/T 250—2009) 要求］、秒表（精度应为 0.1s)、坍落度测定仪［坍落度筒、漏斗、捣棒，应符合《混凝土坍落度仪》(JG/T 248—2009) 要求］、钢板（平面尺寸应不小于 1.5m×1.5m，厚度应不小于 3mm，最大挠度应不大于 3mm)、钢尺（最大量程应不小于 500mm，最小刻度应为 1mm)、桶、抹刀、混凝土拌合物试样。

6.3.4 试验步骤

坍落度

本方法适用于骨料粒径不大于 40mm、坍落度不小于 10mm 的混凝土拌合物坍落度的测定。

① 坍落度筒内壁和底板应润湿无明水；底板应放置在坚实水平面上，并把坍落度筒放在底板中心，然后用脚踩住两边的脚踏板，坍落度筒在装料时应保持在固定的位置。

② 混凝土试样应分三层均匀地装入坍落度筒内，捣实后每层高度应约为筒高的1/3。每装一层，应用捣棒在筒内由边缘到中心按螺旋形均匀插捣 25 次；插捣筒边混凝土时，捣棒可以稍微倾斜。插捣底层时，捣棒应贯穿整个深度，插捣第二层和顶层时，捣棒应插透本层至下一层的表面；顶层混凝土装料应高出筒口，插捣过程中，如果混凝土低于筒口，则应随时添加；顶层插捣完后，取下装料漏斗，应将混凝土拌合物沿筒口抹平。

③ 清除筒边底板上的混凝土后，应垂直平稳地提起坍落度筒（坍落度筒的提离过程宜控制在 3～7s 内)，并轻放于试样旁边。当试样不再继续坍落或坍落时间达 30s 时，用钢尺测量出筒高与坍落后混凝土试体最高点之间的高度差，即为该混凝土拌合物的坍落度值。混凝土拌合物坍落度值测量应精确至 1mm。

注意：从开始装料到提坍落度筒的整个过程应连续进行，并应在 150s 内完成。将坍落度筒提起后混凝土发生一边崩坍或剪坏现象，则应重新取样另行测定；如第二次试验仍出现上述现象，则表示该混凝土和易性不好，应予记录。如果发现粗骨料在中央集堆或边缘有水泥浆析出，表示此混凝土拌合物抗离析性不好，应予记录。

④ 观察坍落后的混凝土试体的黏聚性及保水性。

a. 黏聚性的检查方法是用捣棒在已坍落的混凝土锥体侧面轻轻敲打，此时如果锥体逐渐下沉，则表示黏聚性良好；如果锥体倒塌、部分崩裂或出现离析现象，则表示黏聚性不好。

b. 保水性以混凝土拌合物浆体析出的程度来评定，坍落度筒提起后如有较多的浆体从底部析出，锥体部分的混凝土也因失浆而骨料外露，则表明此混凝土拌合物的保水性能不好；如坍落度筒提起后无浆体或仅有少量浆体自底部析出，则表示此混凝土拌合物保水性良好。

扩展度

扩展度也称坍落扩展度，本方法适用于骨料粒径不大于 40mm、坍落度不小于 160mm 混凝土扩展度的测定。

① 拌合物装料和插捣同上述“坍落度测试方法”。

② 清除筒边底板上的混凝土后，应垂直匀速地向上提起坍落度筒（坍落度筒的提离过程宜控制在 3～7s 以内)。当拌合物不再扩散或扩散持续时间已达 50s 时，应用钢尺测量混

凝土扩展后最终的最大直径以及与最大直径呈垂直方向的直径。

③ 当两直径之差小于 50mm 时，应以其算术平均值作为坍落扩展度试验结果；当两直径之差大于等于 50mm 时，应重新测定。

④ 如果发现粗骨料在中央堆集或边缘有水泥浆析出，表示此混凝土拌合物抗离析性不好，应记录说明。

⑤ 整个坍落扩展度试验应连续进行，从开始装料到测得混凝土扩展度值的整个过程应在 4min 内完成。

⑥ 混凝土拌合物坍落扩展度值测量应精确至 1mm，结果修约至 5mm。

坍落度经时损失、扩展度经时损失

本方法适用于骨料粒径不大于 40mm、坍落度不小于 10mm 的混凝土拌合物坍落度和扩展度经时损失的测定，用以评定混凝土拌合物的坍落度及扩展度随静置时间的变化。坍落度经时损失、扩展度经时损失试验是在坍落度、扩展度试验基础上进行的，具体应按下列步骤进行：

① 应测得刚出机的混凝土拌合物的初始坍落度值 H_0 以及扩展度 L_0。

② 将全部试样装入塑料桶或不被水泥浆腐蚀的金属桶内，应用桶盖或塑料薄膜密封，放于 (20±2)℃环境室静置。

③ 静置 60min 后应将桶内试样全部倒入搅拌机内，搅拌 20s，进行坍落度和扩展度试验，得出 60min 坍落度值 H_{60} 以及扩展度 L_{60}。

④ 计算 $(H_{60}-H_0)$、$(L_{60}-L_0)$，可得到 60min 混凝土坍落度经时损失以及扩展度经时损失试验结果。

注：根据工程要求调整静置时间 T（单位为 min），可得 T 后混凝土坍落度经时损失、扩展度经时损失试验结果。

维勃稠度

本方法适用于骨料最大粒径不大于 40mm，维勃稠度在 5～30s 之间的混凝土拌合物维勃稠度的测定；坍落度不大于 50mm 或干硬性混凝土和维勃稠度大于 30s 的特干硬性混凝土拌合物的稠度可采用《普通混凝土拌合物性能试验方法标准》(GB/T 50080—2016) 附录 A 增实因数法来测定。

① 维勃稠度仪应放置在坚实水平面上，容器、坍落度筒内壁及其他用具应润湿无明水。

② 装料斗应提到坍落度筒上方扣紧，校正容器位置，应使其中心与装料中心重合，然后拧紧固定螺钉。

③ 混凝土拌合物试样应分三层均匀地装入坍落度筒内，捣实后每层高度应约为筒高的 1/3。每装一层，应用捣棒在筒内由边缘到中心按螺旋形均匀插捣 25 次。插捣筒边混凝土时，捣棒可以稍微倾斜。插捣底层时，捣棒应贯穿整个深度，插捣第二层和顶层时，捣棒应插透本层至下一层的表面；顶层混凝土装料应高出筒口，插捣过程中，如混凝土低于筒口，应随时添加。

④ 顶层插捣完应将装料斗转离，沿坍落度筒口刮平顶面，垂直地提起坍落度筒，不应使混凝土试样产生横向的扭动。

⑤ 将透明圆盘转到混凝土圆台体顶面，放松测杆螺钉，应使透明圆盘转至混凝土锥体上部，并下降至与混凝土顶面接触。

⑥ 拧紧定位螺钉，并检查测杆螺钉是否已经完全放松。开启振动台，同时用秒表计时，当振动到透明圆盘的整个底面与水泥浆接触时应停止计时，并关闭振动台。

⑦ 秒表记录的时间 t 即为混凝土拌合物的维勃稠度值，精确至1s。

6.3.5 数据处理

坍落度

① 将坍落度筒提起后如混凝土发生一边崩坍或剪坏现象，则应重新取样另行测定；如第二次试验仍出现上述现象，则表示该混凝土和易性不好，应予记录。

② 混凝土拌合物坍落度值测量应精确至1mm，结果应修约至5mm。

③ 如果发现粗骨料在中央集堆或边缘有水泥浆析出，表示此混凝土拌合物抗离析性不好，应予记录。

扩展度

① 当两直径之差小于50mm时，应以其算术平均值作为扩展度试验结果；当两直径之差大于等于50mm时，应重新测定。

② 如果发现粗骨料在中央堆集或边缘有水泥浆析出，表示此混凝土拌合物抗离析性不好，应记录说明。

③ 混凝土拌合物坍落扩展度值测量应精确至1mm，结果修约至5mm。

坍落度经时损失、扩展度经时损失

计算（$H_{60}-H_0$）及（$L_{60}-L_0$），可得到60min混凝土坍落度经时损失以及扩展度经时损失试验结果。

注：根据工程要求调整静置时间 T（单位为min），可得 T 后混凝土坍落度经时损失以及扩展度经时损失试验结果（H_T-H_0）及（L_T-L_0）。

维勃稠度

秒表记录的时间 t 即为混凝土拌合物的维勃稠度值，结果应精确至1s。

6.3.6 思考题

① 混凝土和易性对混凝土有何不利影响？

② 坍落筒试验时应如何用捣棒插捣？

③ 如何判断混凝土的黏聚性和保水性是否良好？

6.4 混凝土拌合物倒置坍落度筒排空试验

6.4.1 试验目的

① 掌握混凝土拌合物倒置坍落度筒排空试验测量的目的及意义。

② 掌握混凝土拌合物倒置坍落度筒排空试验的方法和基本原理。

6.4.2 试验依据

本试验参考标准为《普通混凝土拌合物性能试验方法标准》(GB/T 50080—2016)。实验室环境要求室温应控制在（20±5)℃，相对湿度不低于50%。从取样完毕到开始做各项性能试验不宜超过5min。

6.4.3 试验设备及耗材

倒置坍落度筒［材料、形状和尺寸应符合现行标准《混凝土坍落度仪》(JG/T 248—2009) 的规定，小口端应设置可快速开启的水密性密封盖］、钢板（平面尺寸应不小于1.5m×1.5m，厚度应不小于3mm，最大挠度应不大于3mm)、台架（倒置坍落度筒支撑在台架上时，其小口端距地面应不小于500mm，且坍落度筒中轴线应垂直于地面；台架应能承受装填混凝土和插捣)、捣棒［应符合现行标准《混凝土坍落度仪》(JG/T 248—2009)的规定］、秒表（精度应为0.01s)、抹刀、混凝土拌合物试样。

6.4.4 试验步骤

① 将倒置坍落度筒支撑在台架上，应使其中轴线垂直于地面，筒内壁应湿润无明水，关闭密封盖。

② 混凝土拌合物应分两层装入坍落度筒内，每层捣实后高度宜为筒高的1/2。每层用捣棒沿螺旋方向由外向中心插捣15次，插捣应在横截面上均匀分布，插捣筒边缘混凝土时，捣棒可以稍微倾斜。插捣第一层时，捣棒应贯穿混凝土拌合物整个深度；插捣第二层时，捣棒应插透到第一层表面以下50mm。插捣完应刮去多余的混凝土拌合物，用抹刀抹平。

③ 打开密封盖，用秒表测量自开盖至坍落度筒内混凝土拌合物全部排空的时间 t_{sf}，精确至0.01s。从开始装料到打开密封盖的整个过程应在150s内完成。

④ 宜在5min内进行两次试验，并应取两次试验测得排空时间的平均值作为试验结果，计算应精确至0.1s。

6.4.5 数据处理

倒置坍落度筒排空试验结果应符合式(6-19）规定：

$$|t_{sf1}-t_{sf2}|\leqslant 0.05t_{sf,m} \tag{6-19}$$

式中　$t_{sf,m}$——两次试验测得的倒置坍落度筒中混凝土拌合物排空时间的平均值，s；

t_{sf1}、t_{sf2}——两次试验分别测得的倒置坍落度筒中混凝土拌合物排空时间，s。

6.4.6 思考题

① 检测混凝土倒置坍落度筒排空试验的目的和意义是什么?

② 混凝土倒置坍落度筒排空试验应注意哪些事项?

③ 混凝土倒置坍落度筒排空时间是否越短越好，为什么?

6.5 混凝土拌合物J环间隙通过性试验

6.5.1 试验目的

① 掌握测量混凝土拌合物间隙通过性的目的及意义。

② 掌握测量混凝土拌合物间隙通过性的方法和基本原理。

6.5.2 试验依据

本试验参考标准为《普通混凝土拌合物性能试验方法标准》(GB/T 50080—2016)。实验室环境要求室温应控制在（20±5)℃，相对湿度不低于50%。从取样完毕到开始做各项性能试验不宜超过5min。

本方法适用于骨料最大公称粒径不大于20mm的混凝土拌合物间隙通过性的测定。

6.5.3 试验设备及耗材

J环（应采用钢或不锈钢，圆环中心直径应为300mm，厚度应为25mm，并用螺母和垫圈将16根 ϕ16mm×100mm圆钢锁在圆环上，圆钢中心间距应为58.9mm，如图6-1所示)、混凝土坍落度筒［不带脚踏板，材料和尺寸应符合现行标准《混凝土坍落度仪》(JG/T 248—

2009）的规定]、底板（平面尺寸应不小于1.5m×1.5m，厚度不小于3mm，最大挠度不大于3mm的钢板）、抹刀、混凝土拌合物试样。

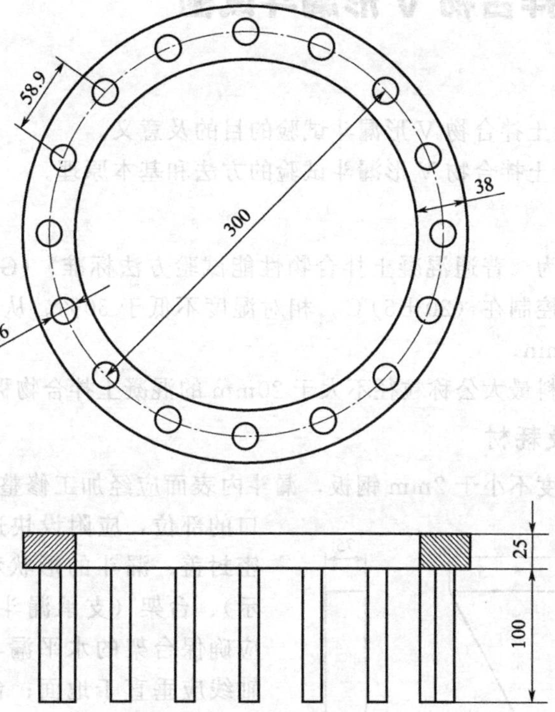

图6-1 J环的形状和尺寸示意图（单位：mm）

6.5.4 试验步骤

① 底板、J环和坍落度筒内壁应润湿无明水；底板应放置在坚实的水平面上，J环应放在底板中心。

② 坍落度筒应正向放置在底板中心，应与J环同心，将混凝土一次性填充至满。

③ 用抹刀刮除坍落度筒顶部混凝土余料，应将混凝土拌合物沿坍落度筒口抹平；清除筒边底板上的混凝土后，垂直匀速地向上提起坍落度筒至（250±50）mm高度，提起时间宜控制在3～7s内；自开始入料至提起坍落度筒应在150s内完成；待混凝土停止流动后，测量展开扩展面的最大直径以及与最大直径呈垂直方向的直径；测量应精确至1mm。

6.5.5 数据处理

① 测量应精确至1mm，结果修约至5mm。

② J环扩展度应为混凝土拌合物坍落扩展终止后扩展面相互垂直的两个直径的平均值，当两直径之差大于50mm时，应重新测定。

③ 混凝土间隙通过性指标结果应为测得混凝土坍落扩展度与J环扩展度的差值。

④ 应检查J环圆钢附近是否有骨料堵塞，当骨料在J环圆钢附近出现堵塞时，可判定混凝土拌合物间隙通过性不合格，应予记录。

6.5.6 思考题

① 若粗骨料在J环圆钢附近出现堵塞说明什么，应如何调整？

② 若混凝土周边有较多水泥浆析出说明什么，应如何调整？

③ 测量混凝土拌合物J环扩展度有何工程指导意义？

6.6 混凝土拌合物V形漏斗试验

6.6.1 试验目的

① 掌握测量混凝土拌合物V形漏斗试验的目的及意义。

② 掌握测量混凝土拌合物V形漏斗试验的方法和基本原理。

6.6.2 试验依据

本试验参考标准为《普通混凝土拌合物性能试验方法标准》(GB/T 50080—2016)。实验室环境要求室温应控制在(20±5)℃，相对湿度不低于50%。从取样完毕到开始做各项性能试验不宜超过5min。

本方法适用于骨料最大公称粒径不大于20mm的混凝土拌合物稠度和填充性的测定。

6.6.3 试验设备及耗材

漏斗（应采用厚度不小于2mm钢板，漏斗内表面应经加工修整呈平滑状；在漏斗出料口的部位，应附设快速开启且具有水密性的密封盖；漏斗的形状和内部尺寸如图6-2所示）、台架（支承漏斗的台架宜有调整装置，应确保台架的水平漏斗支撑在台架上，其中轴线应垂直于地面；台架应能承受装填混凝土，且易于搬运）、盛料容器（容积应不小于12L）、底板（平面尺寸应不小于1.5m×1.5m，厚度应不小于3mm，最大挠度应不大于3mm的钢板）、秒表（精度不低于0.1s）、抹刀、混凝土拌合物试样。

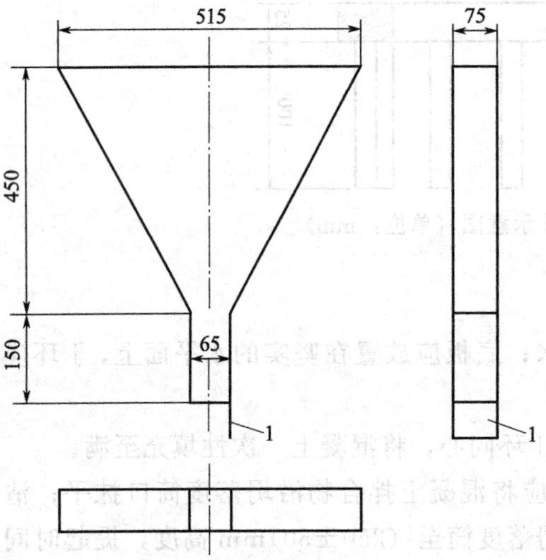

图6-2 漏斗示意图（单位：mm）

1—可活动的密封盖

6.6.4 试验步骤

① 将漏斗稳固于台架上，应使其上口呈水平，本体为垂直；漏斗内壁应润湿无明水，关闭密封盖。

② 用盛料容器将混凝土拌合物由漏斗的上口平稳地一次性填入漏斗至满；装料整个过程不应搅拌和振捣，然后沿漏斗上端将混凝土试样的顶面刮平。

③ 在漏斗出口的下方放置盛料容器；漏斗装满试样静置(10±2)s，然后将漏斗出料口的密封盖打开，用秒表测量从开盖到漏斗内混凝土全部流出的时间。

④ 应在5min内重复装料，按步骤①～③再次进行一次V形漏斗试验。

6.6.5 数据处理

① 以两次试验混凝土全部流出时间的算术平均值作为V形漏斗试验结果，应精确至0.1s。

② 混凝土从漏斗中流出应当连续，如果混凝土出现堵塞状况，应重新试验；若再次出现堵塞情况，说明混凝土的稠度和填充性不合格，应予记录。

6.6.6 思考题

① 测量混凝土拌合物V形漏斗试验有何工程指导意义？

② 混凝土的稠度和填充性不合格时应如何调整？

③ 自密实混凝土拌合物稠度和填充性检测都有哪些试验方法？

6.7 混凝土拌合物T500扩展时间试验

6.7.1 试验目的

① 掌握测量混凝土拌合物T500扩展时间的工程意义。

② 掌握测量混凝土拌合物T500扩展时间的方法和基本原理。

6.7.2 试验依据

本试验参考标准为《普通混凝土拌合物性能试验方法标准》(GB/T 50080—2016)。实验室环境要求室温应控制在(20±5)℃，相对湿度不低于50%。从取样完毕到开始做各项性能试验不宜超过5min。

本方法适用于混凝土拌合物稠度和填充性的测定。

6.7.3 试验设备及耗材

混凝土坍落度仪［应符合现行标准《混凝土坍落度仪》(JG/T 248—2009)的规定］、底板（应为硬质不吸水的光滑正方形平板，边长应不小于1000mm，最大挠度应不大于3mm，并应在平板表面标出坍落度筒的中心位置和直径分别为200mm、300mm、500mm、600mm、700mm、800mm及900mm的同心圆，见图6-3）、盛料容器（应不小于8L，易于向坍落度筒装填混凝土拌合物）、秒表（精度不低于0.1s）、抹刀、混凝土拌合物试样。

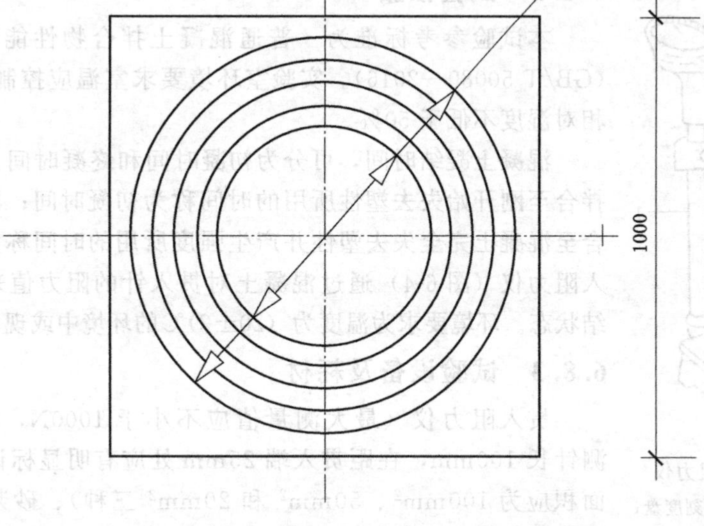

图6-3 底板示意图（单位：mm）

6.7.4 试验步骤

① 底板应放置在坚实的水平面上，底板和坍落度筒内壁应润湿无明水，坍落度筒应放在底板中心，并在装料时应保持在固定的位置。

② 用盛料容器一次性将混凝土拌合物均匀填满坍落度筒，且不得捣实或振动；自开始入料至填充结束应控制在 40s 以内。

③ 取下装料漏斗，将混凝土拌合物沿坍落度筒口抹平；清除筒边底板上的混凝土后，垂直匀速地向上提起坍落度筒至（250±50)mm 高度，提起时间宜控制在 3～7s 内。

④ 采用秒表测定扩展度达 500mm 的时间（T_{500}）。自坍落度筒提起离开地面时开始计时，至扩展开的混凝土外缘初触平板上所绘直径 500mm 的圆周为止，精确至 0.1s。

⑤ 混凝土停止流动后，应测量并记录展开圆形的最大直径，以及与最大直径垂直方向的直径，测量应精确至 1mm。

6.7.5 数据处理

① 测量应精确至 1mm，结果修约至 5mm。

② 混凝土拌合物坍落扩展终止后扩展面相互垂直的两个直径的平均值，当两直径之差大于等于 50mm 时，应重新测定。

6.7.6 思考题

① 混凝土拌合物 T500 扩展时间是否越短越好？

② 测量混凝土拌合物 T500 扩展时间的意义是什么？

③ 影响混凝土拌合物 T500 扩展时间的因素有哪些？

6.8 混凝土拌合物凝结时间试验

6.8.1 试验目的

① 掌握从混凝土拌合物中筛出砂浆的基本方法。

② 掌握贯入阻力法测定混凝土拌合物凝结时间的方法。

6.8.2 试验依据

本试验参考标准为《普通混凝土拌合物性能试验方法标准》(GB/T 50080—2016)。实验室环境要求室温应控制在（20±2)℃，相对湿度不低于 50%。

混凝土凝结时间，可分为初凝时间和终凝时间。混凝土从加水拌合至刚开始失去塑性所用的时间称为初凝时间；混凝土从加水拌合至混凝土完全失去塑性并产生强度所用的时间称为终凝时间。贯入阻力仪（图 6-4）通过混凝土对贯入针的阻力值来确定混凝土凝结状态。环境要求为温度为（20±2)℃的环境中或现场同条件环境。

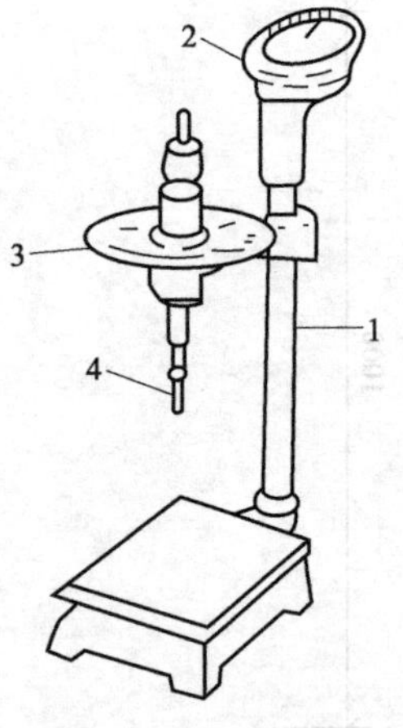

图 6-4 贯入阻力仪
1—仪器主体；2—刻度盘；3—手轮；4—测针

6.8.3 试验设备及耗材

贯入阻力仪（最大测量值应不小于 1000N，精度应为 10N；测针长 100mm，在距贯入端 25mm 处应有明显标记；测针的承压面积应为 $100mm^2$、$50mm^2$ 和 $20mm^2$ 三种）、砂浆试样筒（上口内径 160mm，下口内径 150mm，净高 150mm 刚性不透水的金属圆筒，并配有盖子)、4.75mm 方孔试验筛、筛底、振动台［应符合现行标准《混凝土试验用振动台》(JG/T 246—2009) 的规定］、捣棒［应符合现行标准《混凝土坍落度仪》(JG/T 248—2009) 的规定］、计时器（精确至 1min)、吸管、橡皮锤、玻璃片、抹刀、混凝土拌合物试样。

6.8.4 试验步骤

① 将 4.75mm 方孔筛套在筛底上，然后将混凝土拌合物装入试验筛并置于振动台上。

② 开动振动台，用抹刀往复翻拌混凝土，使砂浆流入底筛，然后将筛出的砂浆拌合均匀。

③ 将砂浆一次性分别装入三个试样筒中。取样混凝土坍落度不大于 90mm 的混凝土宜用振动台振实砂浆；取样混凝土坍落度大于 90mm 的宜用捣棒人工捣实。

a. 用振动台振实砂浆时，振动应持续到表面出浆为止，不得过振。

b. 用捣棒人工捣实时，应沿螺旋方向由外向中心均匀插捣 25 次，然后用橡皮锤轻轻敲打筒壁，直至插捣孔消失为止。

④ 振实或插捣后，砂浆表面应低于砂浆试样筒口约 10mm，并应立即加盖。

⑤ 砂浆试样制备完毕，应置于温度为 (20±2)℃的环境中待测，并在以后的整个测试过程中，环境温度应始终保持 (20±2)℃。现场同条件测试时，应与现场条件保持一致。在整个测试过程中，除在吸取泌水或进行贯入试验外，试样筒应始终加盖。

⑥ 凝结时间测定从混凝土拌合加水开始计时。根据混凝土拌合物的性能，确定测针试验时间，以后每隔 0.5h 测试一次，在临近初凝和终凝时，应缩短测试间隔时间。

⑦ 在每次测试前 2min，将一片 (20±5)mm 厚的垫块垫入筒底一侧使其倾斜，用吸液管吸去表面的泌水，吸水后应复原放平。

⑧ 测试时将砂浆试样筒置于贯入阻力仪上，测针端部与砂浆表面接触，然后在 (10±2)s 内均匀地使测针贯入砂浆 (25±2)mm 深度，记录最大贯入阻力值；记录测试时间，精确至 1min。

⑨ 每个砂浆筒每次测 1～2 个点，各测点的间距应不小于 15mm，测点与试样筒壁的距离应不小于 25mm。

⑩ 贯入阻力测试在 0.2～28MPa 之间应至少进行 6 次，直至贯入阻力大于 28MPa 为止。

⑪ 根据砂浆凝结状况，在测试过程中应以测针承压面积从大到小顺序更换测针，更换测针应按表 6-13 的规定选用。

表 6-13 测针选用规定表

贯入阻力/MPa	0.2～3.5	3.5～20.0	20.0～28.0
测针面积/mm^2	100	50	20

注：规程规定了三种规格的针，试验时从粗到细，依次使用，出现下述两种情况之一时应考虑换针，即压入不到规定深度时；能压入，但测针周围试样有松动隆起时。

6.8.5 数据处理

贯入阻力的结果计算以及初凝时间和终凝时间的确定应按下述方法进行：

(1) 贯入阻力应按式(6-20) 计算：

$$f_{PR}=\frac{P}{A} \tag{6-20}$$

式中 f_{PR}——贯入阻力，MPa，精确到 0.1MPa；

P——贯入压力，N；

A——测针面积，mm^2。

（2）凝结时间的确定

① 凝结时间可通过线性回归方法确定，将贯入阻力 f_{PR} 和时间 t 分别取自然对数 $\ln f_{PR}$ 和 $\ln t$，然后把 $\ln f_{RP}$ 当作自变量，$\ln t$ 当作因变量作线性回归，可得到回归方程式(6-21)。

$$\ln t = a + b\ln f_{PR} \tag{6-21}$$

式中 t——贯入阻力对应的测试时间，min；

f_{PR}——贯入阻力，MPa；

a、b——线性回归系数。

根据式(6-21) 求得当贯入阻力为 3.5MPa 时对应的时间应为初凝时间 t_s，见式(6-22)，贯入阻力为 28MPa 时对应的时间应为终凝时间 t_e，见式(6-23)。

$$t_s = e^{(a+b\ln 3.5)} \tag{6-22}$$

$$t_e = e^{(a+b\ln 28)} \tag{6-23}$$

② 凝结时间也可用绘图拟合方法确定，以贯入阻力为纵坐标，测试时间为横坐标（精确至 1min），绘制出贯入阻力与测试时间之间的关系曲线，如图 6-5 所示。分别以 3.5MPa 和 28MPa 绘制两条平行于横坐标的直线，与曲线相交的两个交点的横坐标即为混凝土拌合物的初凝和终凝时间。

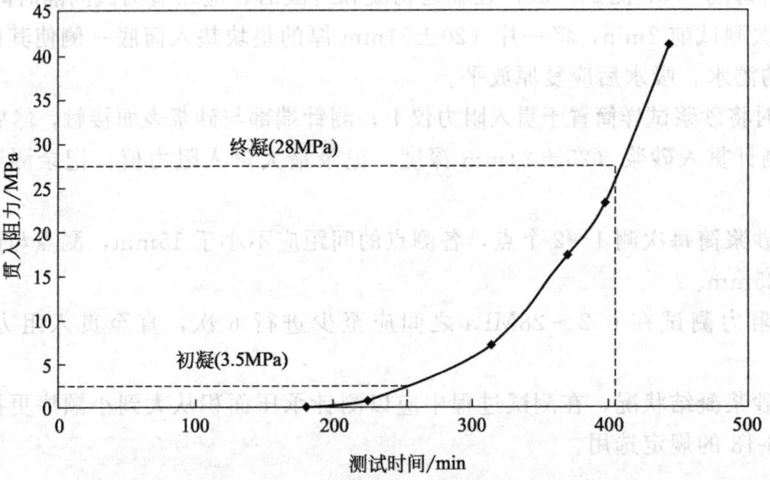

图 6-5 测试时间-贯入阻力曲线

以三个试样的初凝时间和终凝时间的算术平均值作为此次试验初凝时间和终凝时间的试验结果。如果三个测量值的最大值或最小值中有一个与中间值之差超过中间值的 10%，则应以中间值作为试验结果；如果最大值和最小值与中间值之差均超过中间值的 10%时，则应重新试验。凝结时间结果应以小时：分钟（h：min）表示，精确至 5min。

6.8.6 思考题

① 混凝土拌合物凝结时间测定为何要筛出砂浆测定？

② 为什么在每次测试前 2min 需要用吸液管吸去表面的泌水？

③ 混凝土拌合物凝结时间测定过程中如果更换测针不及时会有何影响？

6.9 混凝土拌合物泌水与压力泌水试验

6.9.1 试验目的

① 掌握测量混凝土拌合物泌水与压力泌水的目的及意义。

② 掌握测量混凝土拌合物泌水与压力泌水的方法和基本原理。

6.9.2 试验依据

本试验参考标准为《普通混凝土拌合物性能试验方法标准》(GB/T 50080—2016)。实验室环境要求室温应控制在(20±2)℃，相对湿度不低于50%。

本方法适用于骨料最大粒径不大于40mm混凝土拌合物泌水与压力泌水的测定。

6.9.3 试验设备及耗材

容量筒［内径及高均应为(186±2)mm、容积为5L的容量筒，并应配有盖子］、量筒(容量100mL，分度值1mL，带塞)、振动台［应符合现行标准《混凝土试验用振动台》(JG/T 245—2009)的规定］、捣棒［应符合现行标准《混凝土坍落度仪》(JG/T 248—2009)的规定］、天平(称量50kg，感量1g)、压力泌水仪［如图6-6所示，缸体内径(125±0.02)mm，内高(200±0.2)mm；工作活塞压强为3.5MPa，公称直径为125mm；筛网孔径为0.315mm］、橡皮锤、计时器(精确至1min)、150mL烧杯2个、200mL量筒、抹刀、混凝土拌合物试样。

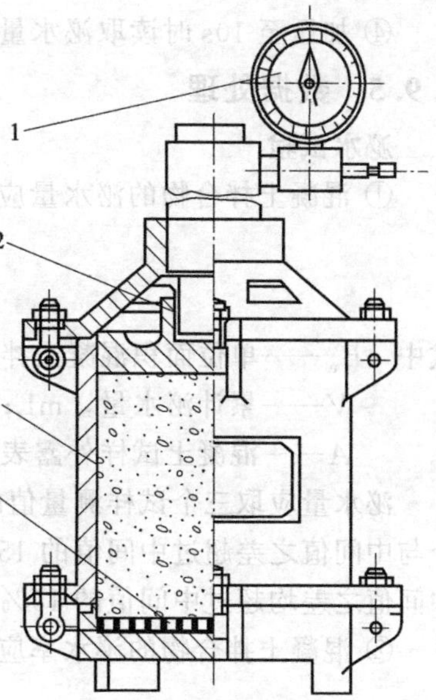

图6-6 压力泌水仪

1—压力表；2—工作活塞；3—缸体；4—筛网

6.9.4 试验步骤

泌水试验

① 用湿布润湿容量筒内壁后立即称量，记录容量筒的质量。

② 将混凝土试样装入容量筒，并振实或捣实。振实和捣实的混凝土拌合物表面应低于容量筒筒口(30±3)mm，并用抹刀抹平。

a. 拌合物坍落度不大于90mm时，宜用振动台振实，应将混凝土拌合物一次性装入容量筒内，振动应持续到表面出浆为止，并应避免过振。

b. 拌合物坍落度大于90mm时，宜采用人工插捣，应将混凝土拌合物分两层装入，每层的插捣次数应为25次；捣棒由边缘向中心均匀地插捣，插捣底层时，捣棒应贯穿整个深度，插捣第二层时，捣棒应插透本层至下一层的表面；每一层捣完后用橡皮锤轻轻沿容量筒外壁敲打5～10次，进行振实，直至拌合物表面插捣孔消失并不见大气泡为止。

c. 自密实混凝土应一次性填满，且不应进行任何振动和插捣。

③ 应将筒口及外表面擦净，称量并记录容量筒与试样的总质量，盖好筒盖并开始计时。

④ 计时开始后60min内，应每隔10min吸取1次试样表面泌水；60min后，每隔

30min 吸 1 次水，直至不再泌水为止。每次吸水前 2min，应将一片约（35±5)mm 厚的垫块垫入筒底一侧使其倾斜，吸水后应平稳地复原盖好。吸出的水应盛放于量筒中，记录每次的吸水量，并计算累计吸水量 V，精确至 1mL。

注意：在上述吸取混凝土拌合物表面泌水的整个过程中，应使容量筒保持水平、不受振动；除了吸水操作外，应始终盖好盖子；室温应保持在（20±2)℃。

压力泌水试验

① 将混凝土拌合物分两层装入压力泌水仪缸体，每层插捣 25 次；捣棒由边缘向中心均匀地插捣，插捣底层时捣棒应贯穿整个深度，插捣第二层时，捣棒应插透本层至下一层的表面；每一层捣完后用橡皮锤轻轻沿容量筒外壁敲打 5～10 次，进行振实，直至拌合物表面插捣孔消失并不见大气泡为止；自密实混凝土应一次性填满，且不应进行任何振动和插捣。捣实的混凝土拌合物表面应低于压力泌水仪缸体筒口（30±2)mm。

② 将容器外表擦干净，压力泌水仪安装完毕后，应在 15s 内给混凝土试样施加压力至 3.2MPa，并应在 2s 内打开泌水阀门，同时开始计时，并保持恒压。

③ 泌出的水接入 150mL 烧杯里，并应移至量筒中读取泌水量，精确至 1mL。

④ 加压至 10s 时读取泌水量 V_{10}，加压至 140s 时读取泌水量 V_{140}。

6.9.5 数据处理

泌水试验

① 混凝土拌合物的泌水量应按式(6-24) 计算：

$$B_a=\frac{V}{A} \tag{6-24}$$

式中 B_a——单位面积混凝土拌合物的泌水量，mL/mm²，精确至 0.01mL/mm²；

V——累计泌水量，mL；

A——混凝土试样外露表面的面积，mm²。

泌水量应取三个试样测量值的算术平均值。三个测量值中的最大值或最小值，如果有一个与中间值之差超过中间值的 15%，则应以中间值作为试验结果；如果最大值和最小值与中间值之差均超过中间值的 15%时，则此次试验无效，应重新试验。

② 混凝土拌合物的泌水率应按式(6-25) 计算：

$$B=\frac{V_w}{(W/m_T)\times m}\times 100 \tag{6-25}$$

$$m_T=m_2-m_1 \tag{6-26}$$

式中 B——泌水率，%，精确至 1%；

V_w——泌水总量，mL；

m——混凝土拌合物试样质量，g；

m_T——试验拌制混凝土拌合物的总质量，g；

W——混凝土拌合物拌合用水量，mL；

m_2——容量筒及试样总质量，g；

m_1——容量筒质量，g。

泌水率应取三个试样测量值的算术平均值。三个测量值中的最大值或最小值，如果有一个与中间值之差超过中间值的 15%，则应以中间值为试验结果；如果最大值和最小值与中间值之差均超过中间值的 15%时，则此次试验结果无效，应重新试验。

压力泌水试验

压力泌水率应按式(6-27)计算：

$$B_V=\frac{V_{10}}{V_{140}}\times 100 \tag{6-27}$$

式中 B_V——压力泌水率，%，精确至1%；

V_{10}——加压至10s时的泌水量，mL，精确至1mL；

V_{140}——加压至140s时的泌水量，mL，精确至1mL。

6.9.6 思考题

① 混凝土泌水产生的原因有哪些？

② 如何改善混凝土拌合物的泌水现象？

③ 混凝土拌合物的泌水是否越小越好，为什么？

6.10 混凝土拌合物表观密度试验

6.10.1 试验目的

① 掌握测量混凝土拌合物表观密度的目的及意义。

② 掌握测量混凝土拌合物表观密度的方法和原理。

6.10.2 试验依据

本试验参考标准为《普通混凝土拌合物性能试验方法标准》(GB/T 50080—2016)。实验室环境要求室温应控制在(20±5)℃，相对湿度不低于50%。从取样完毕到开始做各项性能试验不宜超过5min。

6.10.3 试验设备及耗材

容量筒（金属制成的圆筒，筒外壁应有提手。容量筒上缘及内壁应光滑平整，顶面与底面应平行并应与圆柱体的轴垂直）、天平（称量50kg，感量10g；称量5kg，感量1g）、振动台[应符合现行标准《混凝土试验用振动台》(JG/T 245—2009) 的规定]、捣棒[应符合现行标准《混凝土坍落度仪》(JG/T 248—2009) 的规定]、刮刀、橡皮锤、玻璃板、混凝土拌合物试样。

6.10.4 试验步骤

骨料最大粒径不大于40mm的拌合物应采用容积为5L的容量筒，其内径与内高均应为(186±2)mm，筒壁厚应为3mm；骨料最大粒径大于40mm的拌合物应采用内径与内高均应大于骨料最大粒径4倍的容量筒。

① 测定容量筒容积：应将干净容量筒与玻璃板一起称重；再将容量筒装满水，应缓慢将玻璃板从筒口一侧推到另一侧，容量筒内应满水且不应存在气泡，擦干筒外壁，再次称重；两次质量之差除以该温度下水的密度即为容量筒容积 V；常温下水的密度可取1.0kg/L。

② 用湿布擦净容量筒内外壁，称出容量筒质量 m_1，精确至10g。

③ 混凝土的装料及捣实。

a. 坍落度不大于90mm的混凝土拌合物，宜用振动台振实；采用振动台振实时，应一次将混凝土拌合物灌到高出容量筒口。装料时可用捣棒稍加插捣，振动过程中如混凝土低于筒口，应随时添加混凝土，振动直至表面出浆为止。

b. 坍落度大于 90mm 的混凝土拌合物宜用捣棒捣实。采用捣棒捣实时，应根据容量筒的大小决定分层与插捣次数：用 5L 容量筒时，混凝土拌合物应分两层装入，每层的插捣次数应为 25 次；用大于 5L 的容量筒时，每层混凝土的高度应不大于 100mm，每层插捣次数应按每 $10000mm^2$ 截面不少于 12 次计算。每次插捣应由边缘向中心均匀地插捣，插捣底层时捣棒应贯穿整个深度，插捣第二层时，捣棒应插透本层至下一层的表面；每一层捣完后用橡皮锤轻轻沿容器外壁敲打 5～10 次，进行振实，直至拌合物表面插捣孔消失并不见大气泡为止。

c. 自密实混凝土应一次性填满，且不应进行振动和插捣。

④ 用刮刀将筒口多余的混凝土拌合物刮去，表面如有凹陷应填平；应将容量筒外壁擦净，称出混凝土试样与容量筒总质量 m_2，精确至 10g。

6.10.5 数据处理

混凝土拌合物表观密度应按式(6-28) 计算：

$$\rho=\frac{m_2-m_1}{V}\times1000 \tag{6-28}$$

式中 ρ——混凝土拌合物表观密度，kg/m^3，精确至 $10kg/m^3$；

m_1——容量筒质量，kg，精确至 0.01kg；

m_2——容量筒和试样总质量，kg，精确至 0.01kg；

V——容量筒容积，L，精确至 0.01L。

6.10.6 思考题

① 测定混凝土拌合物表观密度有何工程指导意义？

② 影响混凝土拌合物表观密度的因素有哪些？

③ 混凝土拌合物表观密度越大，混凝土耐久性越好吗？为什么？

6.11 混凝土拌合物含气量试验

6.11.1 试验目的

① 混凝土拌合物含气量测定的目的和意义。

② 混凝土拌合物含气量测定的方法和基本原理。

6.11.2 试验依据

本试验参考标准为《普通混凝土拌合物性能试验方法标准》(GB/T 50080—2016)、《混凝土含气量测定仪》(JG/T 246—2009)。实验室环境要求室温应控制在 (20±5)℃，相对湿度不低于 50%。从取样完毕到开始做各项性能试验不宜超过 5min。

本方法适用于骨料最大粒径不大于 40mm 的混凝土拌合物含气量的测定。

6.11.3 试验设备及耗材

混凝土含气量测定仪 [见图 6-7，应符合现行标准《混凝土含气量测定仪》(JG/T 246—2009) 的规定]、捣棒 [应符合现行标准《混凝土坍落度仪》(JG/T 248—2009) 的规定]、振动台 [应符合现行标准《混凝土试验用振动台》(JG/T 245—2009) 的规定]、天平 (称量 50kg，感量 5g)、橡皮锤 (应带有 250g 的橡皮锤头)、抹刀、量筒、注水器、混凝土拌合物试样。

6.11.4 试验步骤

(1) 含气量测定仪容器的标定和率定应按下列步骤进行

① 擦净容器，并将含气量仪全部安装好，测定含气量测定仪的总质量 m_1，精确至 10g。

② 向容器内注水至上缘，然后加盖并拧紧螺栓，保持密封不透气；关闭操作阀和排气阀，打开排水阀和进水阀，应通过进水阀向容器内注入水；当排水阀流出的水流中不出现气泡时，应在注水的状态下，关闭进水阀和排水阀；再次测定总质量，精确至 10g。

③ 容器的容积应按式(6-29) 计算：

$$V=\frac{m_2-m_1}{\rho} \tag{6-29}$$

式中 V——含气量测定仪的容积，L，精确至 0.01L；

m_1——含气量测定仪的总质量，kg，精确至 0.01kg；

m_2——水、含气量测定仪的总质量，kg，精确至 0.01kg；

ρ——容器内水的密度，kg/m^3，可取 $1000kg/m^3$。

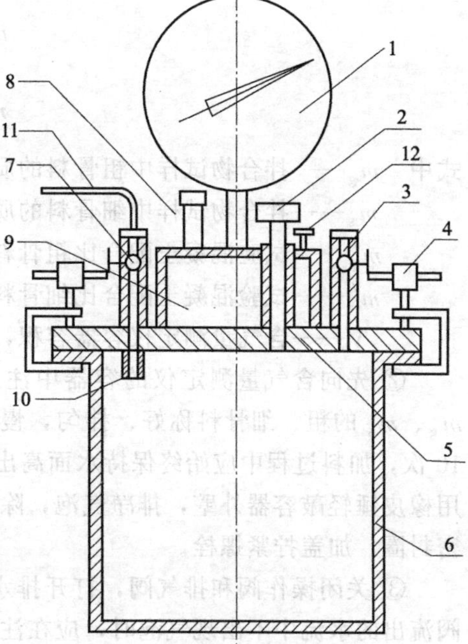

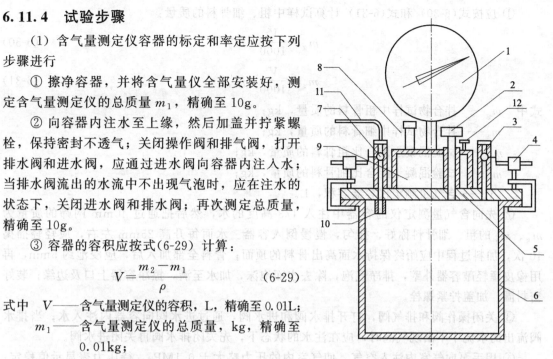

图 6-7 手泵加压式含气量测定仪

1—压力表；2—操作阀；3—排水阀；4—固定卡子；5—盖体；6—容器；7—进水阀；8—手泵；9—气室；10—取水管；11—标定管；12—排气阀

④ 用手泵加压，使压力过初始压力线（0.1MPa 或 0.2MPa）为止。停 5s 后，微开进气阀或气室排气阀，使表压或数码显示准确定位在初始压力线上。微开操作阀，若指向零点，即本仪器零点校正合格。

注意：指针或显示不指向零点时，应首先检查容器内气体是否排净，或盖体固定卡子是否拧紧。

⑤ 关闭操作阀、排水阀和排气阀，开启进水阀，宜借助标定管在注水阀口用量筒接水；用手泵缓缓地向气室内打气，当排出的水恰好是含气量仪体积的 1%时（实际操作中允许超过 1.0%，但不能低于 1.0%），关闭进水阀。

⑥ 打开排气阀，使容器内压力与大气压平衡；打开进水阀，将量筒中超过 1.0%部分用吸液管吸出，再通过进水阀返回容器中。关上进水阀和排气阀。重新加压，使气室压力稍过初始压力。

⑦ 微调进气阀或气室排气阀到表针或数码显示为初始压力值，静停 5s，微开操作阀待指针或数码显示稳定后读数，读数应为 1.0%。

⑧ 重复操作步骤⑤～⑦，吸出水 2.0%、3.0%、4.0%、…、10.0%，读数应为含气量 2.0%、3.0%、4.0%、…、10.0%。

⑨ 以上试验均应进行两次，以两次压力值的算术平均值作为测量结果。

⑩ 根据以上含气量 0、1.0%、…、10.0%的测量结果，绘制含气量与气体压力之间的关系曲线。

注意：混凝土含气量测定仪的校准每年不应少于 1 次。

(2) 在进行混凝土拌合物含气量测定之前，应先按下列步骤测定骨料的含气量

① 应按式(6-30) 和式(6-31) 计算试样中粗、细骨料的质量：

$$m_g = \frac{V}{1000} \times m'_g \tag{6-30}$$

$$m_s = \frac{V}{1000} \times m'_s \tag{6-31}$$

式中 m_g——拌合物试样中粗骨料的质量，kg；

m_s——拌合物试样中细骨料的质量，kg；

m'_g——试验混凝土配合比粗骨料的质量，kg；

m'_s——试验混凝土配合比细骨料的质量，kg；

V——含气量测定仪容器容积，L。

② 先向含气量测定仪的容器中注入 1/3 高度的水，然后把通过 40mm 网筛的质量为 m_g、m_s 的粗、细骨料称好、拌匀，慢慢倒入容器。水面每升高 25mm 左右，应轻轻插捣 10 次，加料过程中应始终保持水面高出骨料的顶面；骨料全部加入后，应浸泡约 5min，再用橡皮锤轻敲容器外壁，排净气泡，除去水面泡沫，加水至满，擦净容器上口及边缘；装好密封圈，加盖拧紧螺栓。

③ 关闭操作阀和排气阀，打开排水阀和进水阀，通过进水阀向容器内注入水；当排水阀流出的水流中不出现气泡时，应在注水的状态下，先关闭排水阀再关闭进水阀。

④ 用手泵向气室内注入空气，使气室内的压力略大于 0.1MPa，待压力表显示值稳定；微开排气阀，调整压力至 0.1MPa，然后关闭排气阀。

⑤ 开启操作阀，使气室里的压缩空气进入容器，待压力表显示值稳定后记录示值 P_{g1} (MPa)，然后开启排气阀，压力仪表显示值应回零。

⑥ 重复步骤④和⑤，对容器内的试样再检验一次记录表值 P_{g2} (MPa)。

⑦ 若 P_{g1} 和 P_{g2} 的相对误差小于 0.5%时，则取 P_{g1} 和 P_{g2} 的算术平均值，根据含气量与气体压力之间的关系曲线确定压力值对应的骨料的含气量，精确至 0.1%；如两次测量结果的含气量相差大于 0.5%时，应重新试验。

(3) 混凝土拌合物含气量试验应按下列步骤进行

① 用湿布擦净含气量测定仪容器内壁盖的内表面，装入混凝土拌合物试样。

② 混凝土拌合物捣实可采用人工或机械方法。当拌合物的坍落度大于 90mm 时，宜采用手工插捣；当拌合物坍落度不大于 90mm 时，宜采用机械振捣，如振动台或插入式振捣器等。

a. 采用捣棒捣实时，应将混凝土拌合物分 3 层装入，每层捣实后高度约为 1/3 容器高度；每层装料后由边缘向中心均匀地插捣 25 次，捣棒应插透本层至下一层的表面；每一层捣完后用橡皮锤轻轻沿容器外壁敲打 5～10 次，进行振实，直至拌合物表面插捣孔消失。

b. 采用机械捣实时，应一次性将混凝土拌合物装填至高出含气量测定仪容器口，振实过程中混凝土拌合物低于容器口时，应随时添加；振动至混凝土表面平整出浆为止，不得过振。若使用插入式振动器捣实，应避免振动器触及容器内壁和底面。

c. 自密实混凝土应一次性填满，且不应进行振动和插捣。

d. 在施工现场测定混凝土拌合物含气量时，应采用与施工振动频率相同的机械方法捣实。

③ 捣实完毕后立即刮去表面多余的混凝土拌合物，用抹刀刮平，表面如有凹陷应填平抹光。

④ 擦净容器上口及边缘，装好密封垫圈，加盖并拧紧螺栓。

⑤ 关闭操作阀和排气阀，打开排水阀和进水阀，通过进水阀向容器内注入水；当排水阀流出的水流中不出现气泡时，应在注水的状态下，先关闭排水阀再关闭进水阀。

⑥ 用手泵向气室内注入空气，使气室内的压力略大于 0.1MPa，待压力表显示值稳定；微开排气阀，调整压力至 0.1MPa，然后关闭排气阀。

⑦ 开启操作阀，待压力示值仪稳定后，测得压力值 P_{01}（MPa）；然后开启排气阀，压力仪示值回零。

⑧ 重复步骤⑥和⑦，对容器内试样再测一次压力值 P_{02}（MPa）。

⑨ 若 P_{01} 和 P_{02} 的相对误差小于 0.5%时，则取 P_{01} 和 P_{02} 的算术平均值，根据含气量与气体压力之间的关系曲线确定压力值对应的骨料的含气量 A_0，精确至 0.1%；如两次测量结果的含气量相差大于 0.5%，则应重新试验。

6.11.5 数据处理

混凝土拌合物含气量应按式(6-32) 计算：

$$A=A_0-A_g \tag{6-32}$$

式中 A——混凝土拌合物实际含气量，%，计算精确至 0.1%；

A_0——混凝土拌合物未校正的含气量，%；

A_g——骨料的含气量，%。

6.11.6 思考题

① 影响混凝土含气量的因素有哪些?

② 混凝土含气量对混凝土有何影响?

③ 如何控制混凝土拌合物的含气量?

6.12 混凝土拌合物抗离析性能试验

6.12.1 试验目的

① 掌握混凝土拌合物抗离析性能测量的目的及意义。

② 掌握混凝土拌合物抗离析性能的测定方法。

6.12.2 试验依据

本试验参考标准为《普通混凝土拌合物性能试验方法标准》(GB/T 50080—2016)。实验室环境要求室温应控制在 (20±5)℃，相对湿度不低于 50%。

6.12.3 试验设备及耗材

天平（称量 20kg、感量 1g)、方孔筛（4.75mm)、盛料器（采用钢或不锈钢，内径为 208mm，上节高度为 60mm，下节带底净高为 234mm，在上、下层连接处需加宽 3～5mm 并设有橡胶垫圈，如图 6-8 所示)、小铲、托盘、混凝土拌合物试样。

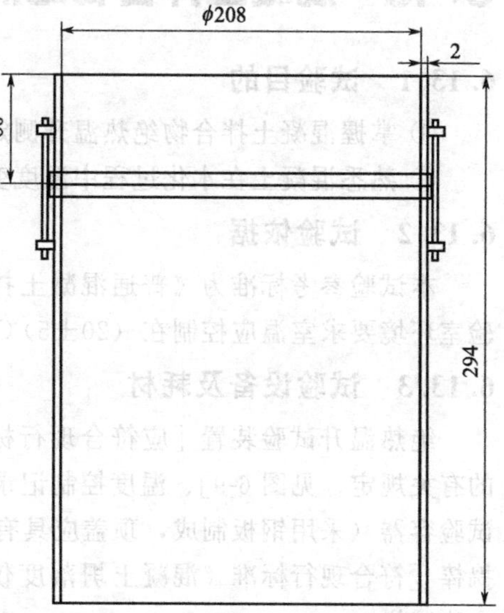

图 6-8 盛料器形状和尺寸（单位：mm)

6.12.4 试验步骤

① 先取 (10±0.5)L 混凝土盛满盛料器，放置在水平位置上，加盖静置 (15±0.5)min。

② 准确称量试验筛和托盘质量，分别记为 m_1、m_2，精确至 1g。

③ 将 4.75mm 方孔筛固定在托盘上，然后将盛料器上节混凝土完全移出，用小铲辅助将拌合物及其表层泌浆倒入方孔筛；移出上节混凝土后应使下节混凝土的上表面与下节筒的上沿齐平。

④ 称量倒入试验筛、托盘和混凝土的总质量 m_3，精确到 1g。

⑤ 上节混凝土拌合物倒入方孔筛后，应静置 (120±5)s。

⑥ 把筛及筛上的混凝土移走，用天平称量通过筛孔流到托盘上的浆体和托盘的总质量 m_4，精确到 1g。

6.12.5 数据处理

混凝土拌合物离析率 (SR) 应按式(6-33) 计算：

$$SR=\frac{m_4-m_2}{m_3-m_2-m_1}\times 100 \tag{6-33}$$

式中 SR——混凝土拌合物离析率，%，精确至 0.1%；

m_1——试验筛的质量，g；

m_2——托盘的质量，g；

m_3——试验筛、托盘和混凝土的总质量，g；

m_4——通过筛孔流到托盘上的浆体和托盘的总质量，g。

6.12.6 思考题

① 影响混凝土抗离析性能的因素有哪些?

② 混凝土产生离析有何不利影响?

③ 工程中常采用哪些措施改善混凝土的离析问题?

6.13 混凝土拌合物绝热温升试验

6.13.1 试验目的

① 掌握混凝土拌合物绝热温升测定的目的及意义。

② 熟悉混凝土在水化过程中温度变化的基本原理。

6.13.2 试验依据

本试验参考标准为《普通混凝土拌合物性能试验方法标准》(GB/T 50080—2016)。实验室环境要求室温应控制在 (20±5)℃，相对湿度不低于 50%。

6.13.3 试验设备及耗材

绝热温升试验装置 [应符合现行标准《混凝土热物理参数测定仪》(JG/T 329—2011) 的有关规定，见图 6-9]、温度控制记录仪 (测量范围应为 0～100℃，精度不低于 0.05℃)、试验容器 (采用钢板制成，顶盖应具有橡胶密封圈，容器尺寸应大于骨料最大粒径的 3 倍)、捣棒 [符合现行标准《混凝土坍落度仪》(JG/T 248—2009) 的规定]、橡皮锤、混凝土拌合物试样。

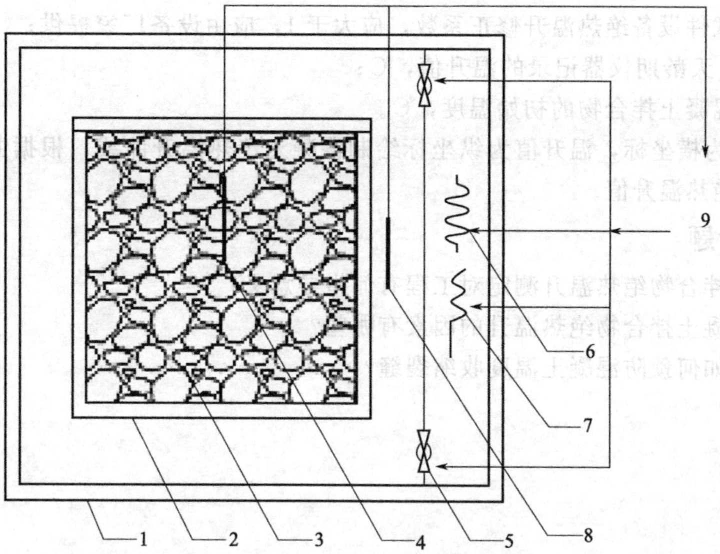

图 6-9 绝热温升试验装置

1—绝热试验箱；2—试样容器；3—混凝土试样；4—温度传感器；5—风扇；
6—制冷器；7—制热器；8—温度传感器；9—温度控制记录仪

6.13.4 试验步骤

① 试验前应根据仪器使用说明书检查仪器工作是否正常。绝热温升试验装置应进行绝热性检验，即试样容器（容积不小于 20L）内装与绝热温升试验试样体积相同的水，水温分别为 40℃和 60℃左右，在绝热温度跟踪状态下运行 72h，试样桶内水的温度变动值应不大于±0.05℃。试验时，绝热试验箱内空气的平均温度与试样中心温度的差值应保持不大于±0.1℃。如果超出精度±0.1℃，则应按仪器使用说明书规定，对仪器进行调整，再重复上述步骤，直至满足要求。

② 试验前 24h 应将混凝土拌合用原材料放在（20±2）℃的室内，使其温度与室温一致。

③ 将混凝土拌合物分两层装入试验容器中，每层捣实后高度约为 1/2 容器高度；每层装料后由边缘向中心均匀地插捣 25 次，捣棒应插透本层至下一层的表面；每一层捣完后用橡皮锤轻轻沿容器外壁敲打 5～10 次，进行振实，直至拌合物表面插捣孔消失。

④ 在容器中心应埋入一根测温管，测温管中应盛入少许变压器油，然后盖上容器上盖，保持密封。

⑤ 将试样容器放入绝热试验箱体内，温度传感器应装入测温管中，测得混凝土拌合物的初始温度。

⑥ 开始试验，控制绝热室温度与试样中心温度相差应不大于±0.1℃；试验开始后应每 0.5h 记录一次试样中心温度，历时 24h 后应每 1h 记录一次，7d 后可每 3～6h 记录一次；试验可在历时 7d 后结束试验，也可根据需要确定试验周期。

⑦ 试件从拌合、装料到开始测读温度，一般应在 30min 内完成。

6.13.5 数据处理

① 混凝土绝热温升应按式(6-34) 计算：

$$\theta_n = \alpha \times (\theta'_n - \theta_0) \tag{6-34}$$

式中　θ_n——n 天龄期混凝土的绝热温升值，℃；

α——试件设备绝热温升修正系数，应大于1，应由设备厂家提供；

θ'_n——n 天龄期仪器记录的温升值，℃；

θ_0——混凝土拌合物的初始温度，℃。

② 以龄期为横坐标，温升值为纵坐标绘制混凝土绝热温升曲线，根据曲线可查得不同龄期的混凝土绝热温升值。

6.13.6　思考题

① 混凝土拌合物绝热温升测定对工程有何指导意义？

② 影响混凝土拌合物绝热温升的因素有哪些？

③ 工程中如何预防混凝土温度收缩裂缝？

第7章　硬化混凝土性能试验

7.1　普通混凝土抗压强度试验

7.1.1　试验目的

① 掌握混凝土压力试验机的使用方法及其注意事项。

② 掌握混凝土抗压强度数据处理方法。

7.1.2　试验依据

本试验参考标准为《普通混凝土力学性能试验方法标准》(GB/T 50081—2002)。

混凝土抗压强度分为立方体抗压强度、轴心抗压强度和圆柱体抗压强度三种。立方体抗压强度在我国以及德国、英国等部分欧洲国家常用，而美国、日本等国常用直径 150mm，高度 300mm 的圆柱体试件按照《混凝土圆柱体试件的抗压强度的标准测试》(ASTM C39) 进行抗压强度试验。

普通混凝土力学性能试验应以 3 个试件为一组，每组试件所用的拌合物应从同一盘混凝土或同一车混凝土中取样。本方法适用于测定混凝土立方体试件的抗压强度。试件尺寸规格要求见本书中“6.2 普通混凝土试件的制作和养护试验”。

7.1.3　试验设备及耗材

压力试验机［除应符合《液压式万能试验机》(GB/T 3159—2008) 及《试验机通用技术要求》(GB/T 2611—2007) 中技术要求外，测量精度为±1%，试件破坏荷载应大于压力机全量程的 20%且小于压力机全量程的 80%。应具有加荷速度指示装置或加荷速度控制装置，并应能均匀、连续地加荷］、待测混凝土试件、毛巾、毛刷。

7.1.4　试验步骤

混凝土立方体抗压强度和轴心抗压强度测试虽然试件尺寸不同，但是其试验操作方法基本相同，具体步骤如下：

① 试件从养护地点取出后应及时进行试验，用干毛巾将试件表面以及上下承压板面擦干净。

② 将试件安放在试验机的下压板或垫板上，试件的承压面应与成型时的顶面垂直。试件的中心应与试验机下压板中心对准，开动试验机，当上压板与试件或钢垫板接近时，调整球座，使接触均衡。

③ 在试验过程中应连续均匀地加荷，混凝土强度等级＜C30 时，加荷速度取 0.3～

0.5MPa/s，混凝土强度等级≥C30且<C60时，取0.5～0.8MPa/s；混凝土强度等级≥C60时，取0.8～1.0MPa/s。

④ 当试件接近破坏开始急剧变形时，应停止调整试验机油门，直至破坏。然后记录破坏荷载值。

7.1.5 数据处理

① 混凝土立方体抗压强度试验结果按式(7-1) 计算：

$$f_{cc}=\frac{F}{A} \tag{7-1}$$

式中 f_{cc}——试件抗压强度，MPa，混凝土立方体抗压强度计算应精确至0.1MPa；

F——试件破坏荷载，N；

A——试件承压面积，mm^2。

② 混凝土轴心抗压强度试验结果按式(7-2) 计算：

$$f_{cp}=\frac{F}{A} \tag{7-2}$$

式中 f_{cp}——混凝土轴心抗压强度，MPa，计算应精确至0.1MPa；

F——试件破坏荷载，N；

A——试件承压面积，mm^2。

③ 混凝土抗压强度值（立方体抗压强度值和轴心抗压强度值）的确定应符合下列规定：

a. 取三个试件测量值的算术平均值作为该组试件的强度值，精确至0.1MPa。

b. 三个测量值中的最大值或最小值中如有一个与中间值的差值超过中间值的15%时，则取中间值作为该组试件的抗压强度值，精确至0.1MPa。

c. 如最大值和最小值与中间值的差均超过中间值的15%，则该组试件的试验结果无效。

④ 混凝土强度等级<C60时，用非标准试件测得的强度值均应乘以尺寸换算系数，具体换算系数见表7-1。当混凝土等级≥C60时，宜采用标准试件；使用非标准试件时，尺寸换算系数应由试验确定。

表7-1 混凝土强度测定试件尺寸换算系数

试件类型	立方体试件/mm			棱柱体试件/mm		
试件尺寸	100×100	150×150	200×200	100×100×300	150×150×300	200×200×400
换算系数	0.95	1.0	1.05	0.95	1.0	1.05

7.1.6 思考题

① 影响混凝土抗压强度的因素有哪些？

② 混凝土抗压强度数据处理有何要求？

③ 简述混凝土试件的环箍效应，并分析其产生原因。

7.2 普通混凝土劈裂抗拉强度试验

7.2.1 试验目的

① 掌握混凝土劈裂抗拉强度测定的基本方法及原理。

② 掌握混凝土劈裂抗拉强度测量对工程的指导意义。

7.2.2 试验依据

本试验参考标准为《普通混凝土力学性能试验方法标准》(GB/T 50081—2002)。

国内外均采用劈裂抗拉强度试验来测定混凝土的抗拉强度，该方法的原理是在试件的两相对表面的素线上，施加均匀分布的压力，在压力作用的竖向平面内产生均布拉应力，该拉应力随施加荷载而逐渐增大，当其达到混凝土的抗拉强度时，试件将发生拉伸破坏。该破坏属脆性破坏，破坏效果如同被劈裂开，试件沿两素线所成的竖向平面断裂成两半，故该强度称劈裂抗拉强度。该试验方法大大简化了抗拉试件的制作，且能较正确地反映试件的抗拉强度。

本方法适用于测定混凝土立方体试件的劈裂抗拉强度。边长150mm的立方体试件为标准试件，边长为100mm的立方体试件为非标准试件。

7.2.3 试验设备及耗材

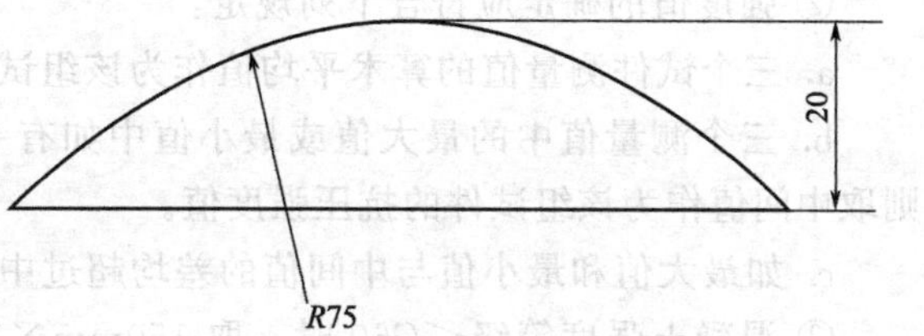

图 7-1 垫块

压力试验机（测量精度为±1%，试件破坏荷载应大于压力机全量程的20%且小于压力机全量程的80%。应具有加荷速度指示装置或加荷速度控制装置，并应能均匀、连续地加荷）、垫块（半径为75mm的钢制弧形垫块，其横截面尺寸如图7-1所示，垫块的长度与试件相同）、垫条（为三层胶合板制成，宽度为20mm，厚度为3～4mm，长度不小于试件长度，垫条不得重复使用）、支架（钢材质，如图7-2所示）、钢垫板（平面尺寸应不小于试件的承压面积，厚度应不小于25mm，钢垫板应机械加工，承压面的平面度公差为0.04mm；表面硬度不小于55HRC；硬化层厚度约为5mm）、钢板尺（量程大于600mm、分度值为1mm）、卡尺（量程大于200mm、分度值为0.02mm）、捣棒[直径(16±0.2)mm、长(600±5)mm、端部呈半球形]、毛刷、毛巾、待测混凝土试件。

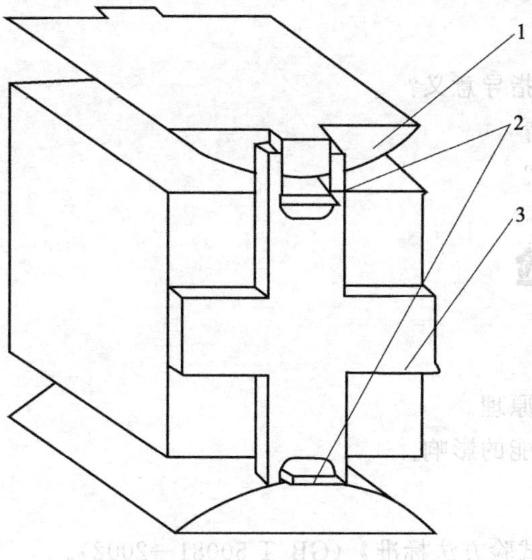

图 7-2 支架示意图
1—垫块；2—垫条；3—支架

7.2.4 试验步骤

① 试件从养护地点取出后应及时进行试验，用干毛巾将试件表面以及上下承压板面擦干净。

② 将试件放在试验机下压板的中心位置，劈裂承压面和劈裂面应与试件成型时的顶面垂直。

③ 在上、下压板与试件之间垫以圆弧形垫块及垫条各一条，垫块与垫条应与试件上、下面的中心线对准并与成型时的顶面垂直。应把垫条及试件安装在定位架上使用（如图7-2所示）。

④ 开动试验机，当上压板与圆弧形垫块接近时，调整球座，使接触均衡。

⑤ 连续均匀加荷，当混凝土强度等级＜C30 时，加荷速度取 0.02～0.05MPa/s；当混凝土强度等级≥C30 且＜C60 时，取 0.05～0.08MPa/s；当混凝土强度等级≥C60 时，取 0.08～0.10MPa/s，至试件接近破坏时，应停止调整试验机油门，直至试件破坏，然后记录破坏荷载值。

7.2.5 数据处理

① 混凝土劈裂抗拉强度应按式(7-3) 计算：

$$f_{ts}=\frac{2F}{\pi A}=0.637\frac{F}{A} \tag{7-3}$$

式中 f_{ts}——混凝土劈裂抗拉强度，MPa，计算精确到 0.01MPa；

F——试件破坏荷载，N；

A——试件劈裂面面积，mm^2。

② 强度值的确定应符合下列规定：

a. 三个试件测量值的算术平均值作为该组试件的强度值，精确至 0.01MPa。

b. 三个测量值中的最大值或最小值中如有一个与中间值的差值超过中间值的 15%时，则取中间值作为该组试件的抗压强度值。

c. 如最大值和最小值与中间值的差均超过中间值的 15%，则该组试件的试验结果无效。

③ 混凝土强度等级＜C60 时，取 150mm×150mm×150mm 试件的劈裂抗拉强度为标准值，其他尺寸试件测得的强度值均应乘以尺寸换算系数，采用 100mm×100mm×100mm 非标准试件测得的劈裂抗拉强度值，应乘以尺寸换算系数 0.85；当混凝土强度等级≥C60 时，宜采用标准试件；使用非标准试件时，尺寸换算系数应由试验确定。

④ 劈裂抗拉强度值若需换算为轴心抗拉强度，应乘以换算系数 0.9。

7.2.6 思考题

① 混凝土劈裂抗拉强度对混凝土工程有何指导意义？

② 影响混凝土劈裂抗拉强度的因素有哪些？

③ 混凝土劈裂抗拉强度数据处理有何要求？

7.3 普通混凝土抗折强度试验

7.3.1 试验目的

① 掌握测定混凝土抗折强度的方法和基本原理。

② 熟悉混凝土抗折强度对混凝土建筑物性能的影响。

7.3.2 试验依据

本试验参考标准为《普通混凝土力学性能试验方法标准》(GB/T 50081—2002)。

本方法适用于测定混凝土的抗折强度。本方法是采用 150mm×150mm×600mm 或 150mm×150mm×550mm 棱柱体混凝土标准试件或 100mm×100mm×400mm 的棱柱体混凝土非标准试件进行试验。试件在长向中部 1/3 区段内不得有表面直径超过 5mm、深度超过 2mm 的孔洞。

7.3.3 试验设备及耗材

液压万能试验机（试验机应能施加均匀、连续、速度可控的荷载，并带有能使两个相等荷载同时作用在试件跨度 3 分点处的抗折试验装置，见图 7-3。试件的支座和加荷头应采用直径为 20～40mm、长度不小于 $b+10$mm 的硬钢圆柱，支座立脚点固定铰支，其他应为滚动支点）、待测混凝土试件、毛巾、毛刷。

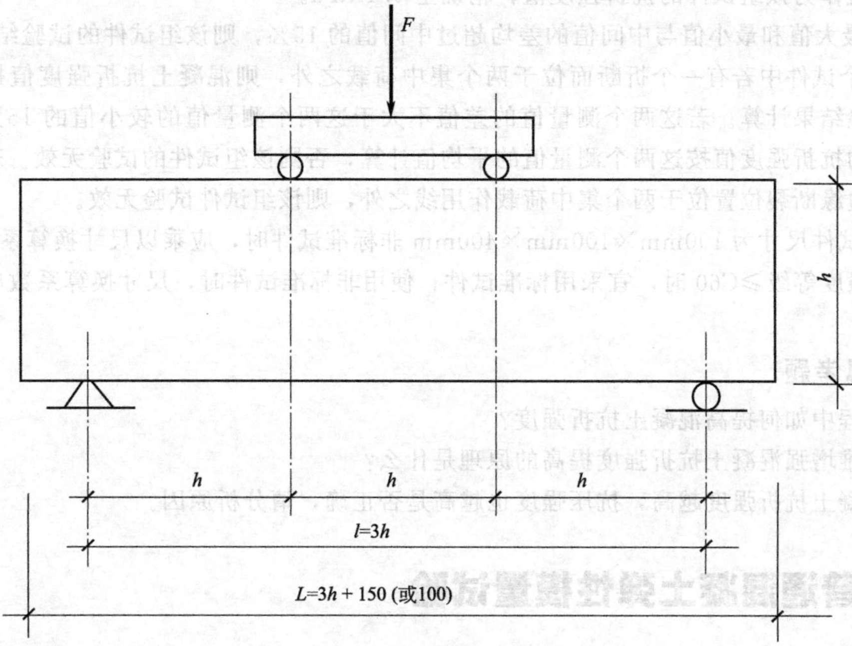

图 7-3　抗折试验装置

7.3.4　试验步骤

① 试件从养护地取出后应及时进行试验，用干毛巾将试件表面擦干净。

② 按图 7-3 装置试件，安装尺寸偏差不得大于 1mm。试件的承压面应为试件成型时侧面。支座及承压面与圆柱的接触面应平稳、均匀，否则应垫平。

③ 应均匀、连续地施加荷载。当混凝土强度等级＜C30 时，加荷速度取 0.02～0.05MPa/s；当混凝土强度等级≥C30 且＜C60 时，取 0.05～0.08MPa/s；当混凝土强度等级≥C60 时，取 0.08～0.10MPa/s，至试件接近破坏时，应停止调整试验机油门，直至试件破坏，然后记录破坏荷值。

④ 记录试件破坏荷载的试验机示值及试件下边缘断裂位置。

7.3.5　数据处理

① 若试件下边缘断裂位置处于二个集中荷载作用线之间，则试件的抗折强度 f_f 按式（7-4）计算：

$$f_f=\frac{Fl}{bh^2} \tag{7-4}$$

式中　f_f——混凝土抗折强度，MPa，计算应精确至 0.1MPa；

F——试件破坏荷载，N；

l——支座间跨度，mm；

h——试件截面高度，mm；

b——试件截面宽度，mm。

② 混凝土抗折强度应满足以下要求：

a. 取三个试件测量值的算术平均值作为该组试件的强度值，精确至 0.1MPa。

b. 三个测量值中的最大值或最小值中如有一个与中间值的差值超过中间值的 15%时，则取中间值作为该组试件的抗折强度值，精确至 0.1MPa。

c. 如最大值和最小值与中间值的差均超过中间值的 15%，则该组试件的试验结果无效。

d. 三个试件中若有一个折断面位于两个集中荷载之外，则混凝土抗折强度值按另两个试件的试验结果计算。若这两个测量值的差值不大于这两个测量值的较小值的 15%时，则该组试件的抗折强度值按这两个测量值的平均值计算，否则该组试件的试验无效。若有两个试件的下边缘断裂位置位于两个集中荷载作用线之外，则该组试件试验无效。

③ 当试件尺寸为 100mm×100mm×400mm 非标准试件时，应乘以尺寸换算系数 0.85，当混凝土强度等级≥C60 时，宜采用标准试件；使用非标准试件时，尺寸换算系数应由试验确定。

7.3.6 思考题

① 工程中如何提高混凝土抗折强度？

② 纤维增强混凝土抗折强度提高的原理是什么？

③ 混凝土抗折强度越高，抗压强度也越高是否正确，请分析原因。

7.4 普通混凝土弹性模量试验

7.4.1 试验目的

① 掌握混凝土弹性模量测定的基本方法及原理。

② 掌握弹性模量测量对混凝土工程的指导意义。

7.4.2 试验依据

本试验参考标准为《普通混凝土力学性能试验方法标准》(GB/T 50081—2002)、《普通混凝土长期性能和耐久性能试验方法标准》(GB/T 50082—2009)。

本方法适用于测定棱柱体试件的混凝土静力受压弹性模量。每次试验应制备 6 个试件。

7.4.3 试验设备及耗材

压力试验机（测量精度为±1%，试件破坏荷载应大于压力机全量程的 20%且小于压力机全量程的 80%。应具有加荷速度指示装置或加荷速度控制装置，并应能均匀、连续地加荷）、微变形测量仪（测量精度不得低于 0.001mm，微变形测量固定架的标距应为 150mm）、共振法混凝土动弹性模量测定仪（又称共振仪，输出频率可调范围应为 100～20000Hz，输出功率应能使试件产生受迫振动）、试件支承体（厚度约为 20mm 的泡沫塑料垫，宜采用表观密度为 16～18kg/m³ 的聚苯板）、电子秤（最大量程 20kg，感量不超过 5g）、待测混凝土试件、毛巾。

7.4.4 试验步骤

静力受压弹性模量

① 试件从养护地点取出后用干毛巾先将试件表面以及上下承压板面擦干净。

② 取 3 个试件按本书中“7.1 普通混凝土抗压强度试验”的规定，测定混凝土的轴心抗压强度 f_{cp}，另 3 个试件用于测定混凝土的弹性模量。

③ 在测定混凝土弹性模量时，微变形测量仪应安装在试件两侧的中线上，并对称于试件的两端。

④ 仔细调整试件在压力试验机上的位置，使其轴心与下压板的中心线对准。开动压力试验机，当上压板与试件接近时调整球座，使其接触均衡。

⑤ 加荷至基准应力为 0.5MPa 的初始荷载值 F_0，保持恒载 60s，并在以后的 30s 内记录每测点的变形读数 ε_0。应立即连续均匀地加荷至应力为轴心抗压强度 f_{cp} 的 1/3 的荷载值 F_a，保持恒载 60s 并在以后的 30s 内记录每一测点的变形读数 ε_a。

注意：在试验过程中应连续均匀地加荷，混凝土强度等级＜C30 时，加荷速度取 0.3～0.5MPa/s；混凝土强度等级≥C30 且＜C60 时，取 0.5～0.8MPa/s；混凝土强度等级≥C60 时，取 0.8～1.0MPa/s。

⑥ 当以上这些变形值之差与它们平均值之比大于 20%时，应重新对中试件后，重复步骤⑤。如果无法使其减少到低于 20%时，则此次试验无效。

⑦ 在确认试件对中符合步骤⑥后，以与加荷速度相同的速度卸荷至基准应力 0.5MPa（F_0），恒载 60s；然后用同样的加荷和卸荷速度以及 60s 的保持恒载（F_0 及 F_a）至少进行两次反复预压。在最后一次预压完成后，在基准应力 0.5MPa（F_0）持荷 60s 并在以后的 30s 内记录每一测点的变形读数 ε_0；再用同样的加荷速度加荷至 F_a，持荷 60s 并在以后的 30s 内记录每一测点的变形读数 ε_a，图 7-4 为其加荷方法示意图。

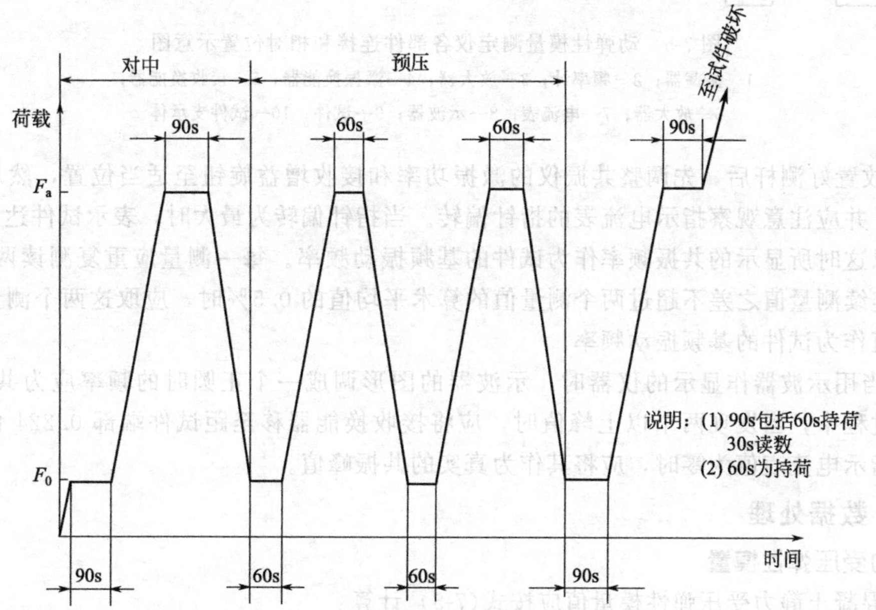

图 7-4　弹性模量加荷方法示意图

⑧ 卸除微变形测量仪，以同样的速度加荷至破坏，记录破坏荷载；如果试件的抗压强度与 f_{cp} 之差超过 f_{cp} 的 20%时，则应在报告中注明。

动弹性模量

本方法适用于采用共振法测定混凝土的动弹性模量。动弹性模量试验应采用尺寸为 100mm×100mm×400mm 的棱柱体试件。

① 首先应测定试件的质量和尺寸。试件质量应精确至 0.01kg，尺寸的测量应精确至 1mm。

② 测定完试件的质量和尺寸后，应将试件放置在支撑体中心位置，成型面应向上。

③ 将激振换能器的测杆轻轻地压在试件长边侧面中线的 1/2 处，接收换能器的测杆轻轻地压在试件长边侧面中线距端面 5mm 处。在测杆接触试件前，应在测杆与试件接触面涂一薄层黄油或凡士林作为耦合介质，测杆压力的大小应以不出现噪声为准。采用的动弹性模量测定仪各部件连接和相对位置应符合图 7-5 的规定。

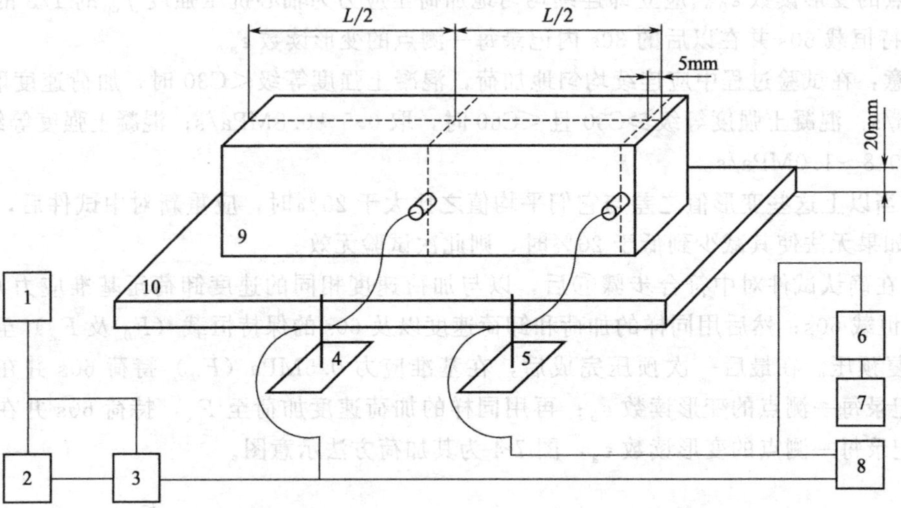

图 7-5　动弹性模量测定仪各部件连接和相对位置示意图

1—振荡器；2—频率计；3—放大器；4—激振换能器；5—接收换能器；6—放大器；7—电流表；8—示波器；9—试件；10—试件支承体

④ 放置好测杆后，先调整共振仪的激振功率和接收增益旋钮至适当位置，然后变换激振频率，并应注意观察指示电流表的指针偏转。当指针偏转为最大时，表示试件达到共振状态，应以这时所显示的共振频率作为试件的基频振动频率。每一测量应重复测读两次以上，当两次连续测量值之差不超过两个测量值的算术平均值的 0.5%时，应取这两个测量值的算数平均值作为试件的基频振动频率。

⑤ 当用示波器作显示的仪器时，示波器的图形调成一个正圆时的频率应为共振频率。在测试过程中，当发现两个以上峰值时，应将接收换能器移至距试件端部 0.224 倍试件长处，当指示电流表值为零时，应将其作为真实的共振峰值。

7.4.5　数据处理

静力受压弹性模量

① 混凝土静力受压弹性模量值应按式(7-5) 计算：

$$E_C=\frac{F_a-F_0}{A}\times\frac{L}{\Delta n} \tag{7-5}$$

$$\Delta n=\varepsilon_a-\varepsilon_0 \tag{7-6}$$

式中　E_C——混凝土静力受压弹性模量，MPa，计算精确至 100MPa；

F_a——应力为 1/3 轴心抗压强度时的荷载，N；

F_0——应力为 0.5MPa 时的初始荷载，N；

A——试件承压面积，mm²；

L——测量标距，mm；

Δn——最后一次从 F_0 加荷至 F_a 时试件两侧变形的平均值，mm；

ε_a——F_a 时试件两侧变形的平均值，mm；

ε_0——F_0 时试件两侧变形的平均值，mm。

② 弹性模量按三个试件测量值的算术平均值计算。如果其中有一个试件的轴心抗压强度值与用以确定检验控制荷载的轴心抗压强度值相差超过后者的20%，则弹性模量值按另两个试件测量值的算术平均值计算；如有两个试件超过上述规定时，则此次试验无效。

动弹性模量

① 动弹性模量应按式(7-7)计算：

$$E_d = 13.244 \times 10^{-4} \times WL^3 f^2 / a^4 \tag{7-7}$$

式中 E_d——混凝土动弹性模量，MPa；

a——正方体截面试件的边长，mm；

L——试件的长度，mm；

W——试件的质量，kg，精确到0.01kg；

f——试件横向振动时的基频振动频率，Hz。

② 每组应以三个试件动弹性模量的试验结果的算术平均值作为测定值，计算应精确至100MPa。

7.4.6 思考题

① 混凝土弹性模量测定的意义是什么？

② 简述混凝土静力受压弹性模量和动弹性模量之间的区别。

③ 影响混凝土弹性模量的因素有哪些？

7.5 普通混凝土抗冻性能试验

7.5.1 试验目的

① 掌握混凝土抗冻性能测试的基本方法及原理。

② 掌握混凝土抗冻性能检测对工程的指导意义。

7.5.2 试验依据

本试验参考标准为《普通混凝土长期性能和耐久性能试验方法标准》(GB/T 50082—2009)。单面冻融法实验室环境要求室温应控制在（20±2)℃，相对湿度（65±5)%。

冻融破坏是指水工建筑物已硬化的混凝土在浸水饱和或潮湿状态下，由于温度正负交替变化（气温或水位升降），使混凝土内部孔隙水形成冻结膨胀压、渗透压及结晶压力等，产生疲劳应力，造成混凝土由表及里逐渐剥蚀的一种破坏现象。

混凝土抗冻性试验包括慢冻法、快冻法、单面冻融法（也称盐冻法）三种。

7.5.3 试验设备及耗材

慢冻法

① 冻融试验箱：应能使试件静止不动，并应通过气冻水融进行冻融循环。在满载运转的条件下，冷冻期间冻融试验箱内空气的温度应能保持在－20～－18℃范围内；融化期间冻融试验箱内浸泡混凝土保持在18～20℃范围内；满载时冻融试验箱内各点温度极差不应超

过 2℃，采用自动冻融设备时，控制系统还应具有自动控制、数据曲线实时动态显示、断电记忆和试验数据动存储等功能。

② 试件架：应采用不锈钢或者其他耐腐蚀的材料制作，其尺寸应与冻融试验箱和所装的试件相适应。

③ 其他：电子天平（量程 20kg，感量不超过 5g）、压力试验机、温度传感器（温度检测范围应不小于－20～20℃，测量精度应为±0.5℃）、待测混凝土试件。

快冻法

① 试件盒：如图 7-6 所示，宜采用具有弹性的橡胶材料制作，其内表面底部应有半径为 3mm 橡胶突起部分。盒内加水后水面应至少高出试件顶面 5mm。试件盒横截面尺寸宜为 115mm×115mm，试件盒长度宜为 500mm。

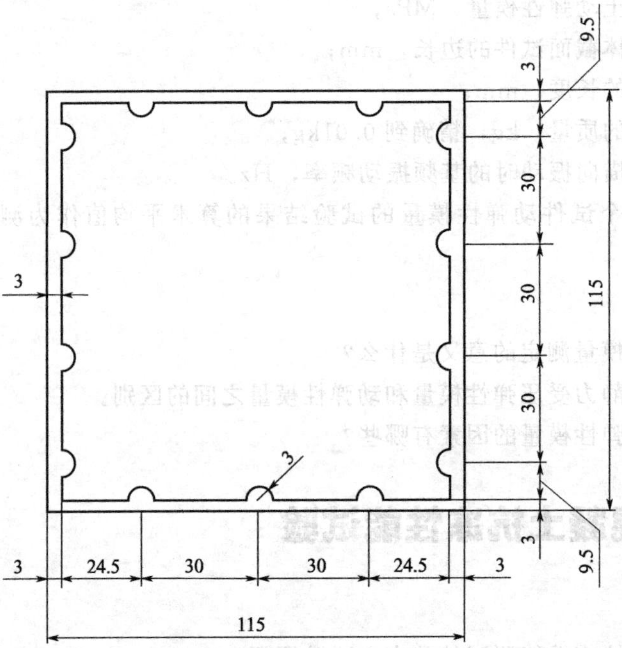

图 7-6　橡胶试件盒横截面示意图（单位：mm）

② 快速冻融装置：应符合现行标准《混凝土抗冻试验设备》（JG/T 243—2009）的规定。除应在测温试件中埋设温度传感器外，尚应在冻融箱内防冻液中心、中心与任何一个对角线的两端分别设有温度传感器。运转时冻融箱内防冻液各点温度的极差不得超过 2℃。

③ 其他：混凝土动弹性模量测定仪、电子天平（量程 20kg，感量不超过 5g）、温度传感器（温度检测范围应不小于－20～20℃，测量精度应为±0.5℃）、待测混凝土试件。

单面冻融法（又称盐冻法）

① 顶部有盖的试件盒：如图 7-7 所示，采用不锈钢制成，容器内的长度应为（250±1）mm，宽度应为（200±1）mm，高度应为（120±1）mm。容器底部应安置高（5±0.1）mm 不吸水、浸水不变形且在试验过程中不影响溶液组分的非金属三角垫条或支承。

② 液面调整装置：如图 7-8 所示，由一支吸水管和使液面与试件盒底部间的距离保持在一定范围内的液面自动定位控制装置组成，在使用时，液面调整装置应使液面高度保持在（10±1）mm。

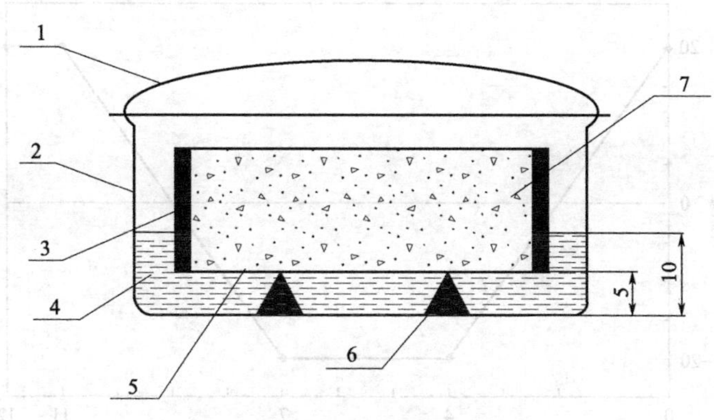

图 7-7　试件盒示意图（单位：mm）

1—盖子；2—盒体；3—侧向封闭；4—试验液体；5—试验表面；6—垫条；7—试件

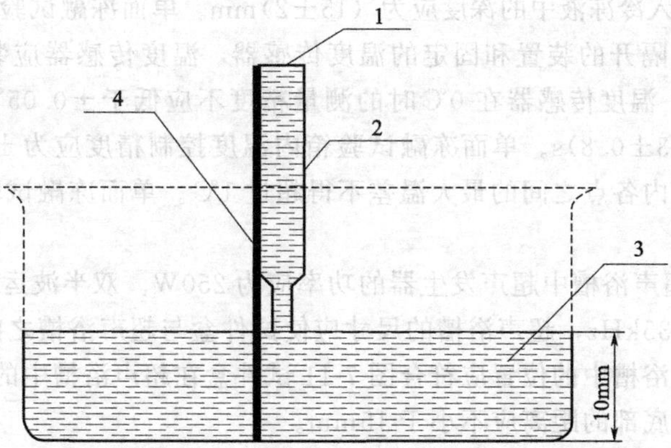

图 7-8　液面调整装置示意图

1—吸水装置；2—毛细吸管；3—试验液体；4—定位控制装置

③ 单面冻融试验箱：如图 7-9 所示，应符合《混凝土抗冻试验设备》(JG/T 243—2009) 的规定，冻融循环制度如图 7-10 所示，其温度应从 20℃开始，并以 (10±1)℃/h 的速度均匀地降至−(20±1)℃，且应维持 3h；然后应从−20℃开始，并以 (10±1)℃/h 的速度均匀地升至 (20±1)℃，且应维持 1h。

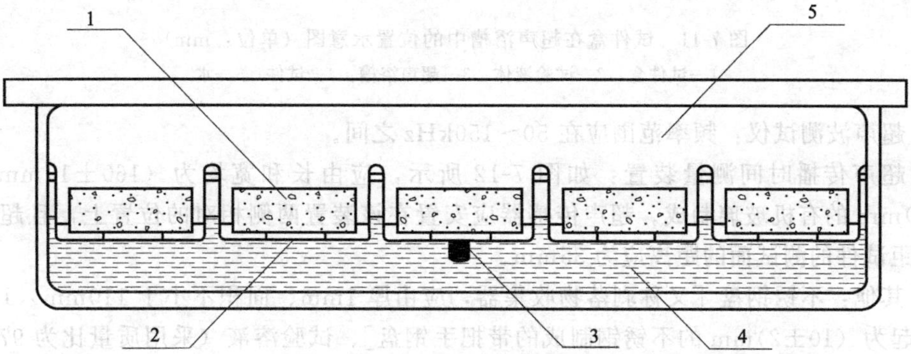

图 7-9　单面冻融试验箱示意图

1—试件；2—试件盒；3—测温度点（参考点）；4—制冷液体；5—空气隔热层

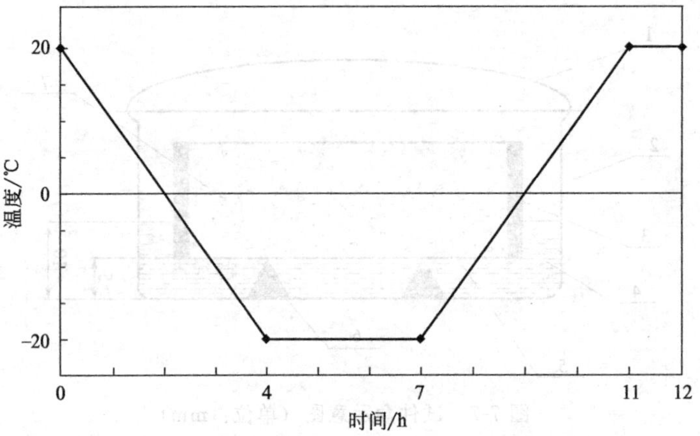

图 7-10 冻融循环制度

试件盒的底部浸入冷冻液中的深度应为（15±2）mm。单面冻融试验箱内应装有可将冷冻液和试件盒上部空间隔开的装置和固定的温度传感器，温度传感器应装在 50mm×6mm×6mm 的矩形容器内。温度传感器在 0℃时的测量精度不应低于±0.05℃，在冷冻液中测温的时间间隔应为（6.3±0.8）s。单面冻融试验箱内温度控制精度应为±0.5℃，当满载运转时，单面冻融试验箱内各点之间的最大温差不得超过 1℃。单面冻融试验箱连续工作时间不应少于 28d。

④ 超声浴槽：超声浴槽中超声发生器的功率应为 250W。双半波运行下高频峰值功率应为 450W，频率应为 35kHz，超声浴槽的尺寸应使试件盒与超声浴槽之间无机械接触地置于其中，试件盒在超声浴槽中的位置应符合图 7-11 试件盒在超声浴槽中的位置示意图的规定，且试件盒和超声浴槽底部的距离应不小于 15mm。

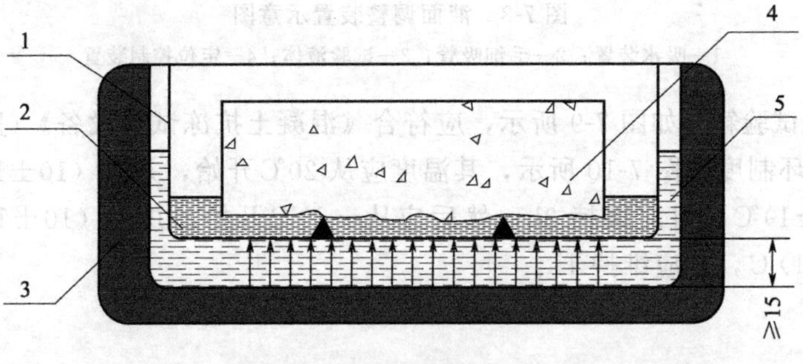

图 7-11 试件盒在超声浴槽中的位置示意图（单位：mm）

1—试件盒；2—试验液体；3—超声浴槽；4—试件；5—水

⑤ 超声波测试仪：频率范围应在 50～150kHz 之间。

⑥ 超声传播时间测量装置：如图 7-12 所示，应由长和宽均为（160±1）mm、高为（80±1）mm 的有机玻璃制成。超声传感器应安置在该装置两侧相对的位置上，且超声传感器轴线距试件的测试面的距离应为 35mm。

⑦ 其他：不锈钢盘［又称剥落物收集器，应由厚 1mm、面积不小于 110mm×150mm、边缘翘起为（10±2）mm 的不锈钢制成的带把手钢盘］、试验溶液（采用质量比为 97%蒸馏水和 3%NaCl 配制而成的盐溶液）、烘箱［温度应为（110±5）℃］、称量设备两台（最大量程 10kg，感量 0.1g；最大量程 5kg，感量 0.01g）、游标卡尺（量程不小于 300mm，精度应

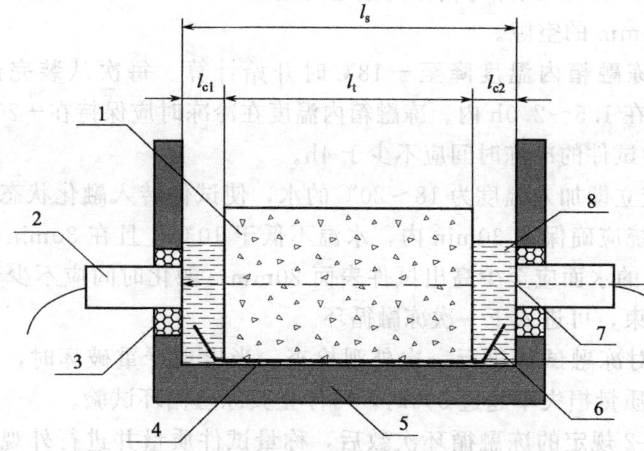

图 7-12 超声传播时间测量装置（单位：mm）

1—试件；2—超声传感器（又称探头）；3—密封层；4—测试面；5—超声容器；6—不锈钢盘；7—超声传播轴；8—试验溶液

为±0.1mm）、待测混凝土试件（采用 150mm×150mm×150mm 的立方体试模成型，并附加尺寸为 150mm×150mm×2mm 聚四氟乙烯片）、密封材料（涂异丁橡胶的铝箔或环氧树脂，密封材料应采用在－20℃和盐侵蚀条件下仍保持原有性能，且在达到最低温度时不得表现为脆性的材料）。

7.5.4 试验步骤

慢冻法

本方法适用于测定混凝土试件在气冻水融条件下，以经受的冻融循环次数来表示混凝土抗冻性能。慢冻法抗冻试验所采用的试件尺寸为 100mm×100mm×100mm 的立方体试件。慢冻法试验所需要的试件组数应符合表 7-2 的规定，每组试件应为 3 块。

表 7-2 慢冻法试验所需要的试件组数

设计抗冻标号	D25	D50	D100	D150	D200	D250	D300	D300 以上
检查强度所需冻融次数	25	50	50 及 100	100 及 150	150 及 200	200 及 250	250 及 300	300 及设计次数
鉴定 28d 强度所需试件组数	1	1	1	1	1	1	1	1
冻融试件组数	1	1	2	2	2	2	2	2
对比试件组数	1	1	2	2	2	2	2	2
总计试件组数	3	3	5	5	5	5	5	5

① 在标准养护室内或同条件养护的冻融试验的试件，应在养护龄期为 24d 时提前将试件从养护地点取出，随后应将试件放在（20±2）℃水中浸泡，浸泡时水面应高出试件顶面 20～30mm，在水中浸泡的时间应为 4d，试件应在 28d 龄期时开始进行冻融试验。始终在水中养护的冻融试验的试件，当试件养护龄期达到 28d 时，可直接进行后续试验，对此种情况，应在试验报告中予以说明。

② 当试件养护龄期达到 28d 时，应及时取出冻融试验的试件，用湿布擦除表面水分后对外观尺寸进行测量，试件的外观尺寸应满足本书“6.2 普通混凝土试件的制作和养护试验”中所述要求，并应分别编号、称重，然后按编号置入试件架内，且试件架与试件的接触

面积不宜超过试件底面的1/5。试件与箱体内壁之间应至少留有20mm的空隙。试件架中各试件之间应至少保持30mm的空隙。

③ 冷冻时间应在冻融箱内温度降至－18℃时开始计算。每次从装完试件到温度降至－18℃所需的时间应在1.5～2.0h内。冻融箱内温度在冷冻时应保持在－20～－18℃。

④ 每次冻融循环中试件的冷冻时间应不少于4h。

⑤ 冷冻结束后，应立即加入温度为18～20℃的水，使试件转入融化状态，加水时间不应超过10min。控制系统应确保在30min内，水温不低于10℃，且在30min后水温能保持在18～20℃。冻融箱内的水面应至少高出试件表面20mm，融化时间应不少于4h。融化完毕视为该次冻融循环结束，可进入下一次冻融循环。

⑥ 每25次循环宜对冻融试件进行一次外观检查。当出现严重破坏时，应立即进行称重。当一组试件的平均质量损失率超过5%时，可停止其冻融循环试验。

⑦ 试件在达到表7-2规定的冻融循环次数后，称量试件质量并进行外观检查，详细记录试件表面破损、裂缝及边角缺损情况。当试件表面破损严重时，应先用高强石膏找平，然后应进行抗压强度试验。

⑧ 当冻融循环因故中断且试件处于冷冻状态时，试件应继续保持冷冻状态，直至恢复冻融试验为止，并应将故障原因及暂停时间在试验结果中注明。当试件处在融化状态下因故中断时，中断时间不应超过两个冻融循环的时间。在整个试验过程中，超过两个冻融循环时间的中断故障次数不得超过两次。

⑨ 当部分试件由于失效破坏或者停止试验被取出时，应用空白试件填充空位。

⑩ 对比试件应继续保持原有的养护条件，直到完成冻融循环后，与冻融试验的试件同时进行抗压强度试验。

注意：当冻融循环出现下列三种情况之一时，可停止试验。

① 已达到规定的循环次数。

② 抗压强度损失率已达到25%。

③ 质量损失率已达到5%。

快冻法

本方法适用于测定混凝土试件在水冻水融条件下，以经受的快速冻融循环次数来表示的混凝土抗冻性能。快冻法抗冻试验应采用尺寸为100mm×100mm×400mm的棱柱体试件，每组试件应为3块。成型试件时，不得采用憎水性脱模剂。除制作冻融试验的试件外，尚应制作同样形状、尺寸且中心埋有温度传感器的测温试件，测温试件应采用防冻液作为冻融介质。测温试件所用混凝土的抗冻性能应高于冻融试件。测温试件的温度传感器应埋设在试件中心。温度传感器不能采用钻孔后插入的方式埋设。

① 在标准养护室内或同条件养护的试件，应在养护龄期为24d时提前将冻融试验的试件从养护地点取出，随后应将冻融试件放在(20±2)℃水中浸泡，浸泡时水面应高出试件顶面20～30mm。在水中浸泡时间应为4d，试件应在28d龄期时开始进行冻融试验。始终在水中养护的试件，当试件养护龄期达到28d时，可直接进行后续试验。对此种情况，应在试验报告中予以说明。

② 当试件养护龄期达到28d时应及时取出试件，用湿布擦除表面水分后对外观尺寸进行测量，试件的外观尺寸应满足本书“6.2 普通混凝土试件的制作和养护试验”中所述要求，并应编号、称量试件初始质量 m_{0i}；然后应按本书“7.4 普通混凝土弹性模量试验”中的规定测定其横向基频的初始值 f_{0i}。

③ 将试件放入试件盒内，试件应位于试件盒中心，然后将试件盒放入冻融箱内的试件架中，并向试件盒中注入清水。在整个试验过程中，盒内水位高度应始终保持至少高出试件顶面5mm。

④ 测温试件盒应放在冻融箱的中心位置。

⑤ 冻融循环过程应符合下列规定：

a. 每次冻融循环应在2～4h内完成，且用于融化的时间不得少于整个冻融循环时间的1/4。

b. 在冷冻和融化过程中，试件中心最低和最高温度应分别控制在－(18±2)℃和（5±2)℃内，在任意时刻，试件中心温度不得高于7℃，且不得低于－20℃。

c. 每块试件从3℃降至－16℃所用的时间不得少于冷冻时间的1/2；每块试件从－16℃升至3℃所用时间不得少于整个融化时间的1/2，试件内外的温差不宜超过28℃。

d. 冷冻和融化之间的转换时间不宜超过10min。

⑥ 每隔25次冻融循环应测量试件的横向基频 f_{ni}。测量前应先将试件表面浮渣清洗干净并擦干表面水分，然后检查其外部损伤并称量试件的质量 m_{ni}。随后应按本书“7.4 普通混凝土弹性模量试验”中的方法测定其横向基频。测完后，应迅速将试件调头重新装入试件盒内并加入清水，继续试验。试件的测量、称量及外观检查应迅速，待测试件应用湿布覆盖。

⑦ 当有试件停止试验而被取出时，应另用其他试件填充空位。当试件在冷冻状态下因故中断时，试件应保持在冷冻状态，直至恢复冻融试验为止，并应将故障原因及暂停时间在试验结果中注明。试件在非冷冻状态下发生故障的时间不宜超过两个冻融循环的时间。在整个试验过程中，超过两个冻融循环时间的中断故障次数不得超过两次。

注意：当冻融循环出现下列情况之一时，可停止试验。

① 达到规定的冻融循环次数。

② 试件的相对动弹性模量下降到60%。

③ 试件的质量损失率达5%。

单面冻融法（又称盐冻法）

本方法适用于测定混凝土试件在大气环境中且与盐接触的条件下，以能够经受的冻融循环次数或者表面剥落质量或超声波相对动弹性模量来表示的混凝土抗冻性能。

① 试件制作应符合下列规定。

a. 在制作试件时，应采用150mm×150mm×150mm的立方体试模，应在模具中间插入一片聚四氟乙烯片，使试模均分为两部分，聚四氟乙烯片不得涂抹任何脱模剂。当骨料尺寸较大时，应在试模的两内侧各放一片聚四氟乙烯片，但骨料的最大粒径不得大于超声波最小传播距离的1/3。应将接触聚四氟乙烯片的面作为测试面。

b. 试件成型后，先在空气中带模养护（24±2)h，然后将试件脱模并放在（20±2)℃的水中养护至7d龄期。当试件的强度较低时，带模养护的时间可延长，在（20±2)℃的水中的养护时间应相应缩短。

c. 当试件在水中养护至7d龄期后，对试件进行切割。试件切割位置应符合图7-13的规定。首先应将试件的成型面切去，试件的高度应为110mm。然后将试件从中间的聚四氟乙烯片分开成两个试件，每个试件的尺寸应为150mm×110mm×70mm，偏差应为±2mm。切割完成后，应将试件放置在空气中养护。对于切割后的试件与标准试件的尺寸有偏差的，应在报告中注明。非标准试件的测试表面边长应不小于90mm；对于形状不规则的试件，其测试表面大小应能保证内切一个直径 90mm 的圆，试件的长高比应不大于 3。

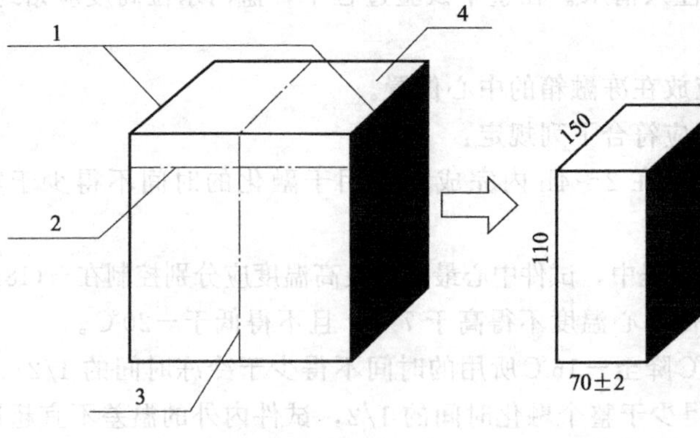

(a) 150mm立方体　　(b) 一个试件

图 7-13　试件切割位置示意图（单位：mm）

1—聚四氟乙烯片（测试面）；2、3—切割线；4—成型面

d. 每组试件的数量不应少于 5 个，且总的测试面积不得少于 0.08m²。

② 单面冻融试验应按照下列步骤进行。

a. 将达到规定养护龄期的试件放在温度为 (20±2)℃、相对湿度为 (65±5)% 的实验室中干燥至 28d 龄期。干燥时试件应侧立并相互间隔 50mm。

b. 在试件干燥至 28d 龄期前的 2～4d，除测试面和与测试面相平行的顶面外，其他侧面应采用环氧树脂或其他密封材料进行密封。密封前应对试件侧面进行清洁处理。在密封过程中，试件应保持清洁和干燥，并称量和记录试件密封前后的质量 m_0 和 m_1，精确至 0.1g。

c. 将密封好的试件放置在试件盒中，并使测试面向下接触垫条，试件与试件盒侧壁之间的空隙为 (30±2)mm。向试件盒中加入试验液体，要求试验液体不得溅湿试件顶面。试验液体的液面高度应由液面调整装置调整为 (10±1)mm。加入试验液体后，盖上试件盒的盖子，并记录加入试验液体的时间。试件预吸水时间应持续 7d，试验温度保持在 (20±2)℃。预吸水期间应定期检查试验液体高度，并始终保持试验液体高度满足 (10±1)mm 的要求。试件预吸水过程中应每隔 2～3d 测量一次试件的质量，精确至 0.1g。

d. 当试件预吸水结束之后，应采用超声波测试仪测定试件的超声传播时间初始值 t_0，精确至 0.1μs。在每个试件测试开始前，应对超声波测试仪器进行校正。超声传播时间初始值的测量应符合以下规定。

(a) 首先迅速将试件从试件盒中取出，并以测试面向下的方向将试件放置在不锈钢盘上，然后将试件连同不锈钢盘一起放入超声传播时间测量装置中。超声传感器的探头中心与试件测试面之间的距离应为 35mm。向超声传播时间测量装置中加入试验溶液作为耦合剂，且液面应高于超声传感器探头 10mm。但不应超过试件上表面。

(b) 每个试件的超声传播时间应通过测量离测试面 35mm 的两条相互垂直的传播轴得到。可通过细微调整试件位置，使测量的传播时间最少，以此确定试件的最终测量位置，并标记这些位置作为后续试验中定位时采用。

(c) 试验过程中，应始终保持试件和耦合剂的温度为 (20±2)℃，防止试件的上表面被湿润，排除超声传感器表面和试件两侧的气泡，并应保护试件的密封材料不受损伤。

e. 将完成超声传播时间初始值测量的试件按要求重新装入试件盒中。试验溶液的高度应为（10±1)mm。在整个试验过程中应随时检查试件盒中的液面高度，并对液面进行及时调整。将装有试件的试件盒放置在单面冻融试验箱的托架上，当全部试件盒放入单面冻融试验箱中后，应确保试件盒浸泡在冷冻液中的深度为（15±2)mm，且试件盒在单面冻融试验箱的位置符合图7-14的规定，在冻融循环试验前，先采用超声浴方法将试件表面的疏松颗粒和物质清除，清除之物应作为废弃物处理。

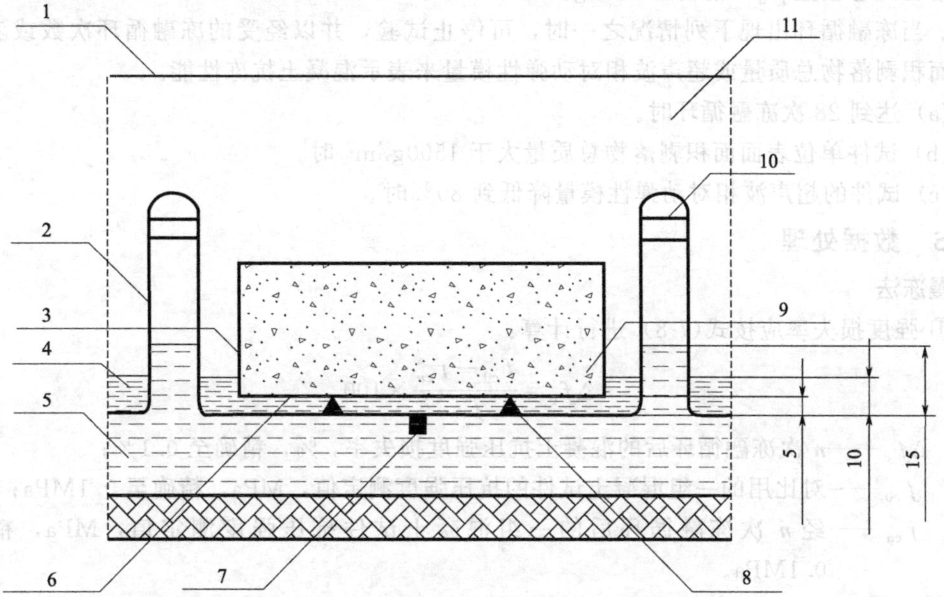

图7-14　试件盒在单面冻融试验箱中的位置示意图（单位：mm）

1—试验机盖；2—相邻试件盒；3—侧向密封层；4—试验液体；5—制冷液体；6—测试面；7—测温点（参考点)；8—垫条；9—试件；10—托架；11—隔热空气层

f. 在进行单面冻融试验时，去掉试件盒的盖子。冻融循环过程宜连续不断地进行。当冻融循环过程被打断时，应将试件保存在试件盒中，并保持试验液体的高度。

g. 每4个冻融循环后对试件的剥落物、吸水率、超声波相对传播时间和超声波相对动弹性模量进行一次测量。

注意：上述参数测量应在（20±2)℃的恒温室中进行。当测量过程被打断时，应将试件保存在盛有试验液体的试验容器中。

h. 试件的剥落物、吸水率、超声波相对传播时间和超声波相对动弹性模量的测量应按下列步骤进行。

(a) 先将试件盒从单面冻融试验箱中取出，并放置到超声浴槽中，使试件的测试面朝下，浸泡在试验液体中超声浴3min。

(b) 用超声浴方法处理完试件剥落物后，立即将试件从试件盒中拿起，并垂直放置在一吸水物表面上。待测试面液体流尽后，将试件放在不锈钢盘中，使测试面向下。用干毛巾将试件侧面和上表面的水擦干净后，将试件从钢盘中拿开，并将钢盘放置在天平上归零，再将试件放回到不锈钢盘中进行称量。记录此时试件的质量 m_n，精确至0.1g。

(c) 称量后将试件与不锈钢盘一起放置在超声传播时间测量装置中，并按测量超声传播时间初始值相同的方法测定此时试件的超声传播时间 t_n，精确至0.1μs。

(d) 测量完试件的超声传播时间后，应重新将试件放入另一个试件盒中，并按上述要求进行下一个冻融循环。

(e) 将试件重新放入试件盒后，应及时将超声波测试过程中掉落到不锈钢盘中的剥落物收集到试件盒中，并用滤纸过滤留在试件盒中的剥落物。过滤前应先称量滤纸的质量 μ_f，然后将过滤后含有全部剥落物的滤纸置在 (110±5)℃的烘箱中烘干 24h，并在温度为 (20±2)℃、相对湿度为 (60±5)%的实验室中冷却 (60±5)min。冷却后称量烘干后滤纸和剥落物的总质量 μ_b，精确至 0.01g。

i. 当冻融循环出现下列情况之一时，可停止试验，并以经受的冻融循环次数或者单位表面面积剥落物总质量或超声波相对动弹性模量来表示混凝土抗冻性能。

(a) 达到 28 次冻融循环时。

(b) 试件单位表面面积剥落物总质量大于 $1500g/m^2$ 时。

(c) 试件的超声波相对动弹性模量降低到 80%时。

7.5.5 数据处理

慢冻法

① 强度损失率应按式(7-8) 进行计算：

$$\Delta f_c = \frac{f_{c0} - f_{cn}}{f_{c0}} \times 100 \tag{7-8}$$

式中 Δf_c——n 次冻融循环后的混凝土抗压强度损失率，%，精确至 0.1%；

f_{c0}——对比用的一组混凝土试件的抗压强度测定值，MPa，精确至 0.1MPa；

f_{cn}——经 n 次冻融循环后的一组混凝土试件抗压强度测定值，MPa，精确至 0.1MPa。

② f_{c0}和 f_{cn}应以三个试件抗压强度试验结果的算术平均值作为测定值。当三个试件抗压强度最大值和最小值有一个与中间值之差超过中间值的 15%时，应剔除此值，再取其余两值的算术平均值作为测定值；当最大值和最小值均超过中间值的 15%时，应取中间值作为测定值。

③ 单个试件的质量损失率应按式(7-9) 计算：

$$\Delta w_{ni} = \frac{m_{0i} - m_{ni}}{m_{0i}} \times 100 \tag{7-9}$$

式中 Δw_{ni}——n 次冻融循环后第 i 个混凝土试件的质量损失率，%，精确至 0.01%；

m_{0i}——冻融循环试验前第 i 个混凝土试件的质量，g；

m_{ni}——n 次冻融循环后第 i 个混凝土试件的质量，g。

④ 一组试件的平均质量损失率应按式(7-10) 计算：

$$\Delta w_n = \frac{\sum_{i=1}^{3} \Delta w_{ni}}{3} \times 100 \tag{7-10}$$

式中，Δw_n 为 n 次冻融循环后一组混凝土试件的平均质量损失率 (%)，精确至 0.1%。

每组试件的平均质量损失率应以三个试件的质量损失率试验结果的算术平均值作为测定值。当某个试验结果出现负值，应取 0，再取三个试件的算术平均值。当三个值中的最大值和最小值有一个与中间值之差超过 1%时，应剔除此值，再取其余两值的算术平均值作为测定值；当最大值和最小值与中间值之差均超过 1%时，应取中间值作为测定值。

⑤ 抗冻标号应以抗压强度损失率不超过 25%或者质量损失率不超过 5%时的最大冻融循环次数按表 7-2 确定，并用符号 D 表示。

快冻法

① 相对动弹性模量应按式(7-11) 和式(7-12) 计算：

$$P_i=\frac{f_{ni}^2}{f_{0i}^2}\times 100 \tag{7-11}$$

式中 P_i——经 n 次冻融循环后第 i 个混凝土试件的相对动弹性模量，%，精确至 0.1%；

f_{ni}——经 n 次冻融循环后第 i 个混凝土试件的横向基频，Hz；

f_{0i}——冻融循环试验前第 i 个混凝土试件横向基频初始值，Hz。

$$P=\frac{1}{3}\sum_{i=1}^{3}P_i \tag{7-12}$$

式中 P——经 n 次冻融循环后一组混凝土试件的相对动弹性模量，%，精确至 0.1%。

相对动弹性模量 P 应以三个试件试验结果的算术平均值作为测定值。当最大值和最小值有一个与中间值之差超过中间值的 15%时，应剔除此值，并应取其余两值的算术平均值作为测定值；当最大值和最小值与中间值之差均超过中间值的 15%时，应取中间值作为测定值。

② 单个试件的质量损失率应按式(7-13) 计算：

$$\Delta w_{ni}=\frac{m_{0i}-m_{ni}}{m_{0i}}\times 100 \tag{7-13}$$

式中 Δw_{ni}——n 次冻融循环后第 i 个混凝土试件的质量损失率，%，精确至 0.01%；

m_{0i}——冻融循环试验前第 i 个混凝土试件的质量，g；

m_{ni}——n 次冻融循环后第 i 个混凝土试件的质量，g。

③ 一组试件的平均质量损失率应按式(7-14) 计算：

$$\Delta w_n=\frac{\sum_{i=1}^{3}\Delta w_{ni}}{3}\times 100 \tag{7-14}$$

式中，Δw_n 为 n 次冻融循环后一组混凝土试件的平均质量损失率（%），精确至 0.1%。

每组试件的平均质量损失率应以三个试件的质量损失率试验结果的算术平均值作为测定值。当某个试验结果出现负值，应取 0，再取三个试件的算术平均值。当三个值中的最大值和最小值有一个与中间值之差超过 1%时，应剔除此值，再取其余两值的算术平均值作为测定值；当最大值和最小值与中间值之差均超过 1%时，应取中间值作为测定值。

④ 混凝土抗冻等级应以相对动弹性模量下降至不低于 60%或者质量损失率不超过 5%时的最大冻融循环次数来确定，并用符号 F 表示。

单面冻融法（又称盐冻法）

① 试件表面剥落物的质量 μ_s 应按式(7-15) 计算：

$$\mu_s=\mu_b-\mu_f \tag{7-15}$$

式中 μ_s——试件表面剥落物的质量，g，精确至 0.01g；

μ_f——滤纸的质量，g，精确至 0.01g；

μ_b——干燥后滤纸与试件剥落物的总质量，g，精确至 0.01g。

② n 次冻融循环之后，单个试件单位测试表面面积剥落物总质量应按式(7-16) 计算：

$$m_n=\frac{\sum\mu_s}{A}\times 10^6 \tag{7-16}$$

式中 m_n——n 次冻融循环后，单个试件单位测试表面面积剥落物总质量，g/m^2；

μ_s——每次测试间隙得到的试件剥落物质量，g，精确至 0.01g；

A——单个试件测试表面的表面积，mm^2。

③ 每组应取 5 个试件单位测试表面面积上剥落物总质量计算值的算术平均值作为该组试件单位测试表面面积上剥落物总质量的测定值。

④ 经 n 次冻融循环后试件相对质量增长 Δw_n（或吸水率）应按式(7-17) 计算：

$$\Delta w_n=\frac{m_n-m_1+\sum\mu_s}{m_0}\times 100 \tag{7-17}$$

式中 Δw_n——经 n 次冻融循环后，每个试件的吸水率，%，精确至 0.1%；

μ_s——每次测试间隙得到的试件剥落物质量，g，精确至 0.01g；

m_0——试件密封前干燥状态的净质量（不包括侧面密封物的质量），g，精确至 0.1g；

m_n——经 n 次冻融循环后，试件的质量（包括侧面密封物），g，精确至 0.1g；

m_1——密封后饱水之前试件的质量（包括侧面密封物），g，精确至 0.1g。

⑤ 每组应取 5 个试件吸水率计算值的算术平均值作为该组试件的吸水率测定值。

⑥ 超声波相对传播时间和相对动弹性模量应按下列方法计算：.

a. 超声波在耦合剂中的传播时间 t_c 应按式(7-18) 计算：

$$t_c=l_c/v_c \tag{7-18}$$

式中 t_c——超声波在耦合剂中的传播时间，μs，精确至 0.1μs；

l_c——超声波在耦合剂中传播的长度 $(l_{c1}+l_{c2})$，mm，l_c 应由超声探头之间的距离和测试试件长度的差值决定；

v_c——超声波在耦合剂中传播的速度，km/s，v_c 可利用超声波在水中的传播速度来假定，在温度为 (20±5)℃时，超声波在耦合剂中传播的速度为 1440m/s。

b. 经 n 次冻融循环之后，每个试件传播轴线上传播时间的相对变化 τ_n 应按式(7-19) 计算：

$$\tau_n=\frac{t_0-t_c}{t_n-t_c}\times 100 \tag{7-19}$$

式中 τ_n——试件的超声波相对传播时间，%，精确至 0.1%；

t_0——在预吸水后第一次冻融之前，超声波在试件和耦合剂中的总传播时间，μs，即超声波传播时间初始值；

t_n——经 n 次冻融循环之后，超声波在试件和耦合剂中的总传播时间，μs。

c. 在计算每个试件的超声波相对传播时间时，应以两个轴的超声波相对传播时间的算术平均值作为该试件的超声波相对传播时间测定值。每组应取 5 个试件超声波相对传播时间计算值的算术平均值作为该组试件超声波相对传播时间的测定值。

d. 经 n 次冻融循环后，试件的超声波相对动弹性模量 $R_{u,n}$，应按式(7-20) 计算：

$$R_{u,n}=\tau_n^2\times 100 \tag{7-20}$$

式中，$R_{u,n}$ 为试件的超声波相对动弹性模量，%，精确至 0.1%。

e. 在计算每个试件的超声波相对动弹性模量时，应先分别计算两个相互垂直的传播轴上的超声波相对动弹性模量，并取两个轴的超声波相对动弹性模量的算术平均值作为该试件的超声波相对动弹性模量测定值。每组应取 5 个试件超声波相对动弹性模量计算值的算术平均值作为该组试件的超声波相对动弹性模量值测定值。

7.5.6 思考题

① 影响混凝土抗冻性的因素有哪些？

② 混凝土抗冻性试验中，快冻法和慢冻法各有何特点？

③ 混凝土冻融破坏的原因是什么？

7.6 普通混凝土抗水渗透性能试验

7.6.1 试验目的

① 掌握渗水高度法和逐级加压法测定混凝土抗渗性能的区别与联系。

② 掌握混凝土抗渗性能测定的方法及原理。

7.6.2 试验依据

本试验参考标准为《普通混凝土长期性能和耐久性能试验方法标准》(GB/T 50082—2009)。

渗水高度法用于测定硬化混凝土在恒定水压力下的平均渗水高度来表示的混凝土的抗水渗透性能。逐级加压法适用于通过逐级施加水压力来测定、以抗渗等级来表示的混凝土的抗水渗透性能。

7.6.3 试验设备及耗材

混凝土抗渗仪［符合现行标准《混凝土抗渗仪》(JG/T 249—2009）的规定，并应能使水压按规定的制度稳定地作用在试件上。抗渗仪施加水压力范围应为 0.1～2.0MPa］、试模（采用上口内部直径为 175mm，下口内部直径为 185mm，高度为 150mm 的圆台体）、密封材料（宜用石蜡加松香或水泥加黄油等材料，也可采用橡胶套等其他有效密封材料）、梯形板（见图 7-15，采用尺寸为 200mm×200mm 透明材料制成，并应画有十条等间距、垂直梯形底线的直线）、钢尺（量程 300mm，分度值 1mm）、计时器（分度值不大于 1min）、螺旋加压器、烘箱、电炉、三角刀、压力机、钢垫条、浅盘、铁锅、钢丝刷、待测混凝土试件。

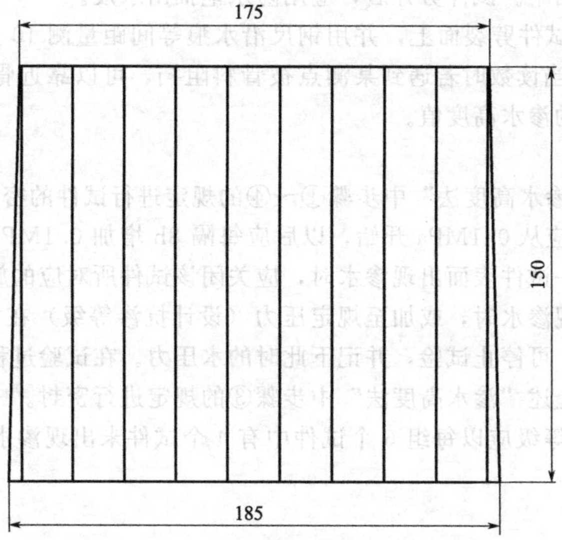

图 7-15 梯形板示意图（单位：mm）

7.6.4 试验步骤

渗水高度法

① 先按本书中“6.2 普通混凝土试件的制作和养护试验”规定的方法进行试件的制作和养护，抗水渗透试验以6个试件为一组。

② 试件拆模后，用钢丝刷刷去两端面的水泥浆模，并立即将试件放入标准养护室进养护。

③ 抗水渗透试验的龄期宜为28d。应在到达试验龄期的前一天，从养护室取出试件，并擦拭干净。待试件表面晾干后，应按下列方法进行试件密封：

a. 当用石蜡密封时，应在试件侧面裹涂一层熔化的内加少量松香的石蜡。然后用螺旋加压器将试件放入经过烘箱或电炉预热过的试模中，使试件与试模底平齐，并应在试模变冷后解除压力。试模的预热温度应以石蜡接触试模，缓慢熔化，但不流淌为准。

b. 用水泥加黄油密封时，其质量比应为（2.5～3.0）：1。用三角刀将密封材料均匀地刮涂在试件侧面上，厚度应为1～2mm。应套上试模并将试件压入，使试件与试模底齐平。

c. 试件密封也可以采用其他更可靠的密封方式。

④ 试件准备好之后，启动抗渗仪，并开通6个试位下的阀门，使水从6个孔中渗出，水应充满试位槽，然后关闭6个试位下的阀门，再将密封好的试件安装在抗渗仪上。

⑤ 试件安装好以后，应立即开通6个试位下的阀门，使水压在24h内恒定控制在（1.2±0.05）MPa，且加压过程应不大于5min，应以达到稳定压力的时间作为试验记录起始时间，精确至1min。

⑥ 在稳压过程中随时观察试件端面的渗水情况，当有某一个试件端面出现渗水时，应停止该试件的试验并记录时间，并以试件的高度作为该试件的渗水高度。对于试件端面未出现渗水的情况，应在试验24h后停止试验，并及时取出试件。在试验过程中，当发现水从试件周边渗出时，应重新按步骤③的规定进行密封。

⑦ 将从抗渗仪上取出来的试件放在压力机上，并应在试件上下两端面中心处沿直径方向各放一根直径为6mm的钢垫条，并应确保它们在同一竖直平面内。然后开动压力机，将试件沿纵断面劈裂为两半。试件劈开后，应用防水笔描出水痕。

⑧ 将梯形板放在试件劈裂面上，并用钢尺沿水痕等间距量测10个测点的渗水高度值，读数应精确至1mm。当读数时若遇到某测点被骨料阻挡，可以靠近骨料两端的渗水高度算数平均值来作为测点的渗水高度值。

逐级加压

① 首先按上述“渗水高度法”中步骤①～④的规定进行试件的密封和安装。

② 试验时，水压应从0.1MPa开始，以后应每隔8h增加0.1MPa，并应随时观察试件端面渗水情况。当某一试件表面出现渗水时，应关闭该试件所对应的旋转阀门，当6个试件中有3个试件表面出现渗水时，或加至规定压力（设计抗渗等级）在8h内6个试件中表面渗水试件少于3个时，可停止试验，并记下此时的水压力。在试验过程中，当发现水从试件周边渗出时应重新按上述“渗水高度法”中步骤③的规定进行密封。

③ 混凝土的抗渗等级应以每组6个试件中有4个试件未出现渗水时的最大水压力乘以10来确定。

7.6.5 数据处理

渗水高度法

① 试件渗水高度应按式(7-21) 进行计算：

$$\overline{h}_i=\frac{1}{10}\sum_{j=1}^{10}h_j \tag{7-21}$$

式中 h_j——第 i 个试件第 j 个测点处的渗水高度，mm；

$\overline{h}_i$——第 i 个试件的平均渗水高度，mm，应以 10 个测点的渗水高度的平均值作为该试件的渗水高度的测定值。

② 一组试件的平均渗水高度应按式(7-22) 进行计算：

$$\overline{h}=\frac{1}{6}\sum_{i=1}^{6}\overline{h}_i \tag{7-22}$$

式中，$\overline{h}$ 为该组 6 个试件的平均渗水高度，mm。应以一组 6 个试件的渗水高度的算术平均值作为该组试件的渗水高度的测定值。

逐级加压法

混凝土的抗渗等级应按式(7-23) 进行计算：

$$P=10H-1 \tag{7-23}$$

式中 P——混凝土抗渗等级；

H——6 个试件中有 3 个试件渗水时的水压力，MPa。

7.6.6 思考题

① 请简述渗水高度法和逐级加压法之间的区别与联系。

② 影响混凝土抗渗性的因素有哪些？

③ 对于工程中已经发生渗透的混凝土，应当采取什么修补措施？

7.7 普通混凝土抗氯离子渗透性能试验

7.7.1 试验目的

① 掌握测定混凝土抗氯离子渗透性能的基本方法及原理。

② 掌握氯离子渗透性能对混凝土性能的影响。

7.7.2 试验依据

本试验参考标准为《普通混凝土长期性能和耐久性能试验方法标准》(GB/T 50082—2009)。实验室环境要求室温应控制在 20～25℃。

快速氯离子迁移系数法（又称 RCM 法）以测定氯离子在混凝土中非稳态迁移的迁移系数来确定混凝土抗氯离子渗透性能。电通量法以测定通过混凝土试件的电通量为指标来确定混凝土抗氯离子渗透性能，该方法不适用于掺有亚硝酸盐和钢纤维等导电材料的混凝土抗氯离子渗透试验。

7.7.3 试验设备及耗材

快速氯离子迁移系数法（又称 RCM 法）

溶剂（蒸馏水或去离子水）、氢氧化钠（化学纯）、氯化钠（化学纯）、硝酸银（化学纯）、氢氧化钙（化学纯）、待测混凝土试件、水冷式金刚石锯（或碳化硅锯）、真空容器（应至少能够容纳 3 个试件）、真空泵（能保持容器内的气压处于 1～5kPa）、RCM 试验装置［见图 7-16，RCM 试验装置应符合现行标准《混凝土氯离子扩散系数测定仪》（JG/T 262—2009）的有关规定］、有机硅橡胶套（内径和外径分别为 100mm 和 115mm，长度为 150mm）、夹具（采用不锈钢环箍，其直径范围应为 105～115mm、宽度应为 20mm）、阴极试验槽（可采用尺寸为 370mm×270mm×280mm 的塑料箱）、阴极板［采用厚度为 (0.5±0.1)mm、直径不小于 100mm 的不锈钢板］、阳极板［采用厚度为 0.5mm，直径为 (98±1)mm 的不锈钢网或带孔的不锈钢板］、支架（应由硬塑料板制成。处于试件和阴极板之间的支架头高度应为 15～20mm）、电源（应能稳定提供 0～60V 的可调直流电，精度为±0.1V，电流为 0～10A）、电流表（精度为±0.1mA）、温度计或热电偶（精度为±0.2℃）、喷雾器（适合喷洒硝酸银溶液）、游标卡尺（精度为±0.1mm）、尺子（精度为 1mm）、水砂纸（规格应为 200～600 号）、细锉刀、扭矩扳手（转矩范围应为 20～100N·m，测量允许误差为±5%）、电吹风（功率应为 1000～2000W）、黄铜刷、真空表或压力计（精度应为±665Pa 即 5mmHg 柱，量程应为 0～13300Pa 即 0～100mmHg 柱）、抽真空设备（可由体积在 1000mL 以上的烧杯、真空干燥器、真空泵、分液装置、真空表等组合而成）。

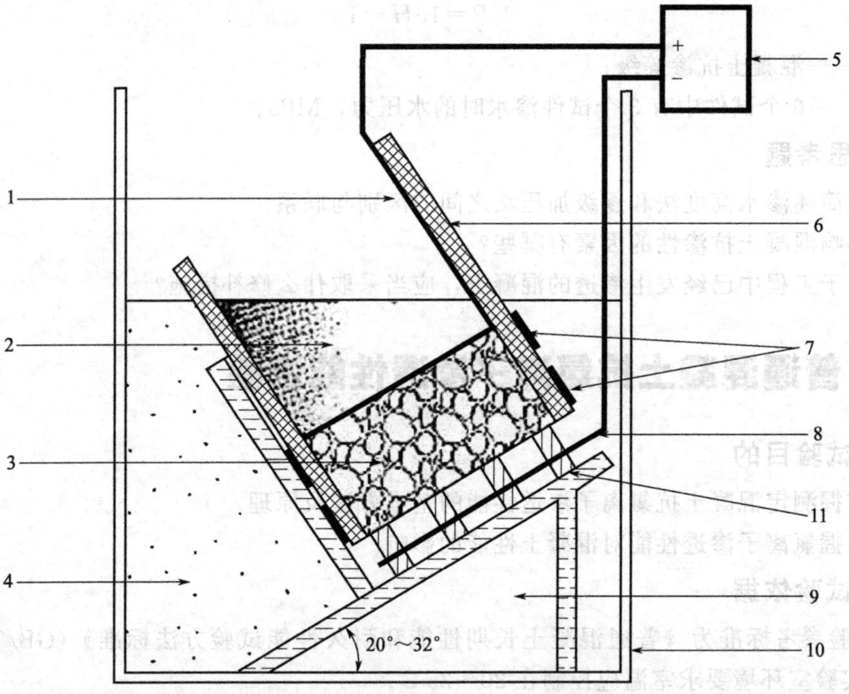

图 7-16　RCM 试验装置示意图

1—阳极板；2—阳极溶液；3—试件；4—阴极溶液；5—直流稳压电源；6—有机硅橡胶套；7—环箍；8—阴极板；9—支架；10—阴极试验槽；11—支撑头

阴极溶液应为 10%质量浓度的 NaCl 溶液，阳极溶液应为 0.3mol/L 的 NaOH 溶液。溶液应至少提前 24h 配制，并应密封保存在温度为 20～25℃的环境中。显色指示剂应为 0.1mol/L 的 $AgNO_3$ 溶液。

电通量法

电通量试验装置［应符合图 7-17 的要求，并应满足现行标准《混凝土氯离子电通量测定仪》（JG/T 261—2009）的有关规定］、直流稳压电源（电压范围应为 0～80V，电流范围应为 0～10A，并能稳定输出 60V 直流电压，精度应为±0.1V）、耐热塑料或耐热有机玻璃试验槽（见图 7-18，边长为 150mm，总厚度不小于 51mm。试验槽中心的两个槽的直径分别为 89mm 和 112mm，两个槽的深度分别为 41mm 和 6.4mm。在试验槽的一边开有直径为 10mm 的注液孔）、紫铜垫板［宽度为（12±2）mm，厚度为（0.50±0.05）mm。铜网孔径为 0.95mm（64 孔/cm^2）或者 20 目］、标准电阻（精度应为±0.1%）、直流数字电流表（量程应为 0～20A，精度应为±0.1%）、真空泵（应能保持容器内的气压处于 1～5kPa）、真空表或压力计（精度应为±665Pa 即 5mmHg 柱，量程应为 0～13300Pa 即 0～100mmHg 柱）、真空容器（内径不小于 250mm，并能至少容纳 3 个试件）、水冷式金刚锯（或碳化硅锯）、抽真空设备（可由体积在 1000mL 以上的烧杯、真空干燥器、真空泵、分液装置、真空表等组合而成）、温度计（量程应为 0～120℃，精度应为±0.1℃）、电吹风（功率应为 1000～2000W）、待测混凝土试件。

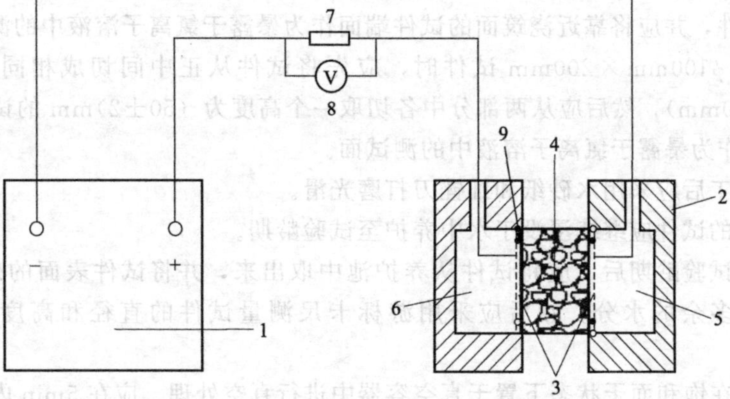

图 7-17　电通量试验装置示意图

1—直流稳压电源；2—试验槽；3—铜电极；4—混凝土试件；5—3.0%的 NaCl 溶液；6—0.3mol/L 的 NaOH 溶液；7—标准电阻；8—直流数字式电压表；9—试件垫圈（硫化橡胶垫或硅橡胶垫）

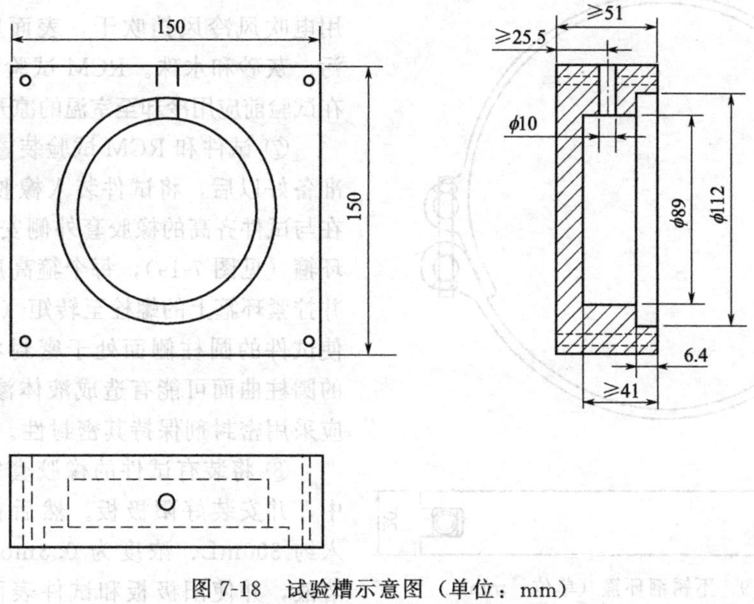

图 7-18　试验槽示意图（单位：mm）

阴极溶液应用化学纯试剂配制的质量浓度为 3.0%的 NaCl 溶液。阳极溶液应用化学纯试剂配制的摩尔浓度为 0.3mol/L 的 NaOH 溶液。应采用硅胶或树脂等密封材料。硫化橡胶垫或硅橡胶垫的外径应为 100mm，内径应为 75mm，厚度应为 6mm。

7.7.4 试验步骤

快速氯离子迁移系数法（又称 RCM 法）

RCM 试验用试件应采用 $\phi(100\pm1)$mm，高度为 (50 ± 2)mm 的圆柱体试件。在实验室制作试件时，宜使用 $\phi100\text{mm}\times100\text{mm}$ 或 $\phi100\text{mm}\times200\text{mm}$ 试模。骨料最大公称粒径不宜大于 25.0mm。试件成型后应立即用塑料薄膜覆盖并移至标准养护室。试件应在 (24 ± 2)h 内拆模，然后应浸没于标准养护室的水池中。试件的养护龄期宜为 28d。也可根据设计要求选用 56d 或 84d 养护龄期。

① 应在抗氯离子渗透试验前 7d 加工成标准尺寸的试件。

a. 当使用 $\phi100\text{mm}\times100\text{mm}$ 试件时，应从试件中部切取高度为 (50 ± 2)mm 的圆柱体作为试验用试件，并应将靠近浇筑面的试件端面作为暴露于氯离子溶液中的测试面。

b. 当使用 $\phi100\text{mm}\times200\text{mm}$ 试件时，应先将试件从正中间切成相同尺寸的两部分 $(\phi100\text{mm}\times100\text{mm})$，然后应从两部分中各切取一个高度为 (50 ± 2)mm 的试件，并应将第一次的切口面作为暴露于氯离子溶液中的测试面。

② 试件加工后应采用水砂纸和细锉刀打磨光滑。

③ 加工好的试件应继续浸没于水中养护至试验龄期。

④ 养护至试验龄期后，应将试件从养护池中取出来，并将试件表面的碎屑刷洗干净，擦干试件表面多余的水分。然后应采用游标卡尺测量试件的直径和高度，测量应精确到 0.1mm。

⑤ 将试件在饱和面干状态下置于真空容器中进行真空处理。应在 5min 内将真空容器中的气压减少至 1～5kPa，并应保持该真空度 3h，然后在真空泵仍然运转的情况下，将用蒸馏水配制的饱和氢氧化钙溶液注入容器，溶液高度应保证将试件浸没。在试件浸没 1h 后恢复常压，并应继续浸泡 (18 ± 2)h。

⑥ 试件安装在 RCM 试验装置前应采用电吹风冷风挡吹干，表面应干净，无油污、灰砂和水珠。RCM 试验装置的试验槽在试验前应用冷却至室温的凉开水冲洗干净。

⑦ 试件和 RCM 试验装置（见图 7-16）准备好以后，将试件装入橡胶套内的底部，在与试件齐高的橡胶套外侧安装两个不锈钢环箍（见图 7-19），每个箍高度应为 20mm，并拧紧环箍上的螺栓至转矩 (30 ± 2)N·m，使试件的圆柱侧面处于密封状态。当试件的圆柱曲面可能有造成液体渗漏的缺陷时，应采用密封剂保持其密封性。

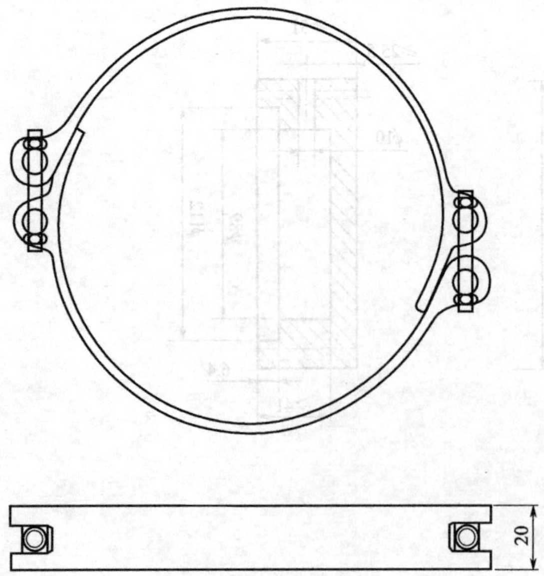

图 7-19 不锈钢环箍（单位：mm）

⑧ 将装有试件的橡胶套安装到试验槽中，并安装好阳极板。然后在橡胶套中注入约 300mL、浓度为 0.3mol/L 的 NaOH 溶液，并使阳极板和试件表面均浸没于溶

液中。在阴极试验槽中注入12L质量浓度为10%的NaCl溶液，并使其液面与橡胶套中的NaOH溶液的液面齐平。

⑨ 试件安装完成后，将电源的阳极（又称正极）用导线连至橡胶筒中阳极板，并将阴极（又称负极）用导线连至试验槽中的阴极板。

⑩ 打开电源，将电压调整到（30±0.2）V，并记录通过每个试件的初始电流。

⑪ 后续试验施加的电压U（表7-3第二列）应根据施加30V电压时测量得到的初始电流值I_{30v}所处的范围（表7-3第一列）决定。根据实际施加的电压U，记录新的初始电流I_0。

⑫ 按照新的初始电流值I_0所处的范围（表7-3第三列），确定试验应持续的时间t（表7-3第四列）。

⑬ 按照温度计或热电偶的显示读数记录每一个试件的阳极溶液的初始温度。

表7-3 初始电流、电压与试验时间的关系

初始电流I_{30v}(用30V电压)/mA	施加的电压U(调整后)/V	可能的新初始电流I_0/mA	试验持续时间t/h
$I_0<5$	60	$I_0<10$	96
$5\leqslant I_0<10$	60	$10\leqslant I_0<20$	48
$10\leqslant I_0<15$	60	$20\leqslant I_0<30$	24
$15\leqslant I_0<20$	50	$25\leqslant I_0<35$	24
$20\leqslant I_0<30$	40	$25\leqslant I_0<40$	24
$30\leqslant I_0<40$	35	$35\leqslant I_0<50$	24
$40\leqslant I_0<60$	30	$40\leqslant I_0<60$	24
$60\leqslant I_0<90$	25	$50\leqslant I_0<75$	24
$90\leqslant I_0<120$	20	$60\leqslant I_0<80$	24
$120\leqslant I_0<180$	15	$60\leqslant I_0<90$	24
$180\leqslant I_0<360$	10	$60\leqslant I_0<120$	24
$I_0\geqslant 360$	10	$I_0\geqslant 120$	6

⑭ 试验结束时，应测定阳极溶液的最终温度和最终电流。

⑮ 试验结束后应及时排除试验溶液，用黄铜刷清除试验槽的结垢或沉淀物，并用饮用水和洗涤剂将试验槽和橡胶套冲洗干净，然后用电吹风的冷风挡吹干。

⑯ 将试件从橡胶套中取出，并立即用自来水将试件表面冲洗干净，然后擦去试件表面多余水分。

⑰ 试件表面冲洗干净后，在压力试验机上沿轴向劈成两个半圆柱体，并在劈开的试件断面立即喷涂浓度为0.1mol/L的$AgNO_3$溶液显色指示剂。

⑱ 指示剂喷洒约15min后，沿试件直径断面将其分成10等份，并用防水笔描出渗透轮廓线。

⑲ 然后根据观察到的明显的颜色变化，测量显色分界线（见图7-20）离试件底面的距离，精确至0.1mm。

注意：当某一测点被骨料阻挡，可将此测点位置移动到最近未被骨料阻挡的位置进行测量，当某测点数据不能得到，只要总测点数多于5个，可忽略此测点。当某测点位置有一个

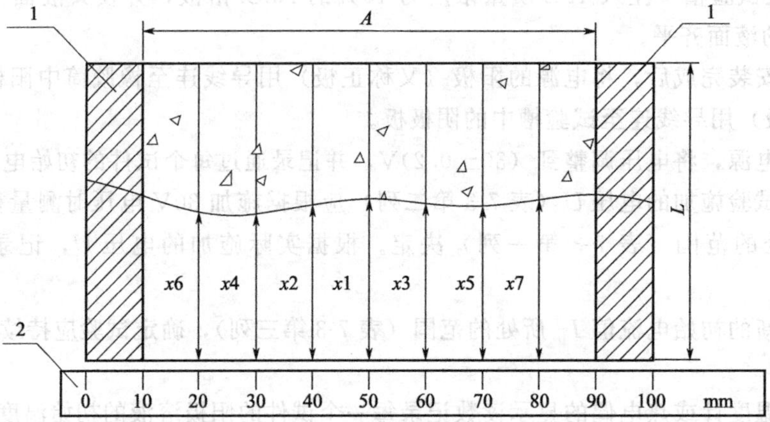

图 7-20　显色分界线位置编号

1—试件边缘部分；2—尺子；A—测量范围；L—试件高度

明显的缺陷，使该点测量值远大于各测点的平均值，可忽略此测点数据，但应将这种情况在试验记录和报告中注明。

电通量法

电通量试验应采用直径（100±1)mm，高度（50±2)mm 的圆柱体试件。试件的制作、养护应符合本书"6.2 普通混凝土试件的制作和养护试验"中的规定。当试件表面有涂料等附加材料时，应预先去除，且试样内不得含有钢筋等导电材料。在试件移送实验室前，应避免冻伤或其他物理伤害。电通量试验宜在试件养护到 28d 龄期进行。对于掺有大掺量矿物掺合料的混凝土，可在 56d 龄期进行试验。试验应在 20～25℃的室内进行。

① 先将养护到规定龄期的试件暴露于空气中至表面干燥，并以硅胶或树脂密封材料涂刷试件圆柱侧面，还应填补涂层中的孔洞。

② 电通量试验前应将试件进行真空饱水。先将试件放入真空容器中，然后启动真空泵，并在 5min 内将真空容器中的绝对压强减小至 1～5kPa，应保持该真空度 3h，然后在真空泵仍然运转的情况下，注入足够的蒸馏水或者去离子水，直至浸没试件，应在试件浸没 1h 后恢复常压，并继续浸泡（18±2)h。

③ 在真空饱水结束后，从水中取出试件，并擦掉多余水分，且应保持试件所处环境的相对湿度在 95%以上。

④ 将试件安装于试验槽内，并采用螺杆将两试验槽和端面装有硫化橡胶垫的试件夹紧。

⑤ 试件安装好以后，采用蒸馏水或者其他有效方式检查试件和试验槽之间的密封性。

⑥ 检查完试件和试件槽之间的密封性后，将质量浓度为 3.0%的 NaCl 溶液和摩尔浓度为 0.3mol/L 的 NaOH 溶液分别注入试件两侧的试验槽中，注入 NaCl 溶液的试验槽内的铜网应连接电源负极，注入 NaOH 溶液的试验槽中的铜网应连接电源正极。

⑦ 正确连接电源线后，在保持试验槽中充满溶液的情况下接通电源，并对上述两铜网施加（60±0.1)V 直流恒电压，且应记录电流初始读数 I_0。

⑧ 开始时应每隔 5min 记录一次电流值，当电流值变化不大时，可每隔 10min 记录一次电流值；当电流变化很小时，应每隔 30min 记录一次电流值，直至通电 6h。

⑨ 当采用自动采集数据的测试装置时，记录电流的时间间隔可设定为 5～10min。电流

测量值应精确至±0.5mA。试验过程中宜同时监测试验槽中溶液的温度。

⑩ 试验结束后，应及时排出试验溶液，并用凉开水和洗涤剂冲洗试验槽60s以上，然后用蒸馏水洗净并用电吹风冷风挡吹干。

7.7.5 数据处理

快速氯离子迁移系数法（又称RCM法）

混凝土的非稳态氯离子迁移系数应按式(7-24)进行计算：

$$D_{RCM}=\frac{0.0239\times(273+T)L}{(U-2)t}\left(X_d-0.0238\sqrt{\frac{(273+T)LX_d}{U-2}}\right) \tag{7-24}$$

式中 D_{RCM}——混凝土的非稳态氯离子迁移系数，精确到$0.1\times10^{-12}m^2/s$；

U——所用电压的绝对值，V；

T——阳极溶液的初始温度和结束温度的平均值，℃；

L——试件厚度，mm，精确到0.1mm；

X_d——氯离子渗透深度的平均值，mm，精确到0.1mm；

t——试验持续时间，h。

每组应以3个试样的氯离子迁移系数的算术平均值作为该组试件的氯离子迁移系数测定值，当最大值和最小值有一个与中间值之差超过中间值的15%时，应剔除此值，再取其余两值的平均值作为测定值；当最大值和最小值均超过中间值的15%时，应取中间值作为测定值。

电通量法

① 试验过程中或试验结束后，绘制电流与时间的关系图。通过将各点数据以光滑曲线连接起来，对曲线作面积积分，或按梯形法进行面积积分，得到试验6h通过的电通量。

② 每个试件的总电通量可采用简化公式(7-25)计算：

$$Q=900\times(I_0+2I_{30}+2I_{60}+\cdots+2I_t+\cdots+2I_{300}+2I_{330}+2I_{360}) \tag{7-25}$$

式中 Q——通过试件的总电通量，C；

I_0——初始电流，A，精确到0.001A；

I_t——在时间t（min）的电流，A，精确到0.001A。

③ 计算得到的通过试件的总电通量应换算成直径为95mm试件的电通量值。换算可按式(7-26)进行：

$$Q_s=Q_x\times\left(\frac{95}{x}\right)^2 \tag{7-26}$$

式中 Q_s——通过直径为95mm的试件的电通量，C；

Q_x——通过直径为x（mm）的试件的电通量，C；

x——试件的实际直径，mm。

每组应取3个试件电通量的算术平均值作为该组试件的电通量测定值。当某一个电通量值与中间值的差值超过中间值的15%时，应取其余两个试件电通量的算术平均值作为该组试件的试验结果测定值。当两个测量值与中间值的差值均超过中间值的15%时，取中间值作为该组试件的电通量试验结果测定值。

7.7.6 思考题

① 氯离子渗透对混凝土有何影响？

② 影响混凝土氯离子渗透性测试的因素有哪些？

③ 如何提高混凝土抗氯离子渗透性？

7.8 普通混凝土收缩性能试验

7.8.1 试验目的

① 掌握测定混凝土收缩性能的基本方法及原理。

② 掌握收缩对混凝土产生的危害。

7.8.2 试验依据

本试验参考标准为《普通混凝土长期性能和耐久性能试验方法标准》(GB/T 50082—2009)。实验室环境要求室温应控制在 (20±2)℃，相对湿度 (60±5)%。

非接触法主要适用于测定早龄期混凝土的自由收缩变形，也可用于无约束状态下混凝土自收缩变形的测定。接触法适用于测定在无约束和规定的温度、湿度条件下硬化混凝土试件的收缩变形性能。本方法应采用尺寸为 100mm×100mm×515mm 的棱柱体试件，每组 3 个试件。

7.8.3 试验设备及耗材

非接触法

非接触法混凝土收缩变形测定仪（见图 7-21，整机一体化装置，并具备自动采集和处理数据、能设定采样时间间隔等功能。传感器的测试量程不小于试件测量标距长度的 0.5% 或量程不小于 1mm，测试精度不低于 0.002mm)、试模（具有足够刚度的钢模，且本身的收缩变形较小，试模的长度能保证混凝土试件的测量标距不小于 400mm)、聚四氟乙烯片、润滑油、贯入阻力仪、计时器（精确至1min)、待测混凝土试件。

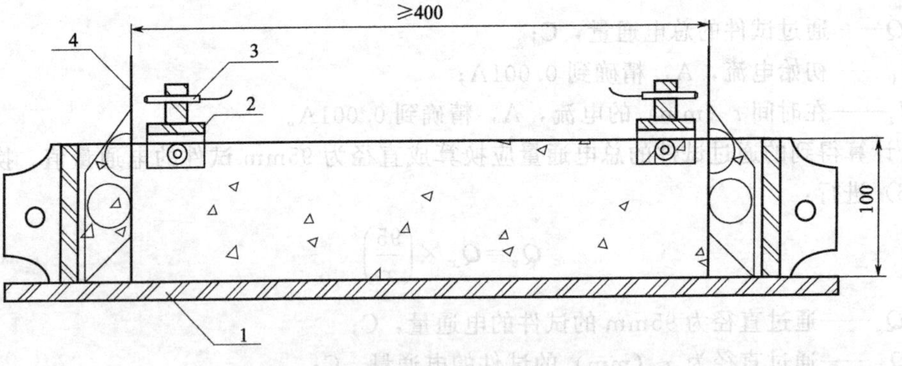

图 7-21 非接触法混凝土收缩变形测定仪原理示意图（单位：mm）

1—试模；2—固定架；3—传感器探头；4—反射靶

接触法

混凝土收缩仪（卧式混凝土收缩仪或立式混凝土收缩仪，测量标距应为 540mm，并应装有精度为±0.001mm 的千分表或测微器。其他形式的变形测量仪表的测量标距应不小于 100mm 及骨料最大粒径的 3 倍，并至少能达到±0.001mm 的测量精度)、收缩试件[成型时不得使用机油等憎水性脱模型。试作成型后应带模养护 1~2d，并保证拆模时不损伤试件。对于事先没有埋设测头的试件，拆模后应立即粘贴或埋设测头。试件拆模后，应立即送至温度为（20±2）℃，相对湿度为95%以上的标准养护室养护、待测混凝土试件。

① 采用卧式混凝土收缩仪时，试件两端应预埋测头或留有埋设测头的凹槽。卧式收缩试验用测头（图7-22）应由不锈钢或其他不生锈的材料制成。

② 采用立式混凝土收缩仪时，试件一端中心应预埋测头（图7-23）。立式收缩试验用测头的另外一端宜采用M20mm×35mm的螺栓（螺纹通长），并应与立式混凝土收缩仪底座固定。螺栓和测头都应预埋进去。

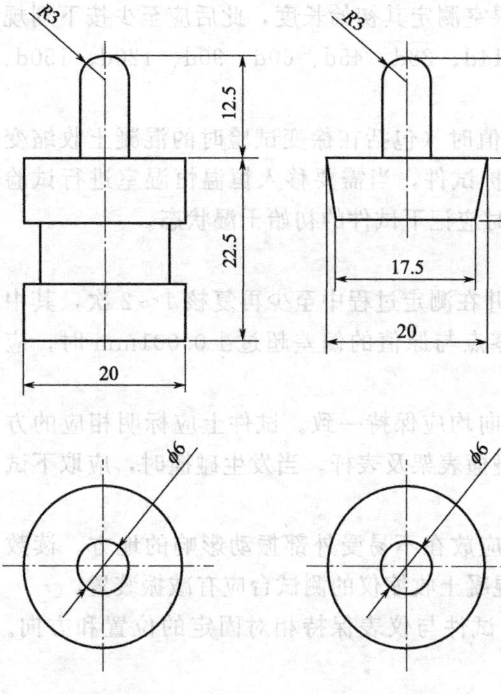

(a) 预埋测头　　(b) 后埋测头

图7-22　卧式收缩试验用测头（单位：mm）

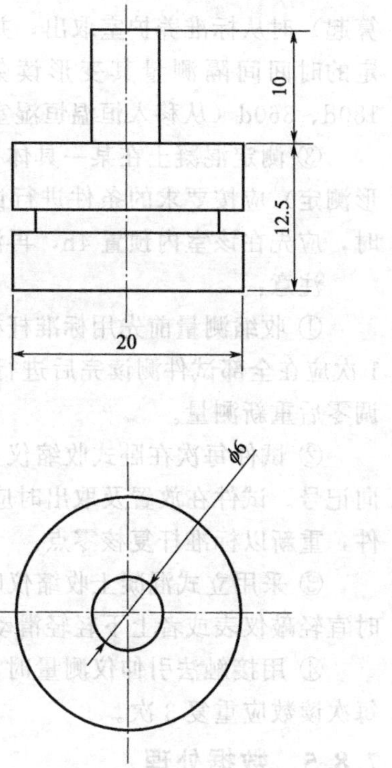

图7-23　立式收缩试验用测头（单位：mm）

③ 采用接触法引伸仪时，所用试件的长度应至少比仪器的测量标距长出一个截面边长。测头应粘贴在试件两侧面的轴线上。

7.8.4　试验步骤

非接触法

① 试验应在温度为（20±2）℃、相对湿度为（60±5）%的恒温恒湿条件下进行。非接触法收缩试验应带模进行测试。

② 试模准备后，在试模内涂刷润滑油，然后在试模内铺设两层塑料薄膜或者放置一片聚四氟乙烯（PTFE）片，且在薄膜或者聚四氟乙烯片与试模接触的面上均匀涂抹一层润滑油。将反射靶固定在试模两端。

③ 将混凝土拌合物浇入试模后，振动成型并抹平，然后立即带模移入恒温恒湿室。成型试件的同时，应使用贯入阻力仪测定混凝土的初凝时间。混凝土初凝试验应和早龄期收缩试验的环境相同。

④ 当混凝土初凝时，开始测读试件左右两侧的初始读数，此后应至少每隔 1h 或按设定的时间间隔测定试件两侧的变形读数。

注意：在整个测试过程中，试件在变形测定仪上放置的位置、方向均应始终保持固定不变。需要测定混凝土自收缩值的试件，应在浇筑振捣后立即采用塑料薄膜作密封处理。

接触法

① 收缩试验应在恒温恒湿环境中进行，室温应保持在 (20±2)℃，相对湿度保持在 (60±5)%。试件应放置在不吸水的搁架上，底面应架空，每个试件之间的间隙应不小于 30mm。

② 测定代表某一混凝土收缩性能的特征值时，试件应在 3d 龄期（从混凝土搅拌加水时算起）时从标准养护室取出，并立即移入恒温恒湿室测定其初始长度，此后应至少按下列规定的时间间隔测量其变形读数：1d、3d、7d、14d、28d、45d、60d、90d、120d、150d、180d、360d（从移入恒温恒湿室内开始计时）。

③ 测定混凝土在某一具体条件下的相对收缩值时（包括在徐变试验时的混凝土收缩变形测定）应按要求的条件进行试验。对非标准养护试件，当需要移入恒温恒湿室进行试验时，应先在该室内预置 4h，再测其初始值。测量时应记下试件的初始干湿状态。

注意：

① 收缩测量前先用标准杆校正仪表的零点，并在测定过程中至少再复核 1～2 次，其中 1 次应在全部试件测读完后进行。当复核时发现零点与原值的偏差超过±0.001mm 时，应调零后重新测量。

② 试件每次在卧式收缩仪上放置的位置和方向均应保持一致。试件上应标明相应的方向记号。试件在放置及取出时应轻稳仔细，不得碰撞表架及表杆。当发生碰撞时，应取下试件，重新以标准杆复核零点。

③ 采用立式混凝土收缩仪时，整套测试装置应放在不易受外部振动影响的地方。读数时宜轻敲仪表或者上下轻轻滑动测头。安装立式混凝土收缩仪的测试台应有减振装置。

④ 用接触法引伸仪测量时，应使每次测量时试件与仪表保持相对固定的位置和方向。每次读数应重复 3 次。

7.8.5 数据处理

非接触法

① 混凝土收缩率应按照式(7-27) 计算：

$$\varepsilon_{st}=\frac{(L_{10}-L_{1t})+(L_{20}-L_{2t})}{L_0} \tag{7-27}$$

式中 ε_{st}——测试期为 t（h）的混凝土收缩率，t 从初始读数时算起；

L_{10}——左侧非接触法位移传感器初始读数，mm；

L_{1t}——左侧非接触法位移传感器测试期为 t 的读数，mm；

L_{20}——右侧非接触法位移传感器初始读数，mm；

L_{2t}——右侧非接触法位移传感器测试期为 t 的读数，mm；

L_0——试件测量标距，mm，等于试件长度减去试件中两个反射靶沿试件长度方向埋入试件中的深度之和。

② 每组应取 3 个试件测试结果的算术平均值作为该组混凝土试件的早龄期收缩测定值，计算应精确到 1.0×10^{-6}。作为相互比较的混凝土早龄期收缩值应以 3d 龄期测试得到的混凝土收缩值为准。

接触法

① 混凝土收缩率应按式(7-28)计算：

$$\varepsilon_{st}=\frac{L_0-L_t}{L_b} \tag{7-28}$$

式中 ε_{st}——试验期为 t（d）的混凝土收缩率，t 从测定初始长度时算起；

L_b——试件的测量标距，用混凝土收缩仪测量时应等于两测头内侧的距离，即等于混凝土试件长度（不计测头凸出部分）减去两个测头埋入深度之和，mm；采用接触法引伸仪时，即为仪器的测量标距；

L_0——试件长度的初始读数，mm；

L_t——试件在试验期为 t 时测得的长度读数，mm。

② 每组应取 3 个试件收缩率的算术平均值作为该组混凝土试件的收缩率测定值，计算精确至 1.0×10^{-6}。作为相互比较的混凝土收缩率值应为不密封试件在 180d 所测得的收缩率值，可将不密封试件于 360d 所测得的收缩率值作为该混凝土的终极收缩率值。

7.8.6 思考题

① 根据收缩原因来分，混凝土收缩可以分为哪几类？

② 影响混凝土收缩的因素有哪些？

③ 请简述接触法和非接触法之间的区别与联系。

7.9 普通混凝土早期抗裂性能试验

7.9.1 试验目的

① 掌握混凝土早期抗裂性能测定的基本方法及原理。

② 掌握测定混凝土早期抗裂性能对工程的指导意义。

7.9.2 试验依据

本试验参考标准为《普通混凝土长期性能和耐久性能试验方法标准》(GB/T 50082—2009)。实验室环境要求室温应控制在（20±2)℃，相对湿度（60±5)%。

本方法适用于测试混凝土试件在约束条件下的早期抗裂性能。本方法应采用尺寸为 800mm×600mm×100mm 的平面薄板型试件，每组应至少 2 个试件。混凝土骨料最大公称粒径不应超过 31.5mm。

7.9.3 试验设备及耗材

混凝土早期抗裂试验装置（见图 7-24，采用钢制模具，模具的四边宜采用槽钢或者角钢焊接而成，侧板厚度应不小于 5mm，模具四边与底板通过螺栓固定在一起。模具内设有 7 根裂缝诱导器，裂缝诱导器分别用 50mm×50mm、40mm×40mm 角钢与 5mm×50mm 钢板焊接组成，并平行于模具短边。底板采用不小于 5mm 厚的钢板，并在底板表面铺设聚乙烯薄膜或者聚四氟乙烯片作隔离层)、风扇（风速可调，并且能够保证试件表面中心处的风速不小于 5m/s)、温度计（精度不低于±0.5℃)、相对湿度计（精度不低于±1%)、风速计（精度不低于±0.5m/s)、刻度放大镜（放大倍数不小于 40 倍，分度值不大于 0.01mm)、照明装置（可采用手电筒或者其他简易照明装置)、钢直尺（最小刻度 1mm)、抹刀、待测混凝土试件。

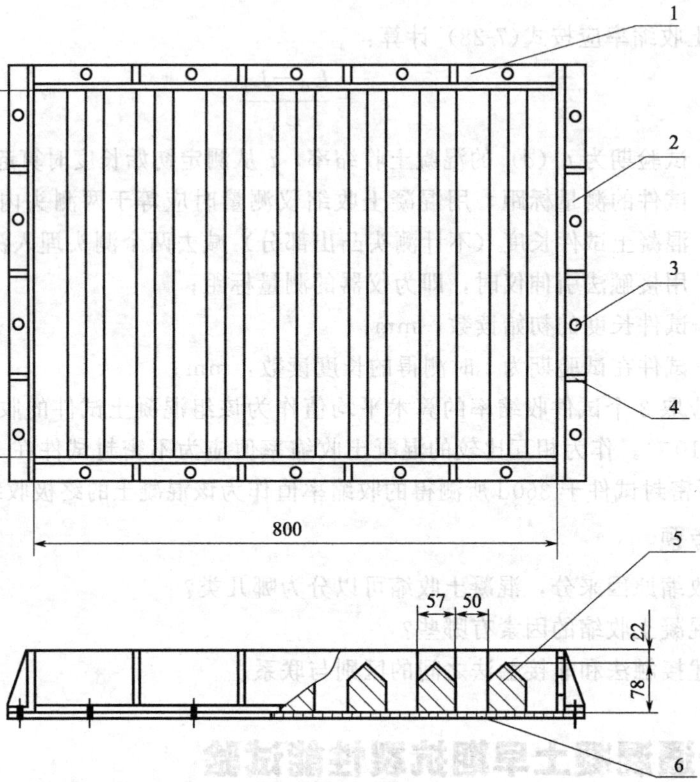

图 7-24 混凝土早期抗裂试验装置示意图（单位：mm）

1—长侧板；2—短侧板；3—螺栓；4—加强肋；5—裂缝诱导器；6—底板

7.9.4 试验步骤

① 试验应在温度为（20±2)℃，相对湿度为（60±5)%的恒温恒湿室中进行。

② 将混凝土浇筑至模具内之后，立即将混凝土摊平，使其表面比模具边框略高。

③ 使用平板表面式振捣器或采用振捣棒插捣，控制好振捣时间，防止过振或欠振。

④ 在振捣后，用抹刀抹平表面，且保证骨料不外露。

⑤ 在试件成型 30min 后，立即调节风扇位置和风速，使试件表面中心正上方 100mm 处风速为（5±0.5)m/s，并使风向平行于试件表面和裂缝诱导器。

⑥ 试验时间从混凝土搅拌加水开始计算，在（24±0.5)h 测读裂缝。用钢直尺测量裂缝长度，并取裂缝两端直线距离为裂缝长度。当一个刀口上有两条裂缝时，可将两条裂缝的长度相加，折算成一条裂缝。

⑦ 裂缝宽度采用放大倍数至少 40 倍的读数显微镜进行测量，并测量每条裂缝的最大宽度。

⑧ 平均开裂面积、单位面积的裂缝数目和单位面积上的总开裂面积应根据混凝土浇筑 24h 测量得到的裂缝数据来计算。

7.9.5 数据处理

① 每条裂缝的平均开裂面积应按式(7-29) 计算：

$$a=\frac{1}{2N}\sum_{i=1}^{N}(W_i\times L_i) \tag{7-29}$$

② 单位面积的裂缝数目应按式(7-30)计算：

$$b=\frac{N}{A} \tag{7-30}$$

③ 单位面积上的总裂面积应按式(7-31)计算：

$$c=ab \tag{7-31}$$

式中 W_i——第 i 条裂缝的最大宽度，mm，精确到0.01mm；

L_i——第 i 条裂缝的长度，mm，精确到1mm；

N——总裂缝数目，条；

A——平板的面积，m^2，精确到0.01m^2；

a——每条裂缝的平均开裂面积，mm^2/条，精确到1mm^2/条；

b——单位面积的裂缝数目，条/m^2，精确到0.1条/m^2；

c——单位面积上的总开裂面积，mm^2/m^2，精确到1mm^2/m^2。

④ 每组分别以2个或多个试件的平均开裂面积（单位面积上的裂缝数目或单位面积上的总开裂面积）的算术平均值作为该组试件平均开裂面积（单位面积上的裂缝数目或单位面积上的总开裂面积）的测定值。

7.9.6 思考题

① 混凝土产生开裂的原因有哪些？

② 混凝土开裂有何危害？

③ 对于工程中已经开裂的混凝土，常用的修补措施有哪些？

7.10 普通混凝土受压徐变性能试验

7.10.1 试验目的

① 掌握混凝土受压徐变对工程质量的危害及防治措施。

② 掌握改善混凝土受压徐变性能的基本方法。

7.10.2 试验依据

本试验参考标准为《普通混凝土长期性能和耐久性能试验方法标准》(GB/T 50082—2009)。实验室环境要求室温应控制在(20±2)℃，相对湿度(60±5)%。

本方法适用于测定混凝土试件在长期恒定轴向压力作用下的变形。变形量测装置应符合下列规定：

① 变形量测装置可采用外装式、内埋式或便携式，其测量的应变值精度不低于0.001mm/m。

② 采用外装式变形量测装置时，应至少测量不少于2个均匀地布置在试件周边的基线的应变。测点应精确地布置在试件的纵向表面的纵轴上，且应与试件端头等距，与相邻试件端头的距离不小于一个截面边长。

③ 采用差动式应变计或钢弦式应变计等内埋式变形测量装置时，应在试件成型时可靠地固定该装置，使其量测基线位于试件中部并与试件纵轴重合。

④ 采用接触法引伸仪等便携式变形量测装置时，测头应牢固附置在试件上。

⑤ 测量标距应大于混凝土骨料最大粒径的3倍，且不少于100mm。

徐变试验应采用棱柱体试件。试件的尺寸应根据混凝土中骨料的最大粒径按表7-4选用，长度应为截面边长尺寸的 3～4 倍。当试件叠放时，应在每叠试件端头的试件和压板之间加装一个未安装应变量测仪表的辅助性混凝土垫块，其截面边长尺寸应与被测试件相同，且长度至少等于其界面尺寸的一半。

表 7-4　徐变试验器件尺寸选用表

骨料最大公称粒径/mm	试件最小边长/mm	试件长度/mm
31.5	100	400
40	150	≥450

对比或检验混凝土的徐变性能时，试件应在 28d 龄期时加荷。当研究某一混凝土的徐变特性时，应至少制备 5 组徐变试件并分别在龄期为 3d、7d、14d、28d 和 90d 时加荷。制作徐变试件时，应同时制作相应的棱柱体抗压试件及收缩试件。收缩试件应与徐变试件相同，并装有与徐变试件相同的变形测量装置。每组抗压、收缩和徐变试件的数量宜各为 3 个，其中每个加荷龄期的每组徐变试件至少为 2 个。

7.10.3　试验设备及耗材

弹簧式或液压式徐变仪（见图 7-25，工作荷载范围应为 180～500kN。应包括上下压板、球座或球铰及其配套垫板、弹簧持荷装置以及 2～3 根承力丝杆）、加荷装置（测力装置采用钢环测力计、荷载传感器或其他形式的压力测定装置，其测量精度应达到所加荷载的 2%，试验破坏荷载不小于测力装置全量程的 20%，且不大于测力装置全量程的 80%）、变形量测装置（可采用外装式、内埋式或便携式，其测量的应变值精度不低于 0.001mm/m）、待测混凝土试件。

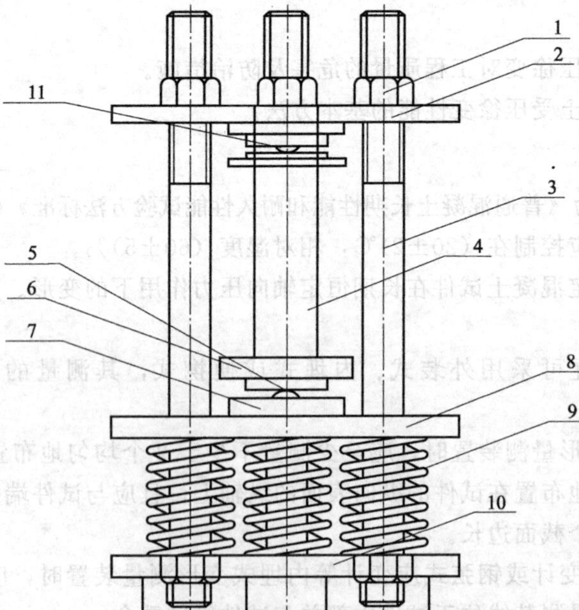

图 7-25　弹簧式压缩徐变仪示意图

1—螺母；2—上压板；3—丝杆；4—试件；5—球铰；6—垫板；
7—定心；8—下压板；9—弹簧；10—底盘；11—球铰

7.10.4 试验步骤

（1）试件制备

① 当要放置试件时，宜磨平其端头。

② 徐变试件的受压面与相邻的纵向表面之间的角度与直角的偏差不应超过1mm/100mm。

③ 采用外装式应变量测装置时，徐变试件两侧面应有安装量测装置的测头，测头宜采用埋入式，试模的侧壁应具有能在成型时使测头定位的装置。在对粘结工艺及材料确有把握时，可采用胶粘。

（2）试件的养护与存放

抗压试件及收缩试件应随徐变试件一并同条件养护。

① 对于标准环境中的徐变，试件应在成型后不少于24h且不多于48h时拆模，在拆模之前，应覆盖试件表面。随后立即将试件放入标准养护室养护到7d龄期（自混凝土搅拌加水开始计时），其中3d加载的徐变试验应养护3d，养护期间试件不应浸泡于水中。试件养护完成后移入温度为（20±2）℃，相对湿度为（60±5）%的恒温恒湿室进行徐变试验，直至试验完成。

② 对于适用于大体积混凝土内部情况的绝湿徐变，试件在制作或脱模后应密封在保湿外套中（包括橡皮套、金属套筒等），且在整个试件存放和测试期间也应保持密封。

③ 对于需要考虑温度对混凝土弹性和非弹性性质的影响等特定温度下的徐变，应控制好试件存放的实验室环境温度，应使其符合希望的温度历史。

④ 对于需确定在具体使用条件下的混凝土徐变值等其他存放条件，应根据具体情况确定试件的养护及试验制度。

（3）试验步骤

① 测头或测点应在试验前1d粘好，仪表安装好后应仔细检查，不得有任何松动或异常现象。加荷装置、测力计等也应予以检查。

② 在即将加荷徐变试件前，应测试同条件养护试件的棱柱体抗压强度。

③ 测头和仪表准备好后，将徐变试件放在徐变仪的下压板上，使试件、加荷装置、测力计及徐变仪的轴线重合。并再次检查变形测量仪表的调零情况，记下初始读数。当采用未密封的徐变试件时，应在将其放在徐变仪上的同时，覆盖参比用收缩试件的端部。

④ 试件放好后，应及时开始加荷。当无特殊要求时，取徐变应力为所测得的棱柱体抗压强度的40%。当采用外装仪表或者接触法引伸仪时，用千斤顶先加压至徐变应力的20%进行对中，两侧的变形相差应小于其平均值的10%，当超出此值，应松开千斤顶卸荷，进行重新调整后，再加荷到徐变应力的20%，再次检查对中的情况。

⑤ 对中完毕后，立即继续加荷到徐变应力，及时读出两边的变形值，并将此时两边变形的平均值作为在徐变荷载下的初始变形值。从对中完毕到测初始变形值之间的加荷及测量时间不得超过1min。

⑥ 拧紧承力丝杆上端的螺母，并松开千斤顶卸荷，观察两边变形值的变化情况。此时，试件两侧的读数相差不应超过平均值的10%，否则应予以调整，调整应在试件持荷的情况下进行，调整过程中所产生的变形增值应计入徐变变形之中。然后应再加荷到徐变应力，并检查两侧变形读数，其总和与加荷前读数相比，误差不应超过2%，否则应予以补足。

⑦ 应在加荷后的1d、3d、7d、14d、28d、45d、60d、90d、120d、150d、180d、270d

和 360d 测读试件的变形值。

⑧ 在测读徐变试件的变形读数的同时，应测量同条件放置参比用收缩试件的收缩值。

⑨ 试件加荷后应定期检查荷载的保持情况，应在加荷后 7d、28d、60d、90d 各校核一次，如荷载变化大于 2%，应予以补足。在使用弹簧式加荷架时，可通过施加正确的荷载并拧紧丝杆上的螺母来进行调整。

7.10.5 数据处理

① 徐变应变应按式(7-32) 计算：

$$\varepsilon_{ct}=\frac{\Delta L_t-\Delta L_0}{L_b}-\varepsilon_t \tag{7-32}$$

式中 ε_{ct}——加荷 t（d）后的徐变应变，mm/m，精确至 0.001mm/m；

ΔL_t——加荷 t（d）后的总变形值，mm/m，精确至 0.001mm/m；

ΔL_0——加荷时测得的初始变形值，mm，精确至 0.001mm；

L_b——测量标距，mm，精确至 1mm；

ε_t——同龄期的收缩值，mm/m，精确至 0.001mm/m。

② 徐变度应按式(7-33) 计算：

$$C_t=\frac{\varepsilon_{ct}}{\delta} \tag{7-33}$$

式中 C_t——加荷 t（d）后的混凝土徐变度，MPa^{-1}，计算精确至 $1.0\times10^{-6}MPa^{-1}$；

δ——徐变应力，MPa。

③ 徐变系数应按式(7-34) 和式(7-35) 计算：

$$\varphi_t=\frac{\varepsilon_{ct}}{\varepsilon_0} \tag{7-34}$$

$$\varepsilon_0=\frac{\Delta L_0}{L_b} \tag{7-35}$$

式中 φ_t——加荷 t（d）的徐变系数；

ε_0——在加荷时测得的初始应变值，mm/m，精确至 0.001mm/m。

④ 每组应分别以 3 个试件徐变应变（徐变度或徐变系数）试验结果的算术平均值作为该混凝土试件徐变应变（徐变度或徐变系数）的测定值。

⑤ 作为供对比用的混凝土徐变值，应采用经过标准养护的混凝土试件，在 28d 龄期时经受 0.4 倍棱柱体抗压强度恒定荷载持续作用 360d 的徐变值。可用测得的 3 年徐变值作为终极徐变值。

7.10.6 思考题

① 何为混凝土徐变？

② 混凝土产生徐变的原因是什么？

③ 徐变变形对混凝土性能有何影响？

7.11 普通混凝土抗压疲劳变形试验

7.11.1 试验目的

① 掌握测定混凝土抗压疲劳变形的基本方法及原理。

② 熟悉混凝土抗压疲劳变形的修补措施。

7.11.2 试验依据

本试验参考标准为《普通混凝土长期性能和耐久性能试验方法标准》(GB/T 50082—2009)。

本方法适用于在自然条件下，通过测定混凝土在等幅重复荷载作用下疲劳累计变形与加荷循环次数的关系，来反映混凝土抗压疲劳变形性能。抗压疲劳变形试验采用尺寸为 100mm×100mm×300mm 的棱柱体试件。试件应在振动台上成型，每组试件至少应为 6 个，其中 3 个用于测量试件的轴心抗压强度 f_c，另外 3 个用于抗压疲劳变形性能试验。

7.11.3 试验设备及耗材

疲劳试验机（吨位应能使试件预期的疲劳破坏荷载不小于试验机全量程的 20%，不大于试验机全量程的 80%。准确度应为Ⅰ级，加荷频率应在 4～8Hz 之间）、上垫板和下垫板（应具有足够的刚度，尺寸大于 100mm×100mm，不平面度要求为每 100mm 不超过 0.02mm）、微变形测量装置（标距为 150mm，可在试件两侧相对的位置上同时测量。承受等幅重复荷载时，在连续测量情况下，精度值不低于 0.001mm）、待测混凝土试件。

7.11.4 试验步骤

① 在标准养护室养护至 28d 龄期后取出全部试件，并在室温（20±5)℃存放至 3 个月龄期。

② 试件龄期达 3 个月时从存放地点取出，先将其中 3 块试件按照本书“7.1 普通混凝土抗压强度试验”测定其轴心抗压强度 f_c。

③ 然后对剩下的 3 块试件进行抗压疲劳变形试验。每一试件进行抗压疲劳变形试验前，应先在疲劳试验机上进行静压变形对中，对中时应采用两次对中的方式。首次对中的应力宜取轴心抗压强度 f_c 的 20%（荷载可近似取整数，kN)，第二次对中应力宜取轴心抗压强度 f_c 的 40%。对中时试件两侧变形值之差应小于平均值的 5%，否则应调整试件位置，直至符合对中要求。

④ 抗压疲劳变形试验采用的脉冲频率宜为 4Hz。试验荷载（图 7-26）的上限应力 σ_{max} 宜取 $0.66f_c$，下限应力 σ_{min} 宜取 $0.1f_c$。有特殊要求时，上限应力和下限应力可根据要求选定。

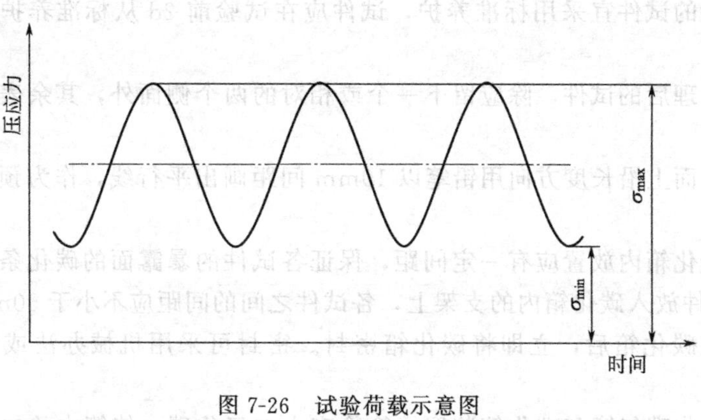

图 7-26 试验荷载示意图

⑤ 抗压疲劳变形试验中，应每 1×10^5 次重复加荷后，停机测量混凝土棱柱体试件的累积变形。测量应在疲劳试验机停机后 15s 内完成。对测试结果进行记录之后，继续加荷进行

抗压疲劳变形试验，直到试件破坏为止。若加荷至 2×10^6 次，试件仍未破坏，可停止试验。

7.11.5 数据处理

每组取三个试件在相同加荷次数时累积变形的算术平均值作为该组混凝土试件在等幅重复荷载下的抗压疲劳变形测定值，精确至 0.001mm/m。

7.11.6 思考题

① 何为混凝土抗压疲劳变形？

② 影响混凝土抗压疲劳变形的因素有哪些？

③ 抗压疲劳变形对混凝土性能有何影响？

7.12 普通混凝土碳化性能试验

7.12.1 试验目的

① 掌握测定混凝土碳化的基本方法及原理。

② 掌握混凝土碳化对钢筋工程的影响。

7.12.2 试验依据

本试验参考标准为《普通混凝土长期性能和耐久性能试验方法标准》(GB/T 50082—2009)。

本方法适用于测定一定浓度的二氧化碳气体介质中混凝土试件的碳化深度。本方法宜采用棱柱体混凝土试件，应以 3 块为一组。棱柱体的长宽比不宜小于 3.0，当无棱柱体试件时，也可采用立方体试件，其数量应相应增加。试件一般应在 28d 龄期进行碳化试验，但掺有掺合料的混凝土可根据其特性决定碳化前的养护龄期。

7.12.3 试验设备及耗材

压力试验机（测量精度为±1%，试件破坏荷载应大于压力机全量程的 20%且小于压力机全量程的 80%。应具有加荷速度指示装置或加荷速度控制装置，并应能均匀、连续地加荷)、混凝土碳化试验箱、气体分析仪、二氧化碳气瓶、压力表、流量计、加湿器、酚酞、石蜡、电炉、托盘、铅笔、毛刷、刻度尺（精度 1mm)、待测混凝土试件。

7.12.4 试验步骤

① 碳化试验的试件宜采用标准养护，试件应在试验前 2d 从标准养护室取出，然后在 60℃下烘 48h。

② 经烘干处理后的试件，除应留下一个或相对的两个侧面外，其余表面应采用加热的石蜡予以密封。

③ 在暴露侧面上沿长度方向用铅笔以 10mm 间距画出平行线，作为预定碳化深度的测量点。

④ 试件在碳化箱内放置应有一定间距，保证各试件的暴露面的碳化条件一致。首先应将经过处理的试件放入碳化箱内的支架上，各试件之间的间距应不小于 50mm。

⑤ 试件放入碳化箱后，立即将碳化箱密封。密封可采用机械办法或油封，不得采用水封。

⑥ 开启二氧化碳气罐和碳化箱装置，徐徐充入二氧化碳，使箱内的二氧化碳浓度保持在 (20±3)%，箱内的相对湿度控制在 (70±5)%，温度应控制在 (20±2)℃的范围内。

⑦ 碳化试验开始后每隔一定时期对箱内的二氧化碳浓度、温度及湿度做一次测定。宜在

前 2d 每隔 2h 测定一次，以后每隔 4h 测定一次。试验中应根据所测得的二氧化碳浓度、温度及湿度随时调节这些参数，去湿用的硅胶应经常更换。也可采用其他更有效的去湿方法。

⑧ 在碳化到了 3d、7d、14d 和 28d 时，分别取出试件，破型测定碳化深度。棱柱体试件应通过在压力试验机上的劈裂法或者用干锯法从一端开始破型。每次切除的厚度应为试件宽度的 1/2，切后应用石蜡将破型后试件的切断面封好，再放入箱内继续碳化，直到下一个试验期。当采用立方体试件时，应在试件中部劈开，立方体试件应只做一次检验，劈开测试碳化深度后不得再重复使用。

⑨ 将切除所得的试件部分刷去断面上残存的粉末，然后应喷上（或滴上）浓度为 1% 的酚酞酒精溶液（酒精溶液含 20% 的蒸馏水）。约经 30s 后，按先前标划的每 10mm 一个测量点用刻度尺测出各点碳化深度。当测点处的碳化分界线上刚好嵌有粗骨料颗粒时，可取该颗粒两侧处碳化深度的算术平均值作为该点的深度值。碳化深度测量应精确至 0.5mm。

7.12.5 数据处理

① 混凝土在各试验龄期的平均碳化深度应按式(7-36) 计算：

$$\overline{d_t}=\frac{1}{n}\sum_{i=1}^{n}d_i \tag{7-36}$$

式中 $\overline{d_t}$——试件碳化 t（d）后的平均碳化深度，mm，精确至 0.1mm；

d_i——各测点的碳化深度，mm；

n——测点总数。

② 每组应以 3 个试件碳化深度算术平均值作为该组混凝土试件碳化测定值。碳化结果处理时宜绘制碳化时间与碳化深度的关系曲线。

7.12.6 思考题

① 何为混凝土碳化？

② 影响混凝土碳化的因素有哪些？

③ 碳化对混凝土性能有何影响？

7.13 普通混凝土钢筋锈蚀试验

7.13.1 试验目的

① 掌握测量混凝土钢筋锈蚀的基本原理和方法。

② 熟悉钢筋锈蚀对混凝土产生的危害及防治措施。

7.13.2 试验依据

本试验参考标准为《普通混凝土长期性能和耐久性能试验方法标准》(GB/T 50082—2009)。

本方法适用于测定在给定条件下混凝土中钢筋的锈蚀程度。本方法不适用于侵蚀性介质中的混凝土钢筋锈蚀试验。本为法应采用尺寸为 100mm×100mm×300mm 的棱柱体试件，每组应为 3 块。

7.13.3 试验设备及耗材

压力试验机（测量精度为±1%，试件破坏荷载应大于压力机全量程的 20% 且小于压力机全量程的 80%。应具有加荷速度指示装置或加荷速度控制装置，并应能均匀、连续地加荷）、钢筋定位板（采用木质五合板或薄木板等材料制作，尺寸为 100mm×100mm，板上应钻有穿插钢筋的圆孔，如图 7-27 所示)、混凝土碳化试验箱、气体分析仪、二氧化碳气瓶、压力表、流量计、加湿器、电子天平（最大量程 1kg，感量 0.001g)、丙酮、钢丝刷、12%盐酸溶液、石灰水、待测混凝土试件。

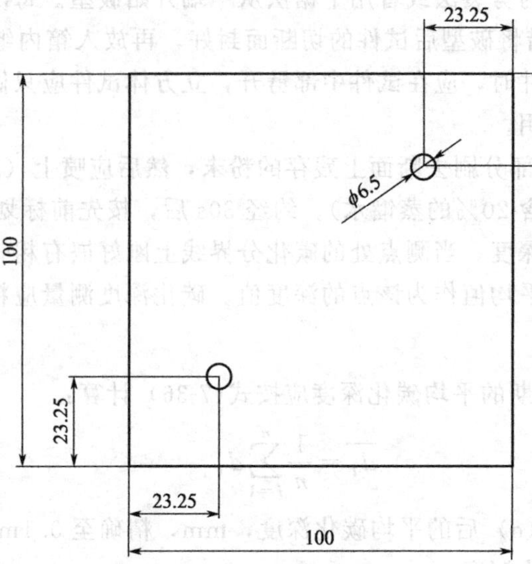

图 7-27　钢筋定位板示意图（单位：mm）

7.13.4　试验步骤

① 试件中埋置的钢筋应采用直径为 6.5mm 的“Q235 普通低碳钢热轧盘条”调直后截断制成，其表面不得有锈坑及其他严重缺陷，每根钢筋长应为（299±1)mm，应用砂轮将其一端磨出长约 30mm 的平面，并用钢字打上标记。钢筋应采用 12%盐酸溶液进行酸洗，并经清水漂净后，用石灰水中和，再用清水冲洗干净，擦干后应在干燥器中至少存放 4h，然后用天平称取每根钢筋的初重（精确至 0.001g)。钢筋应存放在干燥器中备用。

② 试件成型前应将套有定位板的钢筋放入试模，定位板应紧贴试模的两个端板，安放完毕后应使用丙酮擦净钢筋表面。

③ 试件成型后，应在（20±2)℃的温度下覆盖湿布养护 24h，然后编号拆模，并拆除定位板。

④ 用钢丝刷将试件两端部混凝土刷毛，并用水胶比小于试件用混凝土水胶比、水泥和砂子质量比为 1∶2 的水泥砂浆抹上不小于 20mm 厚的保护层，确保钢筋端部密封质量。

⑤ 试件应就地潮湿养护（或用塑料薄膜盖好）24h 后，移入标准养护室养护 28d。

⑥ 钢筋锈蚀试验的试件应先进行碳化，碳化应在 28d 龄期时开始。碳化应在二氧化碳浓度为（20±3)%、相对湿度为（70±5)%、温度为（20±2)℃的条件下进行，碳化时间为 28d。对于有特殊要求的混凝土中钢筋锈蚀试验，碳化时间可再延长 14d 或 28d。

⑦ 试件碳化处理后应立即移入标准养护室放置。在养护室中，相邻试件间的距离应不小于 50mm，应避免试件直接淋水。在潮湿条件下存放 56d 后将试件取出，然后破型，破型时不得损伤钢筋。

⑧ 先测出碳化深度，然后进行钢筋锈蚀程度的测定。

⑨ 取出试件中的钢筋，并刮去钢筋上粘附的混凝土。

⑩ 用 12%盐酸溶液对钢筋进行酸洗，经清水漂净后，再用石灰水中和，最后用清水冲

洗干净。

注意：酸洗钢筋时，应在洗液中放入两根尺寸相同的同类无锈钢筋作为基准校正。

⑪ 将钢筋擦干后在干燥器中至少存放 4h，然后对每根钢筋称重，精确至 0.001g，并计算钢筋锈蚀失重率。

7.13.5 数据处理

钢筋锈蚀失重率应按式(7-37) 计算：

$$L_w = \frac{w_0 - w - \dfrac{(w_{01}-w_1)+(w_{02}-w_2)}{2}}{w_0} \times 100 \tag{7-37}$$

式中 L_w——钢筋锈蚀失重率，%，精确至 0.01%；

w_0——钢筋未锈前质量，g；

w——锈蚀钢筋经过酸洗处理后的质量，g；

w_{01}、w_{02}——分别为基准校正用的两根钢筋的初始质量，g；

w_1、w_2——分别为基准校正用的两根钢筋酸洗后的质量，g。

每组应取三个混凝土试件中钢筋锈蚀失重率的平均值作为该组混凝土试件中钢筋锈蚀失重率的测定值，结果精确至 0.01%。

7.13.6 思考题

① 混凝土钢筋锈蚀机理是什么?

② 如何预防混凝土产生钢筋锈蚀现象?

③ 钢筋锈蚀对混凝土性能有何影响?

7.14 普通混凝土抗硫酸盐侵蚀性能试验

7.14.1 试验目的

① 掌握测定混凝土抗硫酸盐侵蚀的基本方法及原理。

② 掌握硫酸盐侵蚀对混凝土产生的危害及预防措施。

7.14.2 试验依据

本试验参考标准为《普通混凝土长期性能和耐久性能试验方法标准》(GB/T 50082—2009)。

本方法适用于测定混凝土试件在干湿交替环境中，以能够经受的最大干湿循环次数来表示的混凝土抗硫酸盐侵蚀性能。本方法应采用尺寸为 100mm×100mm×100mm 的立方体试件，每组应为 3 块。除制作抗硫酸盐侵蚀试验用试件外，还应按照同样方法，同时制作抗压强度对比用试件，试件组数应符合表 7-5 的要求。

表 7-5 抗硫酸盐侵蚀试验所需的试件组数

设计抗硫酸盐等级	KS15	KS30	KS60	KS90	KS120	KS150	KS150 以上
检查强度所需干湿循环次数	15	15 或 30	30 及 60	60 及 90	90 及 120	120 及 150	150 及设计次数
鉴定 28d 强度所需试件组数	1	1	1	1	1	1	1
干湿循环试件组数	1	2	2	2	2	2	2
对比试件组数	1	2	2	2	2	2	2
总计试件组数	3	5	5	5	5	5	5

7.14.3 试验设备及耗材

干湿循环试验装置（宜采用能使试件静止不动，浸泡、烘干及冷却等过程应能自动进行的装置。设备应具有数据实时显示、断电记忆及试验数据自动存储的功能）、无水硫酸钠（化学纯）、pH 计、待测混凝土试件。

7.14.4 试验步骤

① 在养护至 28d 龄期的前 2d，将试件从标准养护室中取出。

② 擦干试件表面水分，然后将试件放入烘箱中，并在（80±5)℃下烘 48h。烘干结束后应将试件在干燥环境下冷却至室温。

注意：对于掺入掺合料较多的混凝土，也可采用 56d 龄期或者设计规定的龄期进行试验，并应在试验报告中说明。

③ 立即将试件放入试件盒（架）中，相邻试件之间应保持 20mm 间距，试件与试件盒侧壁的间距应不小于 20mm。

④ 先将试件放入试件盒以后，再将已配制好的 5%的 Na_2SO_4 溶液放入试件盒，溶液应至少超过最上层试件表面 20mm，然后开始浸泡。

⑤ 从试件开始放入溶液，到浸泡过程结束的时间应为（15±0.5)h。注入溶液的时间不应超过 30min。浸泡龄期应从将混凝土试件移入 5%的 Na_2SO_4 溶液中开始计时。试验过程中应定期检查和调整溶液的 pH 值，可每隔 15 个循环测试一次溶液 pH 值，应始终维持溶液的 pH 值在 6～8 之间。溶液的温度应控制在 25～30℃。也可不检测其 pH 值，但应每月更换一次试验用溶液。

⑥ 浸泡过程结束后，应立即排液，并在 30min 内将溶液排空。溶液被排空后将试件风干 30min，从溶液开始排出到试件风干的时间应为 1h。

⑦ 风干过程结束后应立即升温，将试件盒内的温度升到 80℃，开始进行烘干过程。升温过程应在 30min 内完成，温度升到 80℃后，应将温度维持在（80±5)℃。从开始升温到开始冷却的时间应为 6h。

⑧ 烘干过程结束后，应立即对试件进行冷却，从开始冷却到将试件盒内的试件表面温度冷却到 25～30℃的时间应为 2h。

⑨ 每个干湿循环的总时间应为（24±2)h。然后再次放入溶液，按照步骤④～⑧进行下一个干湿循环。

⑩ 在达到表 7-5 规定的干湿循环次数后，应及时进行抗压强度试验。同时观察经过干湿循环后混凝土表面的破损情况并进行外观描述。当试件有严重剥落、掉角等缺陷时，应先用高强石膏补平后再进行抗压强度试验。

注意：当干湿循环试验出现下列三种情况之一时，可停止试验。

a. 当抗压强度耐蚀系数达到 75%。

b. 干湿循环次数达到 150 次。

c. 达到设计抗硫酸盐等级相应的干湿循环次数。

⑪ 对比试件应继续保持原有的养护条件直到完成干湿循环，与进行干湿循环试验的试件同时进行抗压强度试验。

7.14.5 数据处理

① 混凝土抗压强度耐蚀系数应按式(7-38) 进行计算：

$$K_f = \frac{f_{cn}}{f_{cc}} \times 100 \quad (7\text{-}38)$$

式中　K_f——抗压强度耐蚀系数，%；

f_{cn}——n 次干湿循环后受硫酸盐腐蚀的一组混凝土试件的抗压强度测定值，MPa，精确至 0.1MPa；

f_{cc}——与受硫酸盐腐蚀试件同龄期的标准养护的一组对比混凝土试件的抗压强度测定值，MPa，精确至 0.1MPa。

② f_{cn} 和 f_{cc} 应以 3 个试件抗压强度试验结果的算术平均值作为测定值。当最大值和最小值有一个与中间值之差超过中间值的 15%时，应剔除此值，取其余两测定值的算术平均值作为测定值；当最大值和最小值与中间值之差均超过中间值的 15%时，应取中间值作为测定值。

③ 抗硫酸盐等级应以混凝土抗压强度耐蚀系数下降到不低于 75%时的最大干湿循环次数来确定，并应以符号“KS”表示。

7.14.6　思考题

① 何为混凝土抗硫酸盐侵蚀？

② 影响混凝土抗硫酸盐侵蚀的因素有哪些？

③ 硫酸盐侵蚀对混凝土有哪些危害？

7.15　普通混凝土碱-骨料反应试验

7.15.1　试验目的

① 掌握测定混凝土碱-骨料反应测定的原理及方法。

② 掌握碱-骨料反应对混凝土的危害及预防措施。

7.15.2　试验依据

本试验参考标准为《普通混凝土长期性能和耐久性能试验方法标准》（GB/T 50082—2009）。

本方法用于检验混凝土试件在温度 38℃及潮湿条件养护下，混凝土中的碱与骨料反应所引起的膨胀是否具有潜在危害，本方法适用于碱-硅酸反应和碱-碳酸盐反应。碱-骨料反应试验应使用硅酸盐水泥，水泥含碱量宜为（0.9±0.1）%（以 Na_2O 当量计，即 Na_2O + $0.658K_2O$）。可通过外加浓度为 10%的 NaOH 溶液，使试验水泥含碱量达到 1.25%。

当试验用来评价细骨料的活性，应采用非活性的粗骨料，粗骨料的非活性也应通过试验确定，试验用细骨料细度模数宜为 2.7±0.2。当试验用来评价粗骨料的活性，应用非活性的细骨料，细骨料的非活性也应通过试验确定。当工程用的骨料为同一品种的材料，应用该粗、细骨料来评价活性。试验用粗骨料应由三种级配：19.0～16mm、16～9.5mm 和 9.5～4.75mm，各取 1/3 等量混合。

每立方米混凝土水泥用量应为（420±10）kg，水胶比应为 0.42～0.45。粗骨料与细骨料的质量比应为 6∶4。试验中除可外加 NaOH 外，不得再使用其他的外加剂。

7.15.3　试验设备及耗材

强制式单卧轴混凝土搅拌机、方孔筛（公称直径分别为 16.0mm、13.2mm、9.5mm、

4.75mm)、电子天平（量程 50kg，感量不超过 50g）、电子天平（量程 10kg，感量不超过 10g）、试模（内测尺寸应为 75mm×75mm×275mm，试模两个端板应预留安装测头的圆孔，孔的直径应与测头的直径相匹配）、测头（即埋钉，直径为 5～7mm，长度为 25mm，采用不锈金属制成，测头均应位于试模两端的中心部位）、测长仪（测量范围为 275～300mm，精度为±0.001mm）、养护盒［应由耐腐蚀材料制成，不漏水，且能密封。盒底部装有（20±5）mm 深的水，盒内应有试件架，且能使试件垂直立在盒中。试件底部不与水接触。一个养护盒宜同时容纳 3 个试件］、捣棒、抹刀、水泥、砂、石、自来水。

7.15.4 试验步骤

① 成型前 24h，应将试验所用所有原材料放入（20±5)℃的成型室。

② 混凝土搅拌宜采用机械拌合。混凝土一次性装入试模，用捣棒和抹刀捣实，然后在振动台上振动 30s 或直至表面泛浆为止。

③ 试件成型后带模一起放入（20±2)℃、相对湿度 95%以上的标准养护室中，在混凝土初凝前 1～2h，对试件沿模口抹平并编号。

④ 试件在标准养护室中养护（24±4)h 后脱模，脱模时应特别小心不要损伤测头，并尽快测量试件的基准长度。待测试件应用湿布盖好。

⑤ 试件的基准长度测量应在（20±2)℃的恒温室中进行。每个试件至少重复测试两次，取两次测量值的算术平均值作为该试件的基准长度值。

⑥ 测量基准长度后，将试件放入养护盒中，并盖严盒盖。然后将养护盒放入（38±2)℃的养护室或养护箱中养护。

⑦ 试件的测量龄期应从测定基准长度后算起，测量龄期应为 1 周、2 周、4 周、8 周、13 周、18 周、26 周、39 周和 52 周，以后可每半年测一次。每次测量的前一天，应将养护盒从（38±2)℃的养护室中取出，并放入（20±2)℃的恒温室中，恒温时间应为（24±4)h。试件各龄期的测量应与测量基准长度的方法相同。

⑧ 测量完毕后，应将试件调头放入养护盒中，并盖严盒盖。然后将养护盒重新放回(38±2)℃的养护室或者养护箱中继续养护至下一测试龄期。

⑨ 每次测量时，应观察试件有无裂缝、变形、渗出物及反应产物等，并做详细记录。必要时可在长度测试周期全部结束后，辅以岩相分析等手段，综合判断试件内部结构和可能的反应产物。

注意：当碱-骨料反应试验出现以下两种情况之一时，可结束试验。

a. 在 52 周的测试龄期内的膨胀率超过 0.04%。

b. 膨胀率虽小于 0.04%，但试验周期已经达 52 周（或 1 年）。

7.15.5 数据处理

① 试件的膨胀率按式(7-39) 计算：

$$\varepsilon_t=\frac{L_t-L_0}{L_0-2\Delta}\times 100 \tag{7-39}$$

式中 ε_t——试件在 t（d）龄期的膨胀率，%，精确至 0.001%；

L_t——试件在 t（d）期龄的长度，mm；

L_0——试件的基准长度，mm；

Δ——测头长度，mm。

② 每组应以 3 个试件测量值的算术平均值作为某一龄期膨胀率的测定值。

③ 当每组平均膨胀率小于 0.020％时，同一组试件中单个试件之间的膨胀率的差值（最高值与最低值之差）不应超过 0.008％；当每组平均膨胀率大于 0.020％时，同一组试件中单个试件的膨胀率的差值（最高值与最低值之差）不应超过平均值的 40％。

7.15.6 思考题

① 请简述碱-骨料反应的定义及分类。

② 碱-骨料反应对混凝土产生什么样的危害？

③ 如何预防混凝土碱-骨料反应？

附录　常用标准目录

温馨提示：

由于建筑行业标准较多，以下内容中本教材选用了混凝土行业常用的部分标准进行列举，包括标准名称及代号，请各位读者使用下列标准之前，登录“工标网”或其他类似网站查询本标准是否废止以及现行标准，工标网网址链接为 http：//www. csres. com。

2018 年最新常用国家标准与行业标准

序号	标准名称	标准代号
1	通用硅酸盐水泥(含 2015 修改单)	GB 175—2007
2	混凝土外加剂中释放氨的限量	GB 18588—2001
3	硫铝酸盐水泥	GB 20472—2006
4	混凝土及灰浆输送、喷射、浇注机械 安全要求	GB 28395—2012
5	混凝土结构设计规范(2015 年版)	GB 50010—2010
6	地下工程防水技术规范	GB 50108—2008
7	混凝土外加剂应用技术规范	GB 50119—2013
8	混凝土质量控制标准	GB 50164—2011
9	建筑地基基础工程施工质量验收规范	GB 50202—2002
10	混凝土结构工程施工质量验收规范	GB 50204—2015
11	地下防水工程质量验收规范	GB 50208—2011
12	建筑地面工程施工及验收规范	GB 50209—2010
13	建筑工程施工质量验收统一标准	GB 50300—2013
14	预应力混凝土路面工程技术规范	GB 50422—2017
15	大体积混凝土施工规范	GB 50496—2009
16	钢管混凝土工程施工质量验收规范	GB 50628—2010
17	混凝土结构工程施工规范	GB 50666—2011
18	钢-混凝土组合结构施工规范	GB 50901—2013
19	钢管混凝土拱桥技术规范	GB 50923—2013
20	铁尾矿砂混凝土应用技术规范	GB 51032—2014
21	低温环境混凝土应用技术规范	GB 51081—2015
22	混凝土外加剂	GB 8076—2008

序号	标准名称	标准代号
23	建筑施工机械与设备混凝土搅拌站(楼)	GB/T 10171—2016
24	混凝土和钢筋混凝土排水管	GB/T 11836—2009
25	混凝土管用混凝土抗压强度试验方法	GB/T 11837—2009
26	蒸压加气混凝土砌块	GB/T 11968—2006
27	蒸压加气混凝土性能试验方法	GB/T 11969—2008
28	水泥取样方法	GB/T 12573—2008
29	用于水泥混合材的工业废渣活性试验方法	GB/T 12957—2005
30	水泥水化热测定方法	GB/T 12959—2008
31	水泥组分的定量测定	GB/T 12960—2007
32	混凝土泵	GB/T 13333—2004
33	水泥细度检验方法 筛析法	GB/T 1345—2005
34	水泥标准稠度用水量、凝结时间、安定性检验方法	GB/T 1346—2011
35	先张法预应力混凝土管桩	GB/T 13476—2009
36	烧结空心砖和空心砌块	GB/T 13545—2014
37	钢渣硅酸盐水泥	GB/T 13590—2006
38	道路硅酸盐水泥	GB/T 13693—2017
39	预应力混凝土空心板	GB/T 14040—2007
40	建筑用砂	GB/T 14684—2011
41	建设用卵石、碎石	GB/T 14685—2011
42	预拌混凝土	GB/T 14902—2012
43	轻集料混凝土小型空心砌块	GB/T 15229—2011
44	混凝土输水管试验方法	GB/T 15345—2017
45	蒸压加气混凝土板	GB/T 15762—2008
46	用于水泥和混凝土中的粉煤灰	GB/T 1596—2017
47	混凝土和钢筋混凝土排水管试验方法	GB/T 16752—2017
48	轻集料及其试验方法 第1部分:轻集料	GB/T 17431.1—2010
49	轻集料及其试验方法 第2部分:轻集料试验方法	GB/T 17431.2—2010
50	水泥化学分析方法	GB/T 176—2017
51	水泥胶砂强度检验方法(ISO法)	GB/T 17671—1999
52	用于水泥、砂浆和混凝土中的粒化高炉矿渣粉	GB/T 18046—2017
53	高强高性能混凝土用矿物外加剂	GB/T 18736—2017
54	钻芯检测离心高强混凝土抗压强度试验方法	GB/T 19496—2004
55	预应力钢筒混凝土管	GB/T 19685—2017
56	中热硅酸盐水泥、低热硅酸盐水泥	GB/T 200—2017
57	预应力混凝土用螺纹钢筋	GB/T 20065—2016
58	铝酸盐水泥	GB/T 201—2015
59	白色硅酸盐水泥	GB/T 2015—2017

续表

序号	标准名称	标准代号
60	用于水泥中的粒化高炉矿渣	GB/T 203—2008
61	建筑保温砂浆	GB/T 20473—2006
62	用于水泥和混凝土中的钢渣粉	GB/T 20491—2017
63	铝酸盐水泥化学分析方法	GB/T 205—2008
64	水泥密度测定方法	GB/T 208—2014
65	水泥混凝土和砂浆用合成纤维	GB/T 21120—2007
66	混凝土实心砖	GB/T 21144—2007
67	用于水泥中的工业副产石膏	GB/T 21371—2008
68	硅酸盐水泥熟料	GB/T 21372—2008
69	预制混凝土衬砌管片	GB/T 22082—2017
70	混凝土膨胀剂	GB/T 23439—2017
71	镁渣硅酸盐水泥	GB/T 23933—2009
72	水泥胶砂流动度测定方法	GB/T 2419—2005
73	非承重混凝土空心砖	GB/T 24492—2009
74	装饰混凝土砖	GB/T 24493—2009
75	泡沫混凝土砌块用钢渣	GB/T 24763—2009
76	钢渣道路水泥	GB/T 25029—2010
77	再生沥青混凝土	GB/T 25033—2010
78	混凝土和砂浆用再生细骨料	GB/T 25176—2010
79	混凝土用再生粗骨料	GB/T 25177—2010
80	预拌砂浆	GB/T 25181—2010
81	混凝土振动台	GB/T 25650—2010
82	承重混凝土多孔砖	GB/T 25779—2010
83	钢筋混凝土用环氧涂层钢筋	GB/T 25826—2010
84	混凝土搅拌运输车	GB/T 26408—2011
85	流动式混凝土泵	GB/T 26409—2011
86	用于水泥和混凝土中的粒化电炉磷渣粉	GB/T 26751—2011
87	砂浆和混凝土用硅灰	GB/T 27690—2011
88	用于水泥中的火山灰质混合材料	GB/T 2847—2005
89	混凝土路面砖	GB/T 28635—2012
90	钢筋混凝土用钢材试验方法	GB/T 28900—2012
91	道路用抗车辙剂沥青混凝土	GB/T 29050—2012
92	道路用阻燃沥青混凝土	GB/T 29051—2012
93	蒸压泡沫混凝土砖和砌块	GB/T 29062—2012
94	低热微膨胀水泥	GB/T 2938—2008
95	水泥砂浆和混凝土干燥收缩开裂性能试验方法	GB/T 29417—2012
96	用于耐腐蚀水泥制品的碱矿渣粉煤灰混凝土	GB/T 29423—2012

续表

序号	标准名称	标准代号
97	干混砂浆物理性能试验方法	GB/T 29756—2013
98	石灰石粉混凝土	GB/T 30190—2013
99	温拌沥青混凝土	GB/T 30596—2014
100	海工硅酸盐水泥	GB/T 31289—2014
101	混凝土防腐阻锈剂	GB/T 31296—2014
102	活性粉末混凝土	GB/T 31387—2015
103	核电工程用硅酸盐水泥	GB/T 31545—2015
104	砌筑水泥	GB/T 3183—2017
105	建筑施工机械与设备 混凝土泵送用布料杆计算原则和稳定性	GB/T 32542—2016
106	建筑施工机械与设备 混凝土输送管 连接型式和安全要求	GB/T 32543—2016
107	彩色沥青混凝土	GB/T 32984—2016
108	钢筋混凝土阻锈剂耐蚀应用技术规范	GB/T 33803—2017
109	用于水泥和混凝土中的精炼渣粉	GB/T 33813—2017
110	防辐射混凝土	GB/T 34008—2017
111	免压蒸管桩硅酸盐水泥	GB/T 34189—2017
112	砂浆、混凝土用乳胶和可再分散乳胶粉	GB/T 34557—2017
113	喷射混凝土用速凝剂	GB/T 35159—2017
114	超细硅酸盐水泥	GB/T 35161—2017
115	道路基层用缓凝硅酸盐水泥	GB/T 35162—2017
116	用于水泥、砂浆和混凝土中的石灰石粉	GB/T 35164—2017
117	预应力钢筒混凝土管防腐蚀技术	GB/T 35490—2017
118	混凝土路面砖抗冻性表面盐冻快速试验方法	GB/T 35723—2017
119	纤维增强混凝土及其制品的纤维含量试验方法	GB/T 35843—2018
120	自应力混凝土输水管	GB/T 4084—2018
121	混凝土砌块和砖试验方法	GB/T 4111—2013
122	水泥的命名、定义和术语	GB/T 4131—2014
123	普通混凝土拌合物性能试验方法标准	GB/T 50080—2016
124	普通混凝土力学性能试验方法标准	GB/T 50081—2002
125	普通混凝土长期性能和耐久性能试验方法	GB/T 50082—2009
126	混凝土强度检验评定标准	GB/T 50107—2010
127	粉煤灰混凝土应用技术规范	GB/T 50146—2014
128	混凝土结构试验方法标准	GB/T 50152—2012
129	混凝土结构耐久性设计规范	GB/T 50476—2008
130	重晶石防辐射混凝土应用技术规范	GB/T 50557—2010
131	预防混凝土碱骨料反应技术规范	GB/T 50733—2011
132	工程施工废弃物再生利用技术规范	GB/T 50743—2012
133	混凝土结构现场检测技术标准	GB/T 50784—2013

续表

序号	标准名称	标准代号
134	钢铁渣粉混凝土应用技术规范	GB/T 50912—2013
135	矿物掺合料应用技术规范	GB/T 51003—2014
136	超大面积混凝土地面无缝施工技术规范	GB/T 51025—2016
137	大体积混凝土温度测控技术规范	GB/T 51028—2015
138	装配式混凝土建筑技术标准	GB/T 51231—2016
139	预应力混凝土管	GB/T 5696—2006
140	用于水泥中的粒化电炉磷渣	GB/T 6645—2008
141	纤维水泥制品试验方法	GB/T 7019—2014
142	抗硫酸盐硅酸盐水泥	GB/T 748—2005
143	水泥抗硫酸盐侵蚀试验方法	GB/T 749—2008
144	水泥压蒸安定性试验方法	GB/T 750—1992
145	混凝土机械术语	GB/T 7920.4—2016
146	水泥比表面积测定方法 勃氏法	GB/T 8074—2008
147	混凝土外加剂术语	GB/T 8075—2017
148	混凝土外加剂匀质性试验方法	GB/T 8077—2012
149	普通混凝土小型砌块	GB/T 8239—2014
150	混凝土搅拌机	GB/T 9142—2000
151	低热钢渣硅酸盐水泥	JC/T 1082—2008
152	水泥与减水剂相容性试验方法	JC/T 1083—2008
153	硫铝酸钙改性硅酸盐水泥	JC/T 1099—2009
154	复合硫铝酸盐水泥	JC/T 2152—2012
155	泡沫混凝土用泡沫剂	JC/T 2199—2013
156	快凝快硬硫铝酸盐水泥	JC/T 2282—2014
157	泡沫混凝土制品性能试验方法	JC/T 2357—2016
158	泡沫混凝土保温装饰板	JC/T 2432—2017
159	自应力铁铝酸盐水泥	JC/T 437—2010
160	石灰石硅酸盐水泥	JC/T 600—2010
161	特快硬调凝铝酸盐水泥(1996 版)	JC/T 736—1985
162	Ⅰ型低碱度硫铝酸盐水泥(1996 版)	JC/T 737—1986
163	磷渣硅酸盐水泥	JC/T 740—2006
164	彩色硅酸盐水泥	JC/T 870—2012
165	聚羧酸系高性能减水剂	JG/T 223—2007
166	混凝土坍落度仪	JG/T 248—2009
167	泡沫混凝土	JG/T 266—2011
168	试验用砂浆搅拌机	JG/T 3033—1996
169	钢纤维混凝土	JG/T 472—2015
170	轻质砂浆	JG/T 521—2017

续表

序号	标准名称	标准代号
171	预应力混凝土结构设计规范	JGJ 369—2016
172	轻骨料混凝土技术规程	JGJ 51—2002
173	普通混凝土用砂、石质量及检验方法标准	JGJ 52—2006
174	普通混凝土配合比设计规程	JGJ 55—2011
175	贯入法检测砌筑砂浆抗压强度技术规程	JGJ/T 136—2017
176	高强混凝土应用技术规程	JGJ/T 281—2012
177	泡沫混凝土应用技术规程	JGJ/T 341—2014
178	喷射混凝土应用技术规程	JGJ/T 372—2016
179	拉脱法检测混凝土抗压强度技术规程	JGJ/T 378—2016
180	建筑砂浆基本性能试验方法	JGJ/T 70—2009
181	砌筑砂浆配合比设计规程	JGJ/T 98—2010

参 考 文 献

[1] GB/T 18736—2017 高强高性能混凝土用矿物外加剂.
[2] GB/T 50080—2016 普通混凝土拌合物性能试验方法标准.
[3] GB/T 7920.4—2016 混凝土机械术语.
[4] JC/T 2357—2016 泡沫混凝土制品性能试验方法.
[5] GB/T 51003—2014 矿物掺合料应用技术规范.
[6] GB/T 208—2014 水泥密度测定方法.
[7] GB/T 8077—2012 混凝土外加剂匀质性试验方法.
[8] GB/T 29417—2012 水泥砂浆和混凝土干燥收缩开裂性能试验方法.
[9] GB/T 50733—2011 预防混凝土碱骨料反应技术规范.
[10] GB/T 14685—2011 建设用卵石、碎石.
[11] GB/T 14684—2011 建筑用砂.
[12] JGJ 55—2011 普通混凝土配合比设计规程.
[13] GB/T 1346—2011 水泥标准稠度用水量、凝结时间、安定性检验方法.
[14] GB/T 50107—2010 混凝土强度检验评定标准.
[15] GB/T 25177—2010 混凝土用再生粗骨料.
[16] JG/T 248—2009 混凝土坍落度仪.
[17] JGJ/T 70—2009 建筑砂浆基本性能试验方法标准.
[18] GB/T 50082—2009 普通混凝土长期性能和耐久性能试验方法标准.
[19] GB 8076—2008 混凝土外加剂.
[20] GB/T 8074—2008 水泥比表面积测定方法　勃氏法.
[21] GB/T 749—2008 水泥抗硫酸盐侵蚀试验方法.
[22] GB/T 176—2008 水泥化学分析方法.
[23] GB/T 12573—2008 水泥取样方法.
[24] GB/T 12959—2008 水泥水化热测定方法.
[25] JC/T 1083—2008 水泥与减水剂相容性试验方法.
[26] JG/T 223—2017 聚羧酸系高性能减水剂.
[27] JGJ 52—2006 普通混凝土用砂、石质量及检验方法标准.
[28] GB/T 2419—2005 水泥胶砂流动度测定方法.
[29] GB/T 1345—2005 水泥细度检验方法筛析法.
[30] GB/T 19496—2004 钻芯检测离心高强混凝土抗压强度试验方法.
[31] GB/T 50081—2002 普通混凝土力学性能试验方法标准.
[32] JGJ/T 136—2017 贯入法检测砌筑砂浆抗压强度技术规程.
[33] GB/T 17671—1999 水泥胶砂强度检验方法（ISO 法）.
[34] GB/T 750—1992 水泥压蒸安定性试验方法.